KOREAN WAR

【図解】朝鮮戦争

■作画 上田 信
■解説 沼田和人

新紀元社

CONTENTS

51
472272
FF-272

朝鮮戦争の歴史

軍事境界線を隔く南北の分断と対立が続く朝鮮半島。その主権を巡り、約3年にわたり争われ、東西冷戦下における“代理戦争”と呼ばれた朝鮮戦争とは、どのような背景に始まり、そして休戦となったのか。

■独立・南北の分断

第二次大戦の終結を意味する、ポツダム宣言を日本が受諾した翌日の1945年8月16日、アメリカとソ連は、朝鮮半島の占領管轄地域を確定するために、同半島を東西に横断する北緯38度線を占領境界と定めた。約30分の協議で決まったと言われているこの線引きと、当時始まっていた東西冷戦が、その後の朝鮮の運命を大きく左右することになってしまう。

長年、日本の統治下にあった朝鮮半島の独立に関しては、1945年2月のヤルタ会談における秘密協定により、第二次大戦後、連合国(アメリカ、イギリス、ソビエト、中国)の信託統治を経て、独立させると決議(政情や経済などを安定させて5年以内に独立させる計画)されていた。

連合国の朝鮮独立策とは別に、海外や朝鮮内で活動していた各抗日組織も第二次大戦の終結が決定的になると、その目的を抗日から独立に転換し、建国への活動を進めていた。しかし、米ソの利害関係と統治政策の違い、朝鮮内での派閥間の抗争、信託統治に対する反対意見などから混乱が続き、米ソも互いが支持する自治政府を発足させる方針へと統治政策を転換していく。

その結果、38度線を境にして1948年8月15日に大韓民国(以下、韓国)、9月9日、朝鮮民主主義人民共和国(以下、北朝鮮)というイデオロギーの異なる二国が誕生した。建国した韓国では、反共主義者の李承晩が大統領となり、「北進統一」を提唱。その一方、ソ連をバックに北朝鮮の首相に就任した金日成は、「国土完整」をスローガンに祖国統一を望んでいた。

この状況に対して、ソ連は北朝鮮政府への政治指導の他に軍事顧問の派遣と軍事援助も行ない、戦車、重砲、航空機や物資を供与した。さらにソ連軍や中国共産軍に属し、実戦経験もある朝鮮系部隊の兵員を主力に軍備を拡充していき、朝鮮戦争開戦までに陸軍は13万5000人もの兵力を持つまでになっていた。一方の韓国にはアメリカが軍事援助を行なったが、李大統領の「北進統一」の強硬論に対する警戒などを理由に、軍事援助には戦車や戦闘機、爆撃機は含まれず、開戦直前の陸軍兵力は9万8000人であった。この兵力と将兵の経験値の違いが、緒戦に影響を及ぼすことになる。

■開戦

建国後、特に韓国では大小反政府運動、北の指示を受けて活動する共産グループやゲリラ部隊のテロと、それに対する政府の弾圧などで政治的に混乱をきたしていた。

そのような韓国内の情勢と、1949年10月1日の中華人民共和国(以下、中国)の建国、そして極東地域におけるアメリカの共産主義封じ込め対策の防衛線(1950年1月12日、アメリカのディーン・アチソン国務長官が発表した不後退防衛線“アチソンライン”)に朝鮮半島が含まれていなかったなどの状況から金日成は、南進してもアメリカの介入はないと判断し、スターリンと中国の毛沢東から韓国侵攻の容認と援助の約束を取り付けて開戦を決意した。

開戦に向けて北朝鮮軍は、6月11日、“機動大演習”と称して部隊の動員を始め、38度線沿いに7個師団を基幹とする部隊を展開した。アメリカ・韓国両軍は、これら北朝鮮軍の動向を一部入手していたが、侵攻の前兆とは判断しなかった。そして6月25日の未明、韓国軍陣地への砲撃を皮切りに北朝鮮軍は攻撃を開始。この攻撃は奇襲となり、韓国軍を襲った。北朝鮮軍は、約120両(異説あり)のT-34-85戦車を先頭に韓国軍の防衛戦を次々に突破し、開戦2日後の6月28日にはソウルを占領。韓国政府は、ソウルを放棄して水原に政府を移すが、その水原も7月4日に北朝鮮軍の手に落ちてしまう。

北朝鮮軍の進攻を確認したアメリカは、6月27日、軍の韓国派兵を決定。さらに国連安保理事会においても北朝鮮の行動が侵略と決議されたことで、7月7日、国連軍が結成され、翌日にはマッカーサー元帥が国連軍総司令官に任命された。

アメリカ軍の北朝鮮軍に対する攻撃は、日本駐留の空軍によって始められた。続いて地上部隊が日本から釜山に上陸。7月5日、アメリカ陸軍の先遣隊は烏山で北朝鮮軍と初の地上戦闘を行なった。しかし、有効な対戦車兵器を持たないアメリカ軍部隊は北朝鮮軍の進撃を止めることはできなかった。

日本駐留のアメリカ軍地上部隊が韓国へ派遣される間に韓国軍の一部の部隊が北朝鮮軍の攻撃を阻止していたが、優勢な北朝鮮軍の南下を止めることはできず、後退を続けていった。そして、7月21日に大田が占領されると、国連軍は遅滞行動の戦術を取りながら、8月に南北約135km、東西約90kmを範囲にした最終防衛線釜山橋頭堡(釜山円陣)を築いた。ここで国連軍は、北朝鮮軍の攻撃を抑えつつ、増援部隊と物資の到着を待ち、反撃のための準備を進める。そして約1カ月にわたり両軍の攻防が続くことになる。

■国連軍の反撃と中国の参戦

釜山の攻防戦で北朝鮮軍の進撃を抑えた国連軍は戦局を挽回し、北朝鮮軍を殲滅するための反攻作戦を実施する。仁川に上陸した部隊と釜山方面から北上する部隊とで、北朝鮮軍を挟み撃ちにする作戦である。

国連軍は9月16日、北朝鮮軍を背後から突くため仁川に上陸（“クロマイト”作戦）。翌17日には、上陸作戦に呼応した地上部隊も釜山方面から北進を開始した（“スレッジハンマー”作戦）。国連軍が9月28日にソウルを奪還すると、北朝鮮軍は総崩れとなり、国連軍は撤退する北朝鮮軍を追って、10月7日までに38度線を越えて北進を続けた。しかし、この戦況に対して「国連軍が38度線を越えた場合、中国は軍事介入する」と警告（9月30日）を発していた毛沢東は、9月8日、中国義勇軍30万人の派兵を決定したのであった。

38度線を越えた国連軍は、19日に平壌を占領する。さらにマッカーサー元帥の北朝鮮全土の占領命令によって、26日、半島北東部の元山にアメリカ海兵隊が上陸。そして同日に韓国軍部隊の一部は中朝国境を望む鴨緑江に達した。国連軍の反撃により10月までに北朝鮮軍は多くの兵力を失い、北上した国連軍は北朝鮮領土の約6割を手中に収めたことから、クリスマスまでに戦いは終わるのではないかとの楽観論がささやき始められていた。そのような状況下の10月25日、中国軍の第一次攻勢が始まったのである。

疲弊した北朝鮮軍に替わる中国軍精鋭部隊の攻撃で、国連軍は大損害を受け、各地で退却を余儀なくされた。この中国軍の第一次攻勢から約1カ月後の11月27日、第二次攻勢が開始されると、国連軍には退却の道しか残されていない状況までに戦局は中国軍有利となっていた。国連軍は12月5日に平壌を放棄すると、9日に元山と興南、11日には仁川からも撤退した。

この中国軍の参戦と国連軍の撤退によって、朝鮮戦争の情勢は大きく転換していくことになった。

■戦線の膠着

各戦線で国連軍を撤退に追い込んだ中国軍は、12月22日に38度線に到達すると、12月末に第三次攻勢（冬季大攻勢）を開始し、1951年1月7日にソウルを再び占領する。この攻勢で北緯37度線付近まで撤退を余儀なくされた国連軍は、半島東岸の江陵から西部の烏山付近を結ぶ防衛線を築き、反撃のチャンスを伺うことになった。

国連軍は1月25日、“サンダーボルト”作戦を発動して反撃を開始する。この作戦以降、国連軍は5回にわたる攻勢作戦を実施して北上し、3月15日、韓国第1師団がソウルを奪還。以後、戦いは機動戦から山岳地帯での陣地戦に移り、38度線を境に両軍が短期間の攻勢を繰り返す一進一退の戦いが続き、戦線の膠着化が始まった。

■休戦

戦線が膠着状態に入ろうとしていた1951年4月11日、アメリカ政府はマッカーサー元帥を国連軍総司令官から解任した。解任の原因は、戦争の早期終結を図るトルーマン大統領に対して、マッカーサー元帥は、戦争終結のためには北朝鮮全土の占領、そして北朝鮮を支援する中国に対しての核兵器使用を主張したことにあった。そして解任されたマッカーサー元帥に替わって、国連軍司令官にマシュー・リッジウェイ大将が就任する。

開戦から1年、戦況は38度線を挟み国連軍と共産軍が、短期間の攻勢を実施して敵陣地の争奪戦を繰り返す山岳地帯での陣地戦に移行していた。戦線は大きく動くことはなく、両軍とも損害が増大し、互いに完全な勝利を得る機会は失われていたのである。そのような状況の中、関係する各国政府は休戦へと動き出した。そして、6月23日、ソ連のマリク国連大使が国連安保理で休戦を提案したことで、7月10日、第1回の休戦会議が開城で開催された。

この休戦会議には、国連軍首席代表のアメリカ極東海軍司令官ターナー・ジョイ中将、他2名、韓国代表は第1軍団長の白善燁、北朝鮮は主席代表南日大将、他2名、中国代表は鄧華副司令、他1名で構成されていた。そして7月26日の会議で、非武装地帯の設定と軍事境界線の確定、停戦と休戦実現のための監督組織の設立、捕虜に関する取り決めなど5つの項目を議題として会談を進めることが合意される。そのようにして始まった休戦会談であったが、議題ごとに互いの主張は対立し、双方一歩も譲歩しないまま、最初の会談は8月22日に中断した。10月25日、会場を板門店に移して会議が再開されたが、1952年に入ると、戦線は完全に膠着状態に陥り、会議は中断と両軍の攻勢、そして再開という流れが繰り返されていく。

1953年3月、休戦に消極的であったスターリンの死亡によって、事態が動く。共産軍の態度に軟化の兆しが現れ、1952年11月から中断されていた会議が4月に再開されたのである。再開後も両軍の攻勢は繰り返えされたが、会談は進展を続けて、1953年7月27日、板門店の本会議場において、国連軍主席代表のアメリカ陸軍ウィリアム・K・ハリソン・Jr中将と朝鮮人民軍代表兼中国人民志願軍代表の南日大将が協定に調印。同日の22時についに休戦協定が発効され、朝鮮半島での戦いが停止したのである。

朝鮮戦争　関係年表

1943年

12月1日　連合国、カイロ宣言で大戦終結後の朝鮮半島一帯を自由独立国とすることを発表

1945年

2月8日　米英中ソ、ヤルタ会談における極東密約で朝鮮の信託統治を合意

8月8日　ソ連が日本に宣戦布告し、満洲への進攻を開始

13日　ソ連軍、朝鮮北東部の清津に上陸

14日　日本政府ポツダム宣言受諾

15日　日本降伏後の建国を目的に朝鮮建国準備委員会が結成される

16日　米ソ、北緯38度線を占領境界に設定
38度線を境に朝鮮半島の南部が米軍、北部がソ連軍の管轄となる

24日　ソ連軍平壌進駐
朝鮮建国準備委員会を通じた間接統治を実施

9月2日　日本政府、連合国に対して降服調印

6日　朝鮮建国準備委員会が朝鮮人民共和国樹立を宣言

8日　米軍、仁川に上陸
在朝鮮アメリカ陸軍司令部軍政庁による直接統治を開始

9日　朝鮮総督府が連合軍に降伏調印、アメリカに総督府の権限を委譲

16日　韓国民主党結成

12月17日　米英ソ、モスクワ三国外相会議で、朝鮮における単一自由国家の成立を勧告

1946年

1月15日　南朝鮮国防警備隊創設

2月8日　北朝鮮臨時人民委員会設立。委員長に金日成が就任

7月27日　北朝鮮、祖国統一民主主義戦線結成

8月28日　北朝鮮労働党結成

11月23日　南朝鮮労働党結成

1947年

2月22日　北朝鮮人民委員会設立

6月3日　南朝鮮過渡政府発足

11月4日　国連総会で南北総選挙を通じた政府樹立決定

1948年

2月8日　朝鮮人民軍創設

8月15日　大韓民国建国（韓国）
李承晩が初代大統領に就任。南朝鮮国防警備隊を韓国陸軍へ改編

9月9日　朝鮮民主主義人民共和国建国（北朝鮮）
金日成が首相に就任

1949年

7月30日　北朝鮮、朝鮮労働党結成
金日成、中央委員会委員長に選出

10月1日　中華人民共和国建国

1950年

6月25日　北朝鮮軍が38度線を越えて韓国へ侵攻を開始
朝鮮戦争勃発

26日　国連安保理、北朝鮮を侵略者と認定

27日　韓国政府は水原に移動
米軍と北朝鮮の間で初の空中戦

28日　北朝鮮軍、ソウルを占領

30日　米政府、地上部隊投入を決定

7月1日　米軍地上部隊第一陣の第24歩兵師団先遣隊、スミス支隊が空路で釜山に到着

5日　スミス支隊、烏山で北朝鮮軍に敗北（烏山の戦い）

7日　国連安保理、国連軍結成

8日　国連安保理、マッカーサー元帥を国連軍司令官に任命

13日　米陸軍第８軍司令部を大邱に設置

16日　韓国政府、大邱に移動

17日　韓国政府、釜山に移動

18日　米軍第25歩兵師団は釜山、第１騎兵師団は浦項に上陸

22日　北朝鮮軍、大田を占領

25日　国連軍、司令部を東京に設置

29日　第24歩兵師団長ウィリアム・ディーン少将が行方不明後、北朝鮮軍の捕虜となる

30日　国連安保理、国連軍を承認

8月1日　釜山橋頭堡の戦い始まる

5日　北朝鮮軍８月攻勢を開始。各地で国連軍と韓国軍の反撃も始まる

11日　第24歩兵師団、北朝鮮軍に対する反撃に失敗

29日　英陸軍第27旅団が韓国に到着

9月1日　北朝鮮軍９月攻勢を開始

5日　国連軍の反撃始まる

10日　釜山橋頭堡の危機去る

15日　国連軍、仁川に上陸（“クロマイト”作戦）

16日　米第８軍、仁川上陸に呼応した“スレッジハンマー”作戦開始

28日　国連軍がソウルを奪還

10月1日　北朝鮮軍の主力部隊か南部から撤退
中国政府、国連軍が38度線を越えた場合、介入すると米国に警告

10月7日　国連軍、38度線を越えて北進

4日　米海軍、日本政府に対して掃海部隊の派遣を要請

8日　毛沢東、朝鮮半島に中国義勇軍の派兵を決定

11日　日本の海上保安庁特別掃海部隊、海州沖で掃海を開始

17日　特別掃海部隊の掃海艇が元山港近海で接雷沈没、乗組員１名が行方不明

20日　米第１騎兵師団と韓国第１師団が平壌を占領

25日　中国軍参戦（第一次攻勢、11月5日まで）

26日　米第１海兵師団が元山に上陸。韓国第６師団の一部が鴨緑江に到達
中国軍の第一次攻勢が始まる（11月5日まで）

11月1日　MiG-15戦闘機初陣。中国軍の反撃により国連軍の後退が始まる

6日　マッカーサー元帥、中国軍の介入を公式に認める

12日　米軍第３歩兵師団、韓国到着

11月23日　国連軍の攻勢始まる（26日まで）

27日　中国軍、第二次攻勢を開始（12月10日まで）
「長津湖の戦い」国連軍の退却が始まる

29日　中国軍の総攻撃により、国連軍は朝鮮半島北部からの撤退を決定

12月5日　国連軍は平壌より撤退

9日　国連軍が元山、興南、仁川の各港からの海上撤退を開始

11日　海州での掃海を最後に、任務を完了した特別掃海隊が帰国

23日　米第８軍司令官ウォーカー中将、前線視察中に事故死。後任はマシュー・リッジウェイ中将

31日　中国軍、第三次攻勢を開始（翌年１月15日まで）

1951年

1月3日　国連軍、37度線まで戦線を後退

4日　中朝軍がソウルを再占領

8日　国連軍の反撃で原州を奪還

1月25日　国連軍、“サンダーボルト”作戦を発動し北進を再開

2月5日　米韓軍、中東部戦線で“ラウンドアップ”作戦を開始して北進

11日　中国軍２月攻勢（第四次攻勢）を開始（18日まで）

20日　国連軍、“キラー”作戦を発動。翌日、全線で北進を始める

3月7日　国連軍、“リッパー”作戦を開始

15日　韓国第１師団がソウルを再奪還

31日　国連軍38度線に到達
以後、戦局は38度線を挟み固定化して、山岳地帯での陣地戦へと移行していく

4月4日　国連軍は再度、38度線を越えて北進を開始

9日　国連軍、38度線以北の20キロ内に北進する“ラギッド”作戦を開始

11日　マッカーサー元帥が国連軍総司令官を解任される
後任はリッジウェイ中将

22日　中朝軍、第五次前期攻勢（4月攻勢）を開始（30日まで）

23日　中朝軍、38度線を突破し南下

5月2日　ソ連国連大使ヤコフ・マリクとアメリカ国務省の休戦に向けた交渉が始まる
米軍、北朝鮮領の華川ダムを航空機で攻撃
雷撃によりダムを破壊する

15日　中朝軍、第五次後期攻勢（5月攻勢）

22日　国連軍、“パイルドライバー”作戦開始

30日　鉄の三角地帯での攻防線が激化

6月23日　ソ連の国連大使マリクが国連安保理で休戦を提案

7月10日　第１次休戦協議が開城で開催される

8月18日　国連軍は中東部で攻勢を開始。国連軍は北朝鮮の鉄道と通信施設に対する空爆、“ストラングル”作戦を開始

9月13日　ハートブレイクリッジの戦い始まる（10月11日まで）

10月5日　国連軍、戦線の全域で秋季攻勢開始

25日　会場を板門店に移して休戦会談再開

1952年

2月18日　巨済島の捕虜収容所で中朝軍捕虜の暴動が発生

3月26日　韓国中西部の266高地を国連軍が攻撃
オールドバルディの戦いが始まる。（1953年3月26日まで）

5月7日　巨済島の捕虜収容所で２回目の暴動発生
所長のフランシス・ドット准将が中朝軍捕虜に捕らえられる

6月23日　国連軍機の水豊ダム初攻撃

10月6日　中国軍が鉄原の395高地を攻撃
14日まで12次にわたる攻防戦が繰り返される（白馬高地の戦い）

14日　国連軍の中国軍に対する攻撃、トライアングル・ヒルの戦い始まる（11月25日まで）

12月2日　ドワイト・アイゼンハワー次期大統領が訪韓し、前線を視察（4日まで）

1953年

1月20日　アイゼンハワー米大統領に就任

2月11日　米軍第８軍司令官にマクスウェル・テイラー中将が就任

3月5日　ソ連のスターリン死去

4月16日　中国軍“ポークチョップヒル”を攻撃（18日まで）

4月26日　板門店で会談が再開

7月2日　中国軍“ポークチョップヒル”に対して二回目の攻撃（11日まで）

7月19日　代表団が休戦協定合意に達する。

24日　休戦協定前調印前の最後の戦闘、サミチョン川の戦いが始まる（26日まで）

27日　板門店で中朝両軍と国連軍の間で休戦協定が結ばれる

■朝鮮戦争の推移

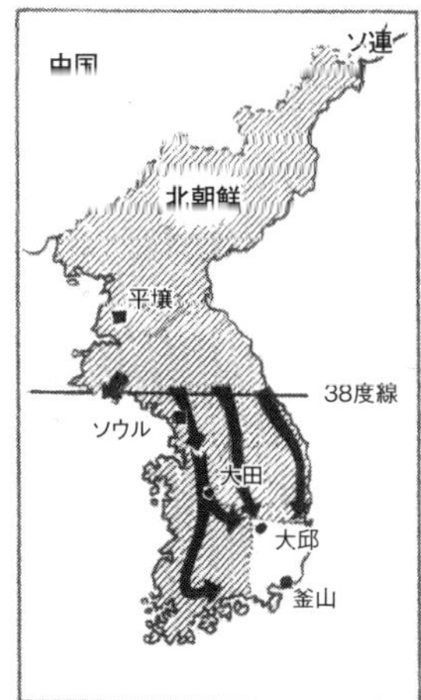
中国
ソ連
北朝鮮
平壌
38度線
ソウル
大田
大邱
釜山
1950年6～9月

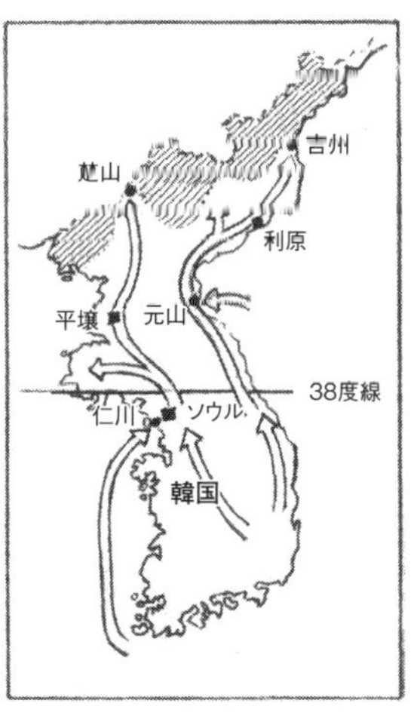
楚山
吉州
利原
平壌
元山
38度線
仁川
ソウル
韓国
1950年9～11月

1950年11月～1951年1月

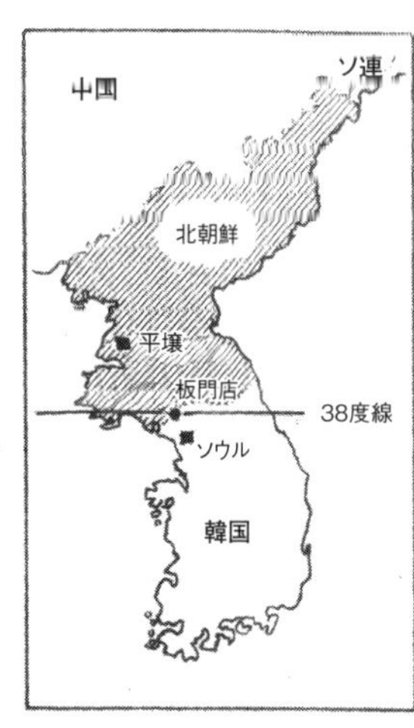
中国
ソ連
北朝鮮
平壌
板門店
38度線
ソウル
韓国
1953年7月　休戦協定時

■朝鮮半島

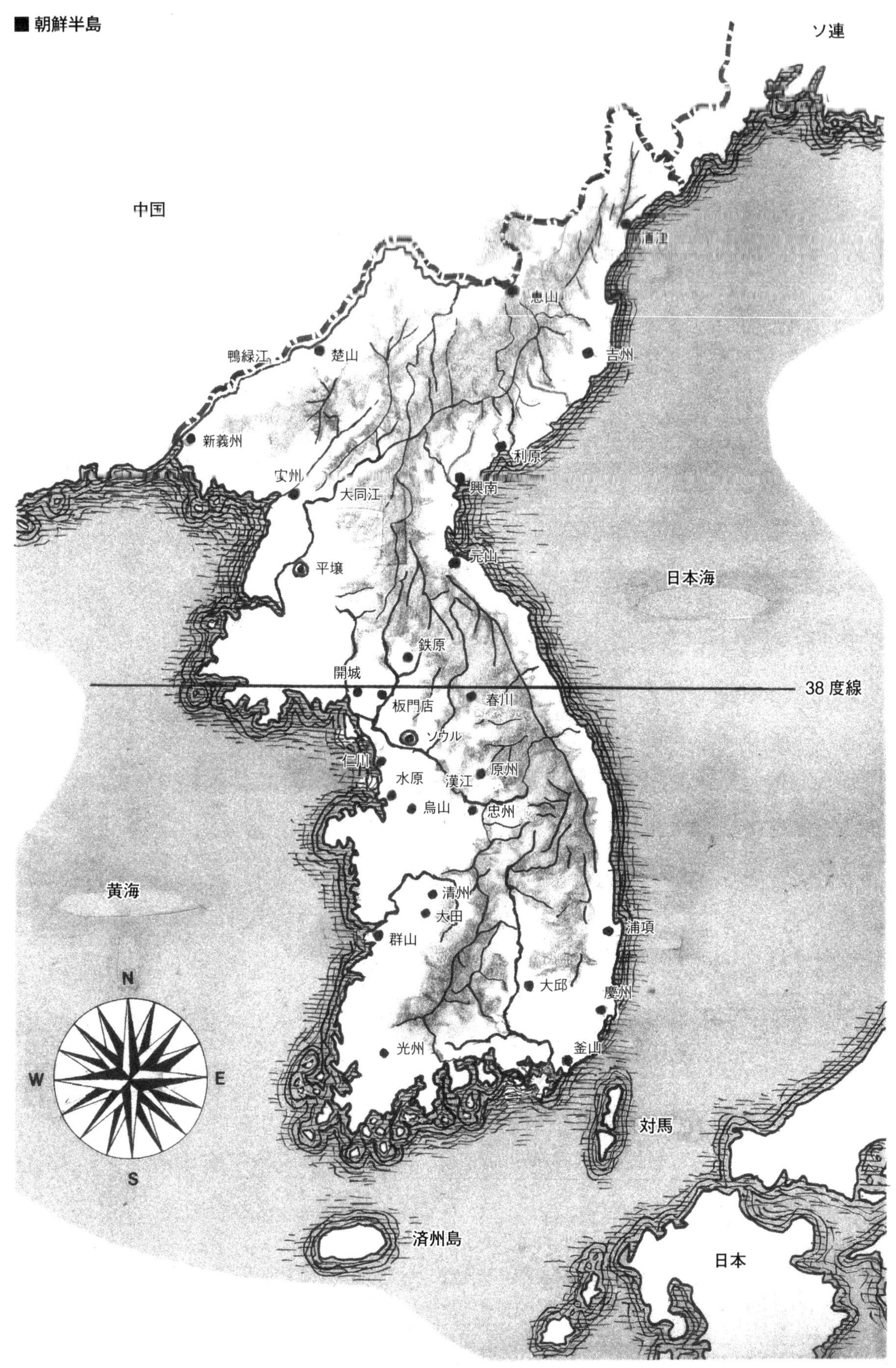

ソ連
中国
恵山
吉州
鴨緑江
楚山
新義州
利原
安州
大同江
興南
元山
平壌
日本海
鉄原
開城
38度線
板門店
春川
ソウル
仁川
水原
漢江
原州
烏山
忠州
黄海
清州
大田
浦項
群山
大邱
慶州
光州
釜山
N
W
E
S
対馬
済州島
日本

朝鮮戦争地上戦

朝鮮戦争における戦車戦

朝鮮戦争では第二次大戦に比べると規模は大きくないが、国連軍と共産軍との間で、度々戦車戦が生起している。

戦争勃発時、北朝鮮軍の機甲部隊戦力は1個機甲旅団編成だったのに対し、韓国軍は戦車部隊を持っていなかった。その理由は、山岳地帯が多い朝鮮半島の地勢から、戦車の集団運用は適していないとアメリカ軍が判断したことと、祖国統一の北進政策を唱える李承晩大統領に対し、過剰な軍事力を与えてしまうと、北朝鮮への進攻を始めるのではないかとの懸念を持ったアメリカ政府の政治的な判断によるものだった。

一方の北朝鮮軍は、ソ連からの軍事援助によって、240両のT-34-85中戦車（以下、T-34）と117両のSU-76自走砲（以下、SU-76）を装備していた。この戦車の有無が緒戦における北朝鮮の電撃戦を成功させることになったのである。

1950年6月26日、北朝鮮軍は戦車を先頭に南進を開始したが、その戦車を阻止する韓国軍の対戦車兵器は、各歩兵連隊に配備された6門の57mm対戦車砲と歩兵小隊が装備する2門の対戦車ロケットランチャー、そして対戦

北朝鮮軍（KPA）の戦闘車両

北朝鮮軍はソ連軍から供与された戦車120両を先頭に韓国へ奇襲侵攻した。

《 GAZ-67B 4輪駆動車 》

《 T-34-85中戦車 》

北朝鮮の主力戦車。開戦後もソ連からの供与は続いていた。

《 BA-64装甲車 》

《 ドニエプルM-72サイドカー 》

《 SU-76自走砲 》

開戦時の北朝鮮軍は、第二次大戦時のソ連軍と中国内戦などで実戦経験のある将兵を主力としていた。それに加えて、ソ連からの兵器供与により戦力は大きく向上した。

韓国陸軍（ROKA）の戦闘車両

《 M8装甲車 》

開戦時に韓国軍が装備していた唯一の戦車砲搭載車両。

《 M3装甲兵員輸送車 》

1951年の春頃よりアメリカ軍から供与が始まる。

《 M24チャーフィー軽戦車 》

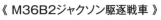

《 M36B2ジャクソン駆逐戦車 》

不足するM4やM26中戦車に替わり、韓国軍に供与された。主砲の90mm砲はT-34-85を破壊する威力があったが、防御力はM4中戦車より劣っていた。

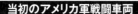

当初のアメリカ軍戦闘車両

朝鮮半島の地形では戦車を効果的に運用できないとの理由で、アメリカ軍は当初、北朝鮮軍の戦力を過小評価していた。また、この予測と政治的判断により韓国軍に対して戦車を供与していなかったことが、初戦でのT-34パニックを引き起こす要因となった。アメリカ軍は急遽、日本に駐留するM24とM4装備の戦車部隊を派遣したが、優位に対戦車戦闘を行なうにはM26中戦車の到着を待たなければならなかった。

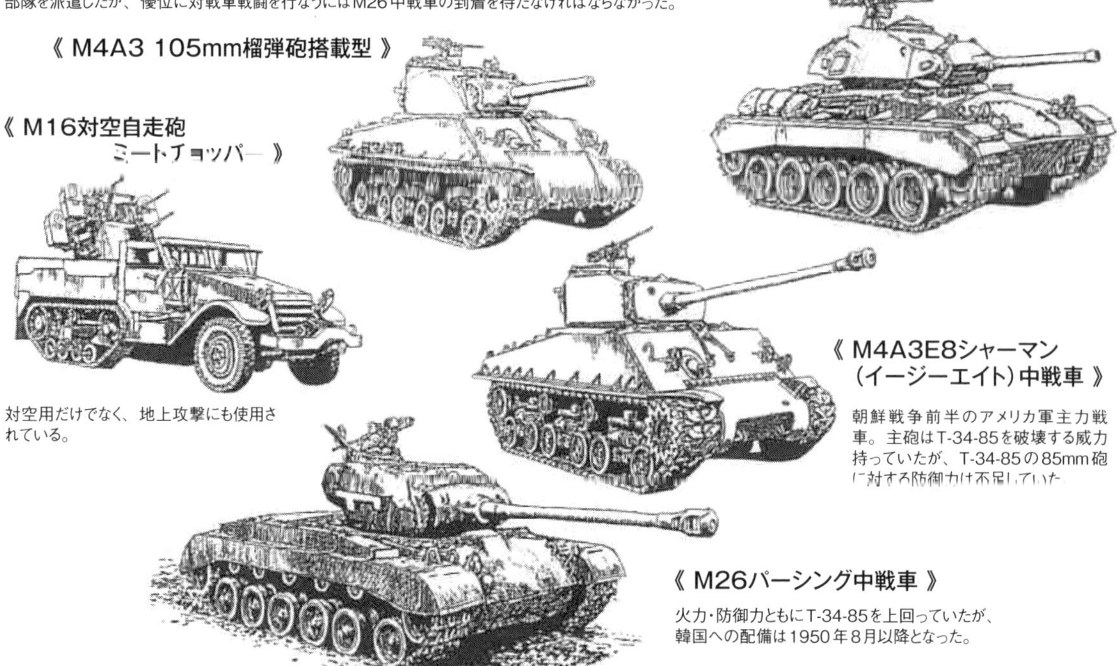

《 M24チャーフィー軽戦車 》

アメリカ軍が最初に朝鮮半島に投入した戦車。偵察用軽戦車のため火力・防御力ともT-34-85には歯が立たなかった。

《 M4A3 105mm榴弾砲搭載型 》

《 M16対空自走砲 ミートチョッパー 》

対空用だけでなく、地上攻撃にも使用されている。

《 M4A3E8シャーマン（イージーエイト）中戦車 》

朝鮮戦争前半のアメリカ軍主力戦車。主砲はT-34-85を破壊する威力持っていたが、T-34-85の85mm砲に対する防御力は不足していた。

《 M26パーシング中戦車 》

火力・防御力ともにT-34-85を上回っていたが、韓国への配備は1950年8月以降となった。

車地雷だけであった。他に戦車砲を搭載する唯一の装甲戦闘車両、M8装甲車を約40両（異説あり）装備していたが、37mm戦車砲ではT-34相手の対戦車戦闘は不可能であった。

■1950年8月の戦況

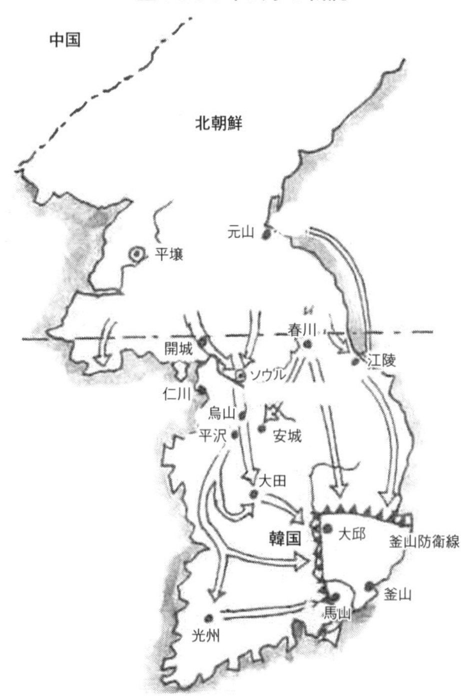

中国
北朝鮮
元山
平壌
春川
開城
ソウル
江陵
仁川
烏山
安城
平沢
大田
韓国
大邱
釜山防衛線
釜山
馬山
光州

■国連軍戦車の到着

最初に北朝鮮軍戦車と交戦した国連軍の戦車は、第24歩兵師団に所属する15両のM24チャーフィー軽戦車(以下、M24)だった。アメリカ軍は1950年7月10日、鳥致院の戦いにおいて初の戦車戦を行ない、北朝鮮軍のT-34中戦車数両を破壊したが、2両のM24を失っている。また、7月21日、大田近郊の戦闘では5両のM24が7両のT-34と交戦。待ち伏せ攻撃を仕掛けたM24は1両のT-34撃破するが、4両を失う結果となった。その後も数度にわたり戦車戦が発生したが、火力も防御力もT-34より劣るM24では戦況を変えることはできなかった。アメリカ軍はM24に続いて、日本からM4A3E8シャーマン中戦車（以下、M4）100両を派遣している。しかし、勢いの付いた北朝鮮軍の進撃を阻止することができず、追い詰められた国連軍は、最終防衛線である円陣を築き、敵の攻撃を阻止しながら増援を待って、反撃の体制を整えることになる。

8月に始まったこの釜山橋頭堡の戦いに、北朝鮮軍は歩兵師団13個の他に機甲師団1個を投入した。一方の国連軍には、日本から送られたM4の他に、アメリカ本土から輸送されてきたM26パーシング中戦車（以下M26）も到着し、8月7日、国連軍が最初に行なった反撃作戦では、M4とM26合わせて100両が参加して、各地で戦車戦が発生している。

当時アメリカ軍の最新中戦車M46パットン（以下、M46）が8月8日に最初の車両が釜山に上陸した。さらに8月29日、イギリス陸軍第27旅団が釜山に上陸。同旅団にはクロムウェル巡

航戦車（以下、クロムウェル）、チャーチルMk.VII歩兵戦車を装備する1個戦車連隊が配属されていた。

8月末までに、朝鮮半島へアメリカ軍は6個戦車大隊を派遣し、戦車数はイギリス軍を含めると500両以上に達し、北朝鮮軍と国連軍の戦力は逆転していた。

8～9月にかけて行なわれた釜山橋頭堡の戦闘に、北朝鮮軍は予備部隊の戦車も投入して国連軍を攻めたが、国連軍の戦車とM20対戦車ロケットランチャー、そして航空機の攻撃によって次々に破壊されていった。さらに燃料不足で放棄されるなどの理由から、9月までに、その保有数は約100両に減少していた。

■国連軍の反撃

釜山橋頭堡の戦いで危機を乗り切った国連軍は、戦局を一気に打開するため9月、仁川上陸作戦を実施した。以降、戦いは後退する北朝鮮軍を追う形の機動戦に移っていく。北朝鮮軍は国連軍の進撃を防御するものの、優勢な国連軍戦車によって各地でT-34は撃破されていった。しかし、その一方で国連軍の戦車もT-34の待ち伏せ攻撃や対戦車砲などの攻撃により損害を出している。

この時期、最大の戦車戦が10月30日、廓山の戦いで行なわれた。15両のM26と7両の北朝鮮軍T-34、10両のSU-76が夜間戦闘を行ない、アメリカ軍は5両のT-34と、7両のSU-76を撃破している。

11月14日には、センチュリオンMk.III（以下、センチュリオン）戦車を装備したイギリス陸軍第8王立アイルランド軽騎兵連隊が釜山に上陸した。センチュリオンは1951年2月11日、漢江で北朝鮮軍のクロムウェルを撃破している。このクロムウェルは、1950年11月下旬の議政府の戦いか、あるいは1951年1月、ソウルの北東にある

中国軍の戦闘車両

中国軍の機甲部隊は、北朝鮮と同様にソ連供与の車両を主力に編成されていた。戦車部隊は1951年3月末頃から前線に登場する。朝鮮にはT-34-85中戦車の部隊が送られたが、その運用は限定されていたようで、国連軍戦車との戦闘は少なかった。また、T-34-85とSU-76以外の戦車と自走砲も投入したと中国軍の資料にあるが、国連軍では最前線における他の車両の使用を確認していない。

《 M3偵察装甲車 》

アメリカが第二次大戦中にソ連へ供与した車両。

《 BA-64装甲車 》

《 SU-100自走砲 》

戦争後半、中国軍が少数を前線に投入したと言われている。

《 SU-76自走砲 》

《 SU-122自走砲 》

《 T-34-85中戦車 》

《 JS-2スターリン重戦車 》

北朝鮮軍への供与は、朝鮮戦争後になった。

《 KV-85重戦車 》

北朝鮮軍にも供与されたが、実戦に投入されたかは不明。

高陽の“ハッピー・バレーの戦い”において、中国軍がイギリス軍から鹵獲した内の1両であったと言われている。

1950年の末までに韓国に送られたアメリカ軍戦車はM4が一番多く679両、次にM26が309両、M46は200両、M24は138両であった。

■機動戦から陣地戦に

1950年10月、中国軍の参戦により、国連軍の戦線は大きく後退していたが、1951年に入ると、両軍ともに攻勢を繰り返し、38度線を境に北進と南進が続いた。そして戦いは機動戦から山岳地帯での陣地戦へと移行していき、戦車の運用も対戦車戦闘から、陣地の防衛や敵陣地を攻撃する歩兵部隊への支援砲撃などに変わっていった。

この陣地戦では、休戦までに数々の激戦が発生したが、中でも1952年11月18～19日と1953年5月19～29日に行なわれた“フック高地の戦い”では、イギリス軍のセンチュリオンが陣地防衛に活躍している。この高地は、休戦会談が行なわれていた板門店の南西10kmの地点にある標高60～80mの丘で、国連軍はソウル防衛のためにイギリス軍を主力とした守備隊を配置して陣地を築いていた。

特に1953年5月28～29日の戦いは大激戦となった。攻撃する中国軍は戦車を装備していないことから、戦車戦は発生しなかったが、陣地に配備された第1王立戦車連隊C中隊のセンチュリオン12両（異説あり）は榴弾で肉薄する敵兵を砲撃し、中国軍4個連隊の攻撃から高地を守ったのである。

■共産軍の戦車

北朝鮮軍のT-34、SU-76は、開戦後もソ連からの供与が続いていたが、1950年8月以降は国連軍の反撃で消耗する数に供給が追いつかず、加えて燃料補給などの問題もあり、緒戦時のような大規模運用はできなくなっていた。ソ連はT-34以外に1953年、JS-3重戦車も供与したとされるが、実戦投入の事実は確認されていない。

中国軍は、1953年までに延べ8個戦車連隊（T-34装備）を朝鮮に派遣し、限定的に運用したと言われる。また、中国側の資料によれば、SU-122自走砲、SU-100自走砲、KV-85戦車も派遣したとあるが、実戦でのそれらの使用は確認されていない。

■国連軍の戦車

国連軍は、前述したようにアメリカ軍戦車が主力であったが、初期に投入されていたM24は、M4やM26の配備が始まると、本来の偵察や歩兵支援任務などで使用されるようになった。また、M4とM26も1951年中に順次M46と交換されていった。イギリス軍も1951年以降、クロムウェルとチャーチルからセンチュリオンへと装備を転換している。

■韓国軍の戦車部隊

開戦時に戦車部隊を有していなかった韓国陸軍は、戦時中の1951年4月、歩兵学校に機甲科を創設し、アメリカ陸軍の指導によって戦車部隊の隊員教育と訓練を開始した。そして部隊の教育が終わると、最初の戦車中隊が編成され、10月に東部戦線に投入された。

その後も教育は続き、1952年の半ばまでに8個戦車中隊が誕生している。使用した戦車はM24とM36駆逐戦車（以下、M36）の2車種で、M36（各種バリエーションを含む）は休戦までに約200両が韓国軍に供与された。

■両陣営の戦車比較

○M24対T-34-85

M24軽戦車は、信頼性の高い戦車であったが、主砲は軽量型75mm砲のため近距離や後方からの攻撃などの条件が揃わないとT-34-85を破壊できなかった。お互い10両ずつの初対決では、損失が7対1と完敗している。M4やM26中戦車の配備後、M24は歩兵支援などの任務に使用された。

○M4対T-34-85

M4中戦車は、1950年7月末から前線に配備され、釜山橋頭堡の戦いでT-34-85と初交戦している。主砲の76mm砲は命中箇所によってはT-34-85を破壊できないこともあった。逆にT-34-85の85mm砲弾はM4を容易に破壊することが可能で、対戦車戦闘の性能ではT-34-85が優位であった。

○M26対T-34-85

M26中戦車は、1950年8月に朝鮮半島に登場した。同月20～24日にかけて大邱付近で行なわれた戦車戦では、北朝鮮軍の20両のT-34-85と4両のSU-76に対して、40両のM26がそれらを迎え撃った。4日間の戦闘でM26は6両の損失に対し、T-34-85 14両とSU-76 4両を破壊する戦果を挙げている。

中/後期のアメリカ軍戦闘車両

《 M29Cウィーゼル輸送車 》
《 LVT-3ブッシュマスター
水陸両用トラクター 》
《 M24チャーフィー軽戦車 》
雪上車としても使用できる
水陸両用の小型輸送車。
《 M4A3E8シャーマン中戦車 》
《 LVT(A)-4 75mm
榴弾砲搭載の火力支援型 》
《 LVT-3C水陸両用
トラクター 》
《 M26パーシング中戦車 》
《 DUKW水陸両用トラック 》
野砲の牽引、最前線
への人員・物資輸送
などに使用した。
《 M39多目的装甲車 》
《 M37 105mm自走砲 》
《 M46パットン中戦車 》
M7自走砲の後継車両。
《 M42B5シャーマン
火炎放射戦車 》
《 M41ゴリラ155mm自走砲 》
《 M4A3シャーマン
105mm榴弾砲火力支援型ドーザー戦車 》

《 M7B2プリースト105mm自走榴弾砲 》
《 M45中戦車 105mm榴弾砲搭載火力支援型 》
《 M43 203mm自走榴弾砲 》
《 M32戦車回収車 》
《 M40 155mm自走加濃砲 》
《 M19自走対空砲 》
《 M16自走対空砲 》
《 M15A1自走対空砲 》
37mm機関砲1門と12.7mm機関銃2挺を搭載。
2連装40mm機関砲を搭載。
《 F-82ツインマスタング 戦闘機 》
《 F-80シューティング スター戦闘機 》
《 B-26インベーダー軽爆撃機 》
《 F-51マスタング戦闘機 》
《 F9Fパンサー戦闘機 》
《 F-84リンダージェット 戦闘機 》
《 F4Uコルセア戦闘機 》
《 AD-4スカイレーダー攻撃機 》

アメリカ軍の地上攻撃機

国連軍の地上攻撃機は対戦車戦闘にも活躍し、共産軍が損失した3000両の戦車・装甲車両の約50%を破壊している。

イギリス及び英連邦軍の戦闘車両

イギリス軍が韓国に派遣した戦車は100～140両と言われている。チャーチルやクロムウェル戦車は1952年の夏頃までに引き上げられて、以後センチュリオン戦車が主力となった。他にベルギー軍はM4中戦車、トルコ軍はM4とM24軽戦車を使用した。

■イギリス軍

《 チャーチルMk.VII歩兵戦車 》

《 チャーチル・クロコダイル火炎放射戦車 》

《 チャーチル架橋戦車 》

《 クロムウェルMk.VIII巡航戦車 》

《 クロムウェルMk.IIIドーザー戦車 》

《 センチュリオンMk.I回収戦車 》

《 センチュリオンMk.III戦車 》

朝鮮戦争で初めて実戦に投入されたが、共産軍のソ連製戦車との戦車戦は発生しなかった。

■カナダ軍

《 シャーマンVCファイアフライ 》

《 ユニバーサルキャリア 》

小型の装甲兵員輸送車。

《 ダイムラーMk.II装甲車 》

《 ダイムラーMk.II偵察車 》

《 M4A3E8シャーマン 》

《 アキュリーズ駆逐戦車 》

ファイアフライと同じ17ポンド砲を搭載。

■朝鮮半島における主な戦車戦

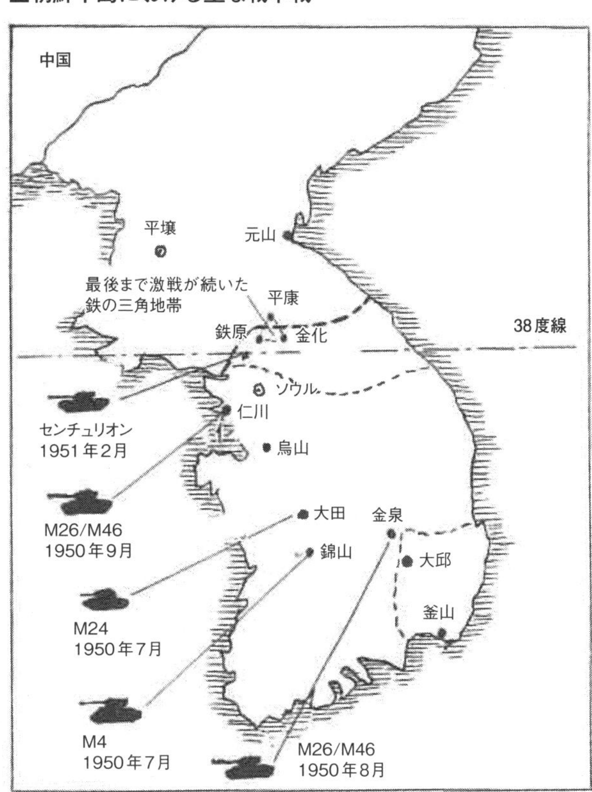

中国
平壌
元山
最後まで激戦が続いた
鉄の三角地帯
平康
38度線
鉄原
金化
ソウル
仁川
センチュリオン
1951年2月
烏山
M26/M46
1950年9月
大田
金泉
錦山
大邱
M24
1950年7月
釜山
M4
1950年7月
M26/M46
1950年8月

朝鮮戦争の戦車兵

《 アメリカ軍 標準スタイル 》

HBT作業服

HBTトラウザース

《 アメリカ軍 冬季のスタイル 》

M1950フィールドジャケット

M1950フィールドトラウザース

《 イギリス軍 》

機甲部隊用ブラックベレー

冬季用オーバーオール

《 北朝鮮軍 》

ソ連製戦車帽

《 中国軍 冬季スタイル 》

テレグロイカ型の防寒服上下を着用。

戦争後半には戦車兵もボディアーマーを着用するようになった。

各国の戦車兵の軍装は、第二次大戦とほぼ同じタイプを使用しており、朝鮮戦争においてもスタイルにあまり変化はない。中国・北朝鮮軍はソ連製、またはそれをコピーした自国品を使用している。

アメリカ軍戦車の虎(タイガーフェイス)マーキング

古くから韓国や中国では、虎は強さの象徴や魔除などの神獣とされてきた。アメリカ軍戦車部隊の一部ではこれにあやかり、敵に恐怖心を与えるためタイガーフェイスを戦車に描いていた。

■M4シャーマン

《 第5歩兵支援中隊車両 》

砲塔と車体前面に前足まで描いた跳びかかるデザイン。

《 第3工兵大隊HQ中隊車両 》

全体に縦縞を描き、目と口を砲塔に描いたパターン。

《 第89戦車大隊車両 》

口を横長に大きく描き、模様は虎柄というより豹柄のようなパターン。

《 第89戦車大隊C中隊車両 》

シャークマウスのイメージに近いデザイン。

《 第70戦車大隊車両 》

顔と前足を車体に描いたパターン。

《 第64戦車大隊車両 》

顔正面のデザイン。

《 第65連隊戦車中隊車両 》

横顔の虎が口から血を垂らすデザイン。

■M24チャーフィー

《 第79戦車大隊車両 》

車体正面に大きく口を描いたデザイン。

■M46パットン

《 第73戦車大隊A中隊車両 》

車体正面に前顔を精密に描いている。

《 第6戦車大隊B中隊車両 》

砲塔と車体だけでなく、フェンダーには爪を描いている。

《 第64戦車大隊の他車両 》

M4と同じデザイン。

■M40自走砲

《 第204野砲兵大隊車両 》

戦車部隊の虎に対して、砲兵部隊では自走砲の車体側面に東洋風の龍を描いた。尻尾の先はハートマークのデザインになっている。

空挺作戦
仁川上陸作戦の成功で戦局は大転換を遂げ、国連軍は北部へと全面的に退却中の北朝鮮軍を追撃して38度線を越えて北上した。
そして……
国連軍、10月19日に平壌占領。
今や国連軍は、朝鮮半島全土を手中にできる可能性が見えてきたのである。
ここでマッカーサーは、またも大胆な戦略を発表した。
①北朝鮮政府首脳部の逮捕
②主力軍の捕捉・殲滅
③味方捕虜の救出
よし！　この作戦で朝鮮戦争を早期に終結させるぞ。それには空挺作戦が持ってこいだ。
こうして10月20日、アメリカ第187空挺連隊が朝鮮戦争初の空挺作戦を実施した。目標は平壌の北方50kmにある粛川（スッチョン）とその東方30kmの順川（スンチョン）であり、ここは平壌から北へ向かう交通の拠点であった。この2拠点を押さえれば、北朝鮮軍を捕捉できるのだ。
咸興（ハムフン）
第187空挺連隊
第1／第3大隊
同連隊第2大隊
高原（コウォン）
粛川（スッチョン）
順川（スンチョン）
永柔（ヨンユ）
成川（ソンチョン）
元山（ウォンサン）
①
②
平壌（ピョンヤン）
■地上部隊
①イギリス第27旅団（イギリス軍2個大隊、オーストラリア軍1個大隊、アメリカ軍2個大隊）
②韓国第1、7、8師団、アメリカ第1騎兵師団
アメリカ第187空挺連隊
10月20日に降下した兵力は4000名。
C-119輸送機　76機
T101対戦車自走砲　4両
1953年に制式採用されたM56スコーピオン対戦車自走砲の試作型。
M2A1 105mm榴弾砲　7門
実戦で初の空中投下を行なった。
M1A1 75mm榴弾砲
29門
1/4tトトラック
（ジープ）
WC-51/52 3/4t
トラック（ビープ）
その他、弾薬600t、燃料・食料など24tを投下している。

降下部隊はわずかな抵抗を受けたが、両拠点を確保した。空挺部隊間の連絡も付き、降下作戦は成功したかに思えた…。
奇襲は成功、敵は包囲された。見事に敵に罠をかけたのだ。
しかし、実際には北朝鮮軍首脳部は1週間前に平壌を脱出しており、主力軍も捕虜を連れて撤退中であった。マッカーサーの罠にかかったのは、後衛部隊だけだった。

21日夜半より、北朝鮮軍の後衛にいた第239連隊は主力軍を守るため、空挺部隊へ夜襲を掛けてきた。装備も良く士気も高いこの部隊の波状攻撃に、兵力差で半分の空挺部隊は大苦戦した。
なんとか夜明けまで持ちこたえた空挺部隊は、航空支援と地上部隊の救援により反撃を開始して第239連隊をほぼ全滅させた。
空挺作戦で、敵を捕捉・殲滅できたのはこの戦いだけであった。

さらに、捕虜の救出にも失敗した。国連軍の捕虜は既に北部へ移送されており、一部の捕虜96人は永柔（ヨンユ）のトンネル内で虐殺されていた。

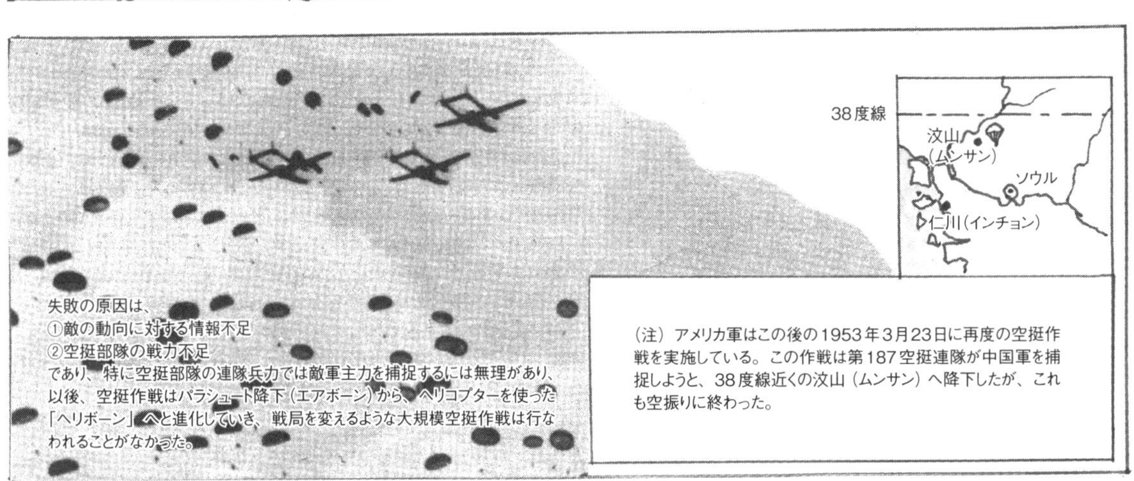
38度線
汶山（ムンサン）
ソウル
仁川（インチョン）
失敗の原因は、
①敵の動向に対する情報不足
②空挺部隊の戦力不足
であり、特に空挺部隊の連隊兵力では敵軍主力を捕捉するには無理があり、以後、空挺作戦はパラシュート降下（エアボーン）から、ヘリコプターを使った「ヘリボーン」へと進化していき、戦局を変えるような大規模空挺作戦は行なわれることがなかった。
（注）アメリカ軍はこの後の1953年3月23日に再度の空挺作戦を実施している。この作戦は第187空挺連隊が中国軍を捕捉しようと、38度線近くの汶山（ムンサン）へ降下したが、これも空振りに終わった。

アメリカ海兵隊

釜山攻防戦

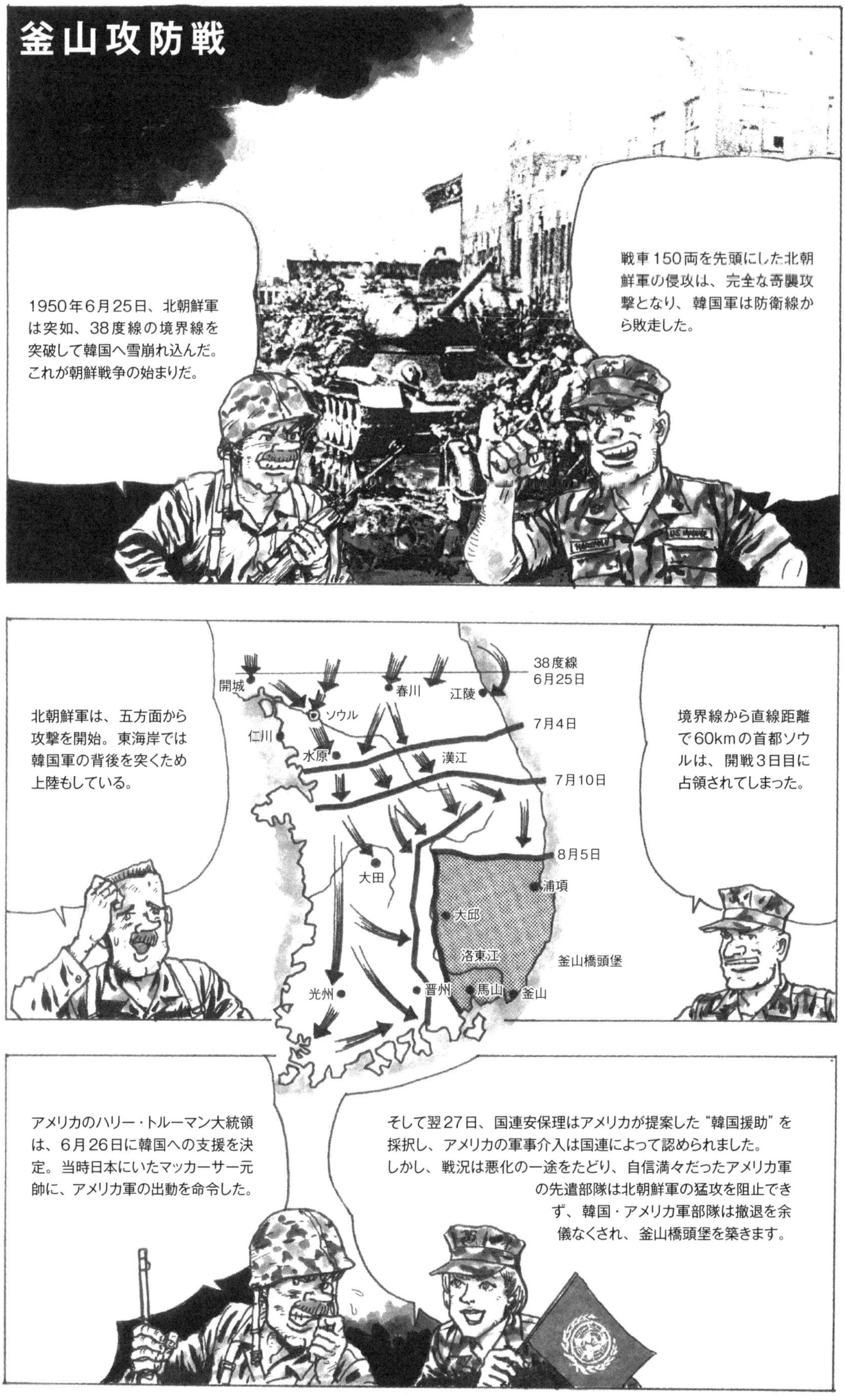

1950年6月25日、北朝鮮軍は突如、38度線の境界線を突破して韓国へ雪崩れ込んだ。これが朝鮮戦争の始まりだ。
戦車150両を先頭にした北朝鮮軍の侵攻は、完全な奇襲攻撃となり、韓国軍は防衛線から敗走した。

北朝鮮軍は、五方面から攻撃を開始。東海岸では韓国軍の背後を突くため上陸もしている。

38度線
6月25日
開城
春川
江陵
ソウル
仁川
7月4日
水原
漢江
7月10日
8月5日
大田
浦項
大邱
洛東江
釜山橋頭堡
光州
晋州
馬山
釜山

境界線から直線距離で60kmの首都ソウルは、開戦3日目に占領されてしまった。

アメリカのハリー・トルーマン大統領は、6月26日に韓国への支援を決定。当時日本にいたマッカーサー元帥に、アメリカ軍の出動を命令した。

そして翌27日、国連安保理はアメリカが提案した"韓国援助"を採択し、アメリカの軍事介入は国連によって認められました。
しかし、戦況は悪化の一途をたどり、自信満々だったアメリカ軍の先遣部隊は北朝鮮軍の猛攻を阻止できず、韓国・アメリカ軍部隊は撤退を余儀なくされ、釜山橋頭堡を築きます。

韓国軍の軍装

大韓民国陸軍 Republic of Korean Army(ROKA)

韓国陸軍は、1946年に国防警備隊として創設され、その後、陸軍へと改編された。部隊の編成、装備はアメリカ軍式だが、軍幹部や下士官には元日本陸軍出身者が多く、アメリカ軍指導の訓練が行き届くまでは、日本陸軍色がまだ残っていた。

《上等兵》

ヘルメットやフィールドキャップに階級章を付けている。

《中尉》

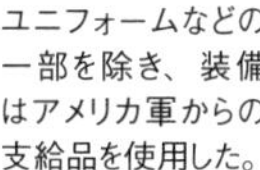

《韓国陸軍兵》

ユニフォームなどの一部を除き、装備はアメリカ軍からの支給品を使用した。

38度線の防衛に当たる5個師団には、M1ライフルやM1カービンが支給されたが、後方部隊の3個師団は、日本製の九九式小銃装備だった。

開戦時における韓国･北朝鮮軍の戦力

		韓国	北朝鮮
陸軍	師団	8個(9万8000人)	10個、1個戦車旅団(13万5438人)
	戦車	M8装甲車×27	T-34×50、SU-76自走砲×120
	野砲	105mm×85	122mm×120、76mm×240
	迫撃砲	60mm×600、81mm×600	120mm×180、82mm×810、61mm×816
	対戦車砲	57mm×140、M9バズーカ×1900	45mm×420
海軍		哨戒艇×4、掃海艇×10、施設艦×10、LST×1	哨戒艇×16
空軍		T-6練習機×10、連絡機×10	Yak-9戦闘機×70、Iℓ-10M攻撃機

軍事力は質・量ともに北朝鮮軍が絶対優勢。開戦当日は日曜日のため、韓国軍将兵の多くは休暇・外泊中であり、守備兵力は半減していました。

加えてT-34戦車に対する有効な対戦車兵器がなかったことも緒戦で惨敗した原因だ。韓国軍兵士の多くは戦車パニックを起こしたが、一部の兵は地雷や爆薬で対戦車肉薄攻撃を行なった。我々アメリカ軍がもっと優秀な兵器を支給していれば……。

釜山橋頭堡の戦い　1950年8月5～26日
《Il-10攻撃機》
北朝鮮空軍は開戦1カ月後には、アメリカ空軍の反撃でほぼ壊滅していきった。
《Yak-9戦闘機》
《BA-64装甲車》
《SU-76自走砲》
《T-34-85中戦車》
《M-30(M1938) 122mm榴弾砲》
《GAZ-67B 4輪駆動車》
《ドニエプルM-72サイドカー》
《ZiS-3(M1942) 76.2mm野砲》
《M1927 76.2mm歩兵砲》
8月5日
8月12日
韓国第0師団
韓国第1師団
アメリカ第1騎兵師団
大邱(テグ)
昌寧(チャンニョン)
アメリカ第24歩兵師団(8月24日、アメリカ第2歩兵師団と交代し、予備部隊となる)
霊山(ヨンサン)
霊山の戦い(8月5日～19日)
アメリカ第2歩兵師団
アメリカ第25歩兵師団
普州(チンジュ)
馬山(マサン)
アメリカ軍砲兵2個大隊が大損害
北朝鮮軍の待ち伏せ
キーン作戦(8月7日～13日)

開戦から猛進撃を続けてきた北朝鮮軍は、8月15日の祖国解放記念日までの釜山占領を掲げて、8月6日、釜山橋頭堡に対する攻勢を開始した。
後のない国連軍は、洛東江などの地形を利用した最終防衛ラインで迎え撃つ。
そして1カ月以上続いた攻防戦により、北朝鮮軍は戦力を使い切る状態まで消耗し、撤退していく。
この時期、国連軍はアメリカ本国からの兵力増員と物資補給により、その戦力比は北朝鮮軍に対して兵員約2倍、火砲約1.5倍、戦車約6倍と優勢になっていた。

《F-51Dマスタング戦闘機》
《F-80シューティングスター戦闘機》
《B-26インベーダー軽爆撃機》
《AD-2スカイレーダー
攻撃機(海軍)》
《F4U-4コルセア戦闘機(海軍/海兵隊)》
韓国第8師団
浦項(ポハン)
韓国首都師団
永川(ヨンチョン)
韓国第3師団
《M8グレイハウンド装甲車》
《M24チャーフィー軽戦車》
《M4A3E8シャーマン中戦車》
《M16自走対空砲ミートチョッパー》
《M2A1 105mm榴弾砲》
洛東江(ナクトンガン)
《M26パーシング中戦車》
《M1 155mm榴弾砲》
《M2 155mm加濃砲
ロングトム》
アメリカ
海兵第1旅団
釜山(プサン)
《M1 203mm(8in)重榴弾砲》

国連軍は豊富な火力と航空支援で釜山円陣を守り通した。

北朝鮮軍の軍装

朝鮮民主主義人民共和国 朝鮮人民陸軍　Korean People's Army (KPA)

ソ連軍は朝鮮から撤退する際に
3000名の軍事顧問を残した他、
兵器と装備も大量に供給した。
《伍長》
《戦闘帽》
耳覆いの付いた独
特のデザイン。
《ソ連製M40ヘルメット》
ヘルメットの使用例は少ない。
《大尉》
ソ連式の階級
章が肩に付く。
雑嚢
水筒
将校のユニフォー
ムは、ソ連軍のギ
ムナスチョルカ型
を模したデザイン。
シャツ型の上着の裾は、通常ズボンの
中に入れていた。
兵／下士官の標準的な夏季野戦スタイル。
スパイク型銃剣
《モシンナガンM1891/30ライフル》
口径：7.62mm　装弾数：5発
《トカレフTT-1930/33拳銃》
口径：7.62mm　装弾数：5発
折り畳み式スパイク型銃剣
《モシンナガンM1944カービン》
口径：7.62mm　装弾数：5発
《PPSh-41サブマシンガン》
口径：7.62mm　装弾数：71発
《DP-2軽機関銃》
口径：7.62mm　装弾数：47発
《マキシムM1910機関銃》
口径：7.62mm　ベルト給弾式

6月29日、前線を視察したマッカーサー元帥は、南進する北朝鮮軍を阻止した後、その背後に上陸作戦を行ない、北朝鮮軍を一気に殲滅する作戦構想を提案した。

上陸作戦には、第1騎兵師団（日本駐留）と1個海兵連隊（米本土から派遣）を7月22日頃、仁川に上陸させる計画でした。

しかし戦況の悪化により、第1騎兵師団は北朝鮮軍阻止のため釜山に投入され、計画は一度中止される。

その後、マッカーサー元帥の上陸作戦の必要性が認められると、第1海兵師団に対して臨時編成の1個海兵旅団の編成が命令された。

第1海兵遠征旅団（以下、第1海兵旅団）は、第6海兵連隊を基幹に、砲兵1個大隊、戦車1個中隊の兵力約4000名で編成された。別に航空支援のため第33海兵航空隊も派遣が決まった。

第1海兵旅団は、7月23日に新たに立案された上陸作戦に基づき、9月中旬、仁川に上陸予定で本国を出発した。

しかし、同旅団は危機の迫った釜山橋頭堡を確保するため、8月2日、釜山に上陸し、馬山正面において予備兵力にされてしまった。

海兵隊の初陣は、“キーン”作戦と名付けられた局地的反撃作戦で、海兵隊は晋州に向けて進撃を開始した。

だが、作戦開始5日後の8月12日、北朝鮮軍の待ち伏せ攻撃を受けた砲兵大隊は200名の戦死者を出し壊滅。他の部隊も北朝鮮軍の攻撃を受けて作戦は失敗。
その後、海兵隊は機動反撃予備隊として使用されることになった。

アメリカ海兵隊の軍装

釜山の海兵隊　1950年夏

《P1944HBT作業服の兵士》
P1941との違いは、胸ポケットに蓋が付き、裾側のポケットが廃止され、左右胸部の前合わせにはインターナルポケットが追加されたところ。
第二次大戦の5年後に始まった朝鮮戦争では、軍装や兵器の多くは、第二次大戦中のモデルを引き続き使用している。
M1ライフル
P1941HBT作業服も併せて使用されている。
P1944トラウザースは、両サイドとヒップ部分に大型のポケットが付属する。
〔カービン用マガジンポーチ〕
右が30連マガジン用
左は15連マガジン用
M4バヨネット
《M3A1サブマシンガン》
《M2カービン》
口径：30口径
装弾数：15/ 30発
口径：45口径
装弾数：30発
《M1918A2オートマチックライフル(BAR)》
口径：30口径　装弾数：20発
《M1919A4機関銃》
《M1919A6軽機関銃》
M1919A4はM2三脚に装着して使用。A4、A6ともに口径は30口径、ベルト給弾式。

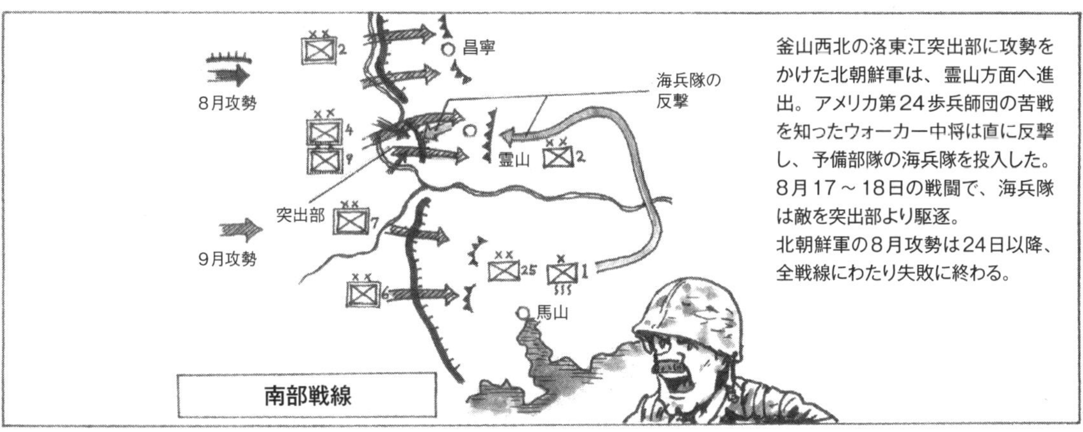
昌寧
8月攻勢
海兵隊の
反撃
霊山
突出部
9月攻勢
馬山
南部戦線
釜山西北の洛東江突出部に攻勢をかけた北朝鮮軍は、霊山方面へ進出。アメリカ第24歩兵師団の苦戦を知ったウォーカー中将は直に反撃し、予備部隊の海兵隊を投入した。8月17～18日の戦闘で、海兵隊は敵を突出部より駆逐。
北朝鮮軍の8月攻勢は24日以降、全戦線にわたり失敗に終わる。

8月13日夜、北朝鮮軍は釜山橋頭堡に対する攻勢に出る。
その結果、霊山地区正面のアメリカ第2歩兵師団の戦線は突破されてしまう。
祖国全土の解放と独立を勝ち取るために最後の血の一滴まで捧げて戦おう。

アメリカ第8軍司令官ウォーカー中将は、即座に海兵隊の投入を決意!
いま必要なのは戦車を見たら逃げ出す「シロウト」ではない。実戦で役立つ「プロ」だ。
期待に応じて海兵隊は、侵入してきた北朝鮮軍を撃退! 他の戦線でも、国連軍は逆襲に次ぐ逆襲で、北朝鮮軍を撃退し、釜山橋頭堡を守り切った。

約1カ月に及ぶ釜山橋頭堡の戦いで、第1海兵旅団は戦傷約900名の損害を出し、第5連隊では6名の中隊長の内、無事だったのはわずか1名だけだ。
こうして旅団は上陸直後から予期せぬ作戦に投入され損害も出たが、実戦経験を重ねた頼もしい部隊になった。

マッカーサーの賭け 仁川上陸作戦

北朝鮮軍の後方へ上陸作戦を行ない、敵の補給路を遮断、一気に戦局を逆転させるのだ。
敵の圧力は相変わらずで、橋頭堡の戦闘は依然ピンチの連続だよ。
国連軍が釜山橋頭堡で必死に防戦中のところ、マッカーサー元帥は他の誰にも想像のつかないような大反撃計画を練っていた。

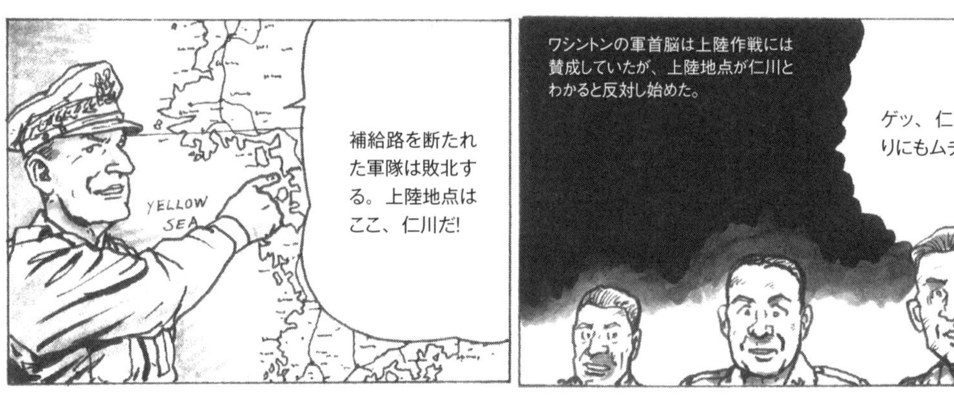
YELLOW SEA
補給路を断たれた軍隊は敗北する。上陸地点はここ、仁川だ!
ワシントンの軍首脳は上陸作戦には賛成していたが、上陸地点が仁川とわかると反対し始めた。
ゲッ、仁川とはあまりにもムチャだ。

仁川は干潮と満潮の差が大きいことで、世界的に有名な場所。地形も上陸を行なうには困難だ。
仁川には砂浜が少なく、岸壁の高さは5mもあるのだ。地理的、地形的、海象的条件どれをみても、上陸作戦には不向きだ。
仁川は上陸作戦には全く不適当であった!

8月23日、東京日比谷のGHQ（連合国軍最高司令部）
我々は仁川に上陸し、そして敵を撃滅するであろう。
私にもマッカーサー元帥くらいの信念を持てたらと思うよ。
ワシントンから来たF.シャーマン海軍作戦部長
マッカーサー元帥は、この作戦に絶対の自信があった。周囲の反対を強引に押し切り、仁川上陸作戦は承認された。

さて、話は少しさかのぼる。第１海兵師団は７月25日に動員が下命され、８月中旬までに編成が完了するはずだった。

しかし、釜山橋頭堡の危機で、７月中旬に第５海兵連隊を基幹とする臨時第１海兵旅団を急派した結果、兵員が3000人に減ってしまった。

そこで、米本土東海岸にいた第２海兵師団から約7000人、第１補充教育隊から800人、欧州その他から集めた正規兵3630人を第１海兵師団に転属させたんですよね。

そのため、予備役１万人以上を招集してその穴埋めをしたのだが、この動員の慌ただしさは今でも海兵隊の語り草となっているのだ。

それから海兵隊には「小銃兵（歩兵）第一主義」という伝統があります。

実戦に出る時に無線手やドライバー等の職務ではなく“絶対に小銃兵志望”の兵士が多く、編成に手間取ったという話もある。
海兵隊員は当時から、小銃兵以外は大きな顔ができない風習があったからね。

仁川上陸作戦（クロマイト作戦）1950年9月15日

300隻近い艦艇と約4万名の上陸兵力によって開始された作戦は、午前6時33分、北朝鮮軍の砲兵陣地がある月尾島（ウォルミド）への上陸から開始された。上陸したアメリカ海兵第5連隊第3大隊は同島を上陸後45分で制圧した。
満潮時間を迎えた17時30分、仁川のレッドビーチとブルービーチに上陸。上陸前の艦砲射撃と航空攻撃により北朝鮮軍の抵抗は軽微で、当日の予定目標奪取に成功した。

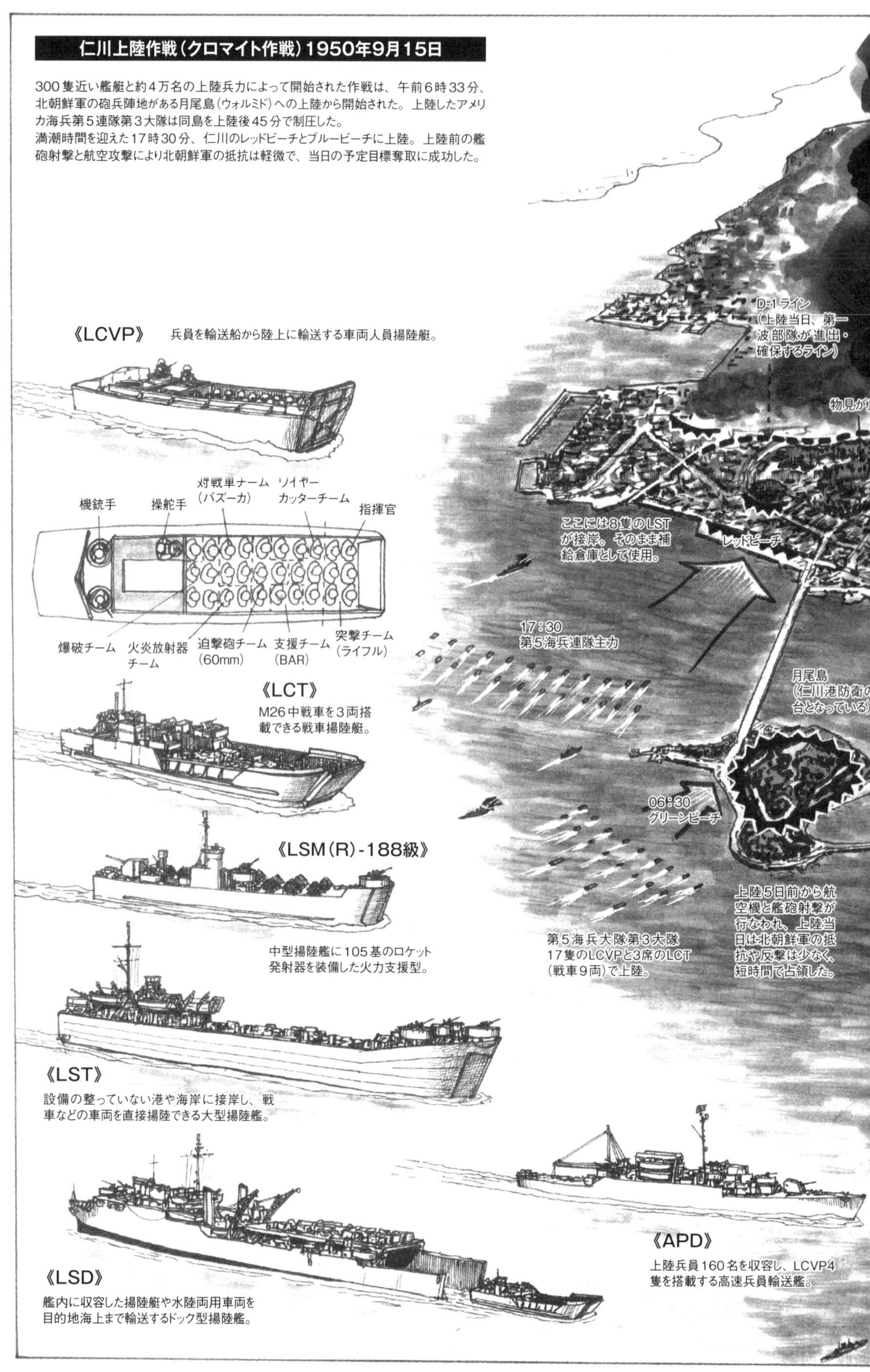

《LCVP》
兵員を輸送船から陸上に輸送する車両人員揚陸艇。
機銃手
操舵手
対戦車チーム（バズーカ）
ワイヤーカッターチーム
指揮官
爆破チーム
火炎放射器チーム
迫撃砲チーム（60mm）
支援チーム（BAR）
突撃チーム（ライフル）
《LCT》
M26中戦車を3両搭載できる戦車揚陸艇。
《LSM(R)-188級》
中型揚陸艦に105基のロケット発射器を装備した火力支援型。
《LST》
設備の整っていない港や海岸に接岸し、戦車などの車両を直接揚陸できる大型揚陸艦。
《LSD》
艦内に収容した揚陸艇や水陸両用車両を目的地海上まで輸送するドック型揚陸艦。
《APD》
上陸兵員160名を収容し、LCVP4隻を搭載する高速兵員輸送艦。
D-1ライン（上陸当日、第一波部隊が進出・確保するライン）
ここには8隻のLSTが接岸。そのまま補給倉庫として使用。
レッドビーチ
17：30
第5海兵連隊主力
月尾島
06：30
グリーンビーチ
上陸5日前から航空機と艦砲射撃が行なわれ、上陸当日は北朝鮮軍の抵抗や反撃は少なく、短時間で占領した。
第5海兵大隊第3大隊
17隻のLCVPと3席のLCT（戦車9両）で上陸。

国連軍の空母艦載機は、上陸作戦初日に300回以上も出撃し、仁川を中心とする半径40km圏内を攻撃。北朝鮮軍の仁川増援を阻止し、巡洋艦も艦砲射撃を行ない、仁川に通じる道路を閉鎖した。
《AD-4スカイレーダー》
軽爆撃機並みの爆弾搭載量を生かして支援攻撃を行なった。
北朝鮮軍の防衛陣地
ブルービーチ
9月15日の戦線
炎上中の市街
17：32　第1海兵連隊主力
ロチェスター輸送船団
仁川港
《F4U-4コルセア》
上空直衛と地上支援攻撃を行なった。
第二次大戦では、上陸作戦前の朝食は必ずステーキが出ていたのに、今朝はゆで卵とコンビーフハッシュだけだったんだぜ。
小月尾島
《艦砲射撃》
主力は米英2隻の巡洋艦と10隻の駆逐艦。他にLSM（R）6隻がロケット弾攻撃で支援した。
国連軍参加艦艇は、アメリカ軍230隻、韓国軍15隻、イギリス軍12隻、カナダ軍12隻、オーストラリア軍2隻、ニュージーランド軍2隻、フランス軍1隻、計273隻（内、揚陸艦艇156隻）。
《北朝鮮軍Yak-9戦闘機》
Yak-9が9月17日の払暁に来襲して国連軍艦艇を攻撃した。この攻撃で、米英の巡洋艦各1隻に損害を与えている。
見たまえ。成功率5000分1と言われたこの作戦は、わしの予想とおりに大成功だった。
《揚陸指揮艦マウント・マッキンリー》
上陸作戦全般の指揮・統制を行なう水陸両用部隊の旗艦。輸送船をベースに建造され、各種通信機器や作戦室などを備えている。

仁川上陸作戦の海兵隊員

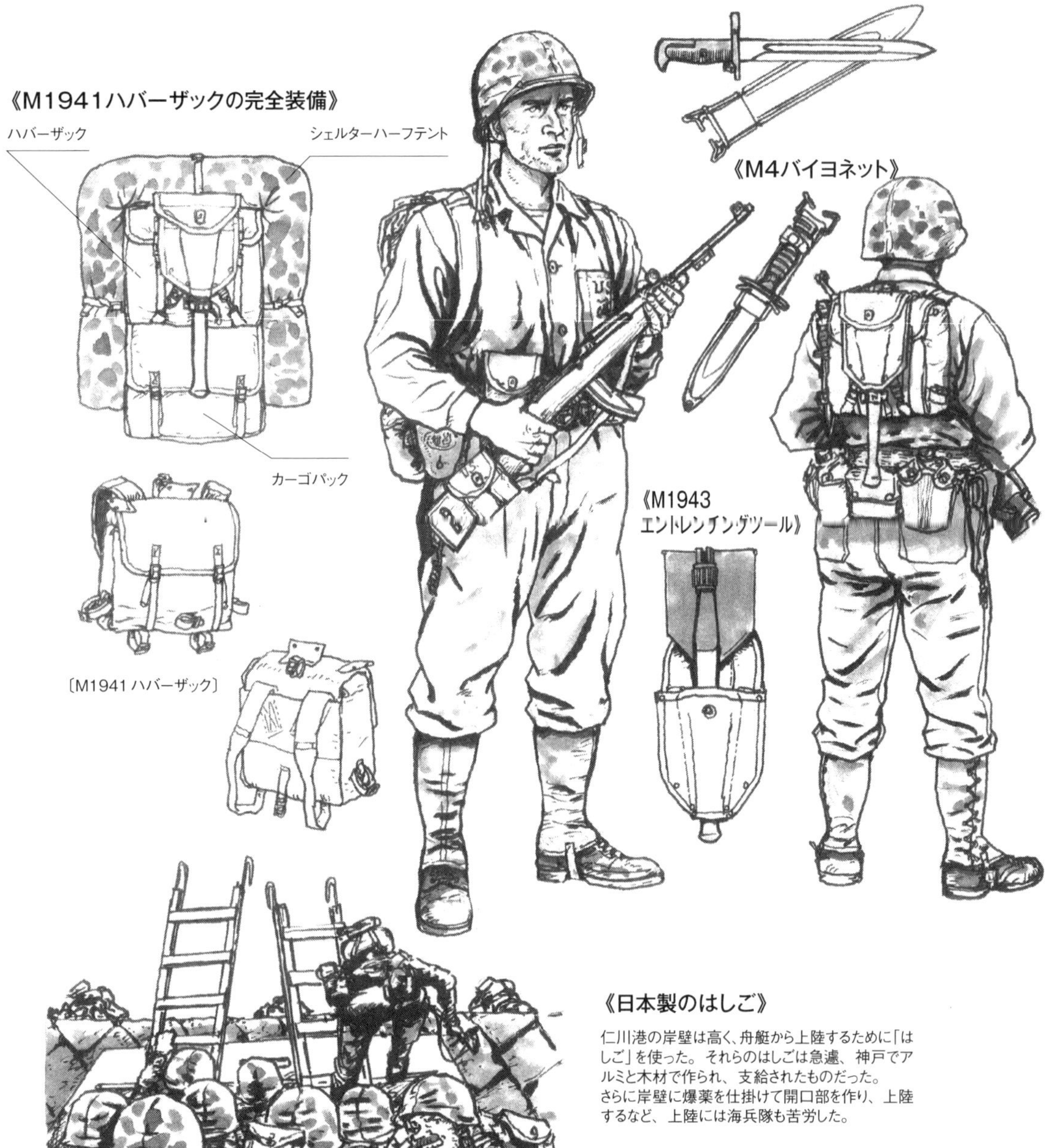

《M1バイヨネット》
《M1941ハバーザックの完全装備》
ハバーザック
シェルターハーフテント
《M4バイヨネット》
カーゴパック
《M1943
エントレンチングツール》
〔M1941 ハバーザック〕

《日本製のはしご》

仁川港の岸壁は高く、舟艇から上陸するために「はしご」を使った。それらのはしごは急遽、神戸でアルミと木材で作られ、支給されたものだった。
さらに岸壁に爆薬を仕掛けて開口部を作り、上陸するなど、上陸には海兵隊も苦労した。

■第10軍団の編成

軍団長　エドワード・アーモンド少将

○第１海兵師団

第１海兵連隊
第５海兵連隊
　第５海兵連隊は釜山の戦線より移動。

○第７歩兵師団

定員不足から、師団兵力の３分の２は、本土からの補充兵と編入した韓国軍部隊で編成。

○韓国軍

韓国陸軍第17歩兵連隊
韓国海軍海兵連隊

仁川港は市街と接近しており、攻撃側には絶対的に不利だ。

私も仁川上陸には反対だった。

第１海兵師団長
オリバー・P・スミス少将

9月16日より北朝鮮軍は反撃を加えてきたが、当時この周辺にいた部隊は訓練不足で、海兵隊の敵ではなく、上陸軍の進撃速度が落ちることはなかった。

大戦中のタラワなんかに比べると、今回は演習並みだよ。
北朝鮮軍は仁川への上陸を全く予期しておらず、Dデイの海兵隊の損害は戦死21名、負傷174名であった。

同月17日、富平市(別名アスコム市)占領。
T-34-85戦車6両を中心とする北朝鮮軍約300名の反撃があったが、M26戦車とバズーカ砲で迎撃。海兵隊は負傷1名で敵を壊滅させた。

ここは、開戦前にアメリカ軍が建設した補給基地の街で、保管されていたアメリカ軍の各種弾薬2000tがそっくり残っていたぞ。

第5海兵連隊は前夜より空港に突入。北朝鮮軍には奇襲となり、反撃も軽く、国連軍は無傷で飛行場を奪回した。

同月18日、金浦空港占領。
日本の伊丹基地に待機していた第33海兵航空群が直ちに進出。同日、輸送機隊は立川基地から補給輸送を開始した。

ソウルを西方から攻撃すべく、第5海兵連隊はLVTにより作戦を行なった。

同月20日、漢江渡河作戦

奇襲渡河には失敗したが、支援砲撃下の強行渡河によって対岸に進出。翌日よりソウルに向かって進撃を開始した。

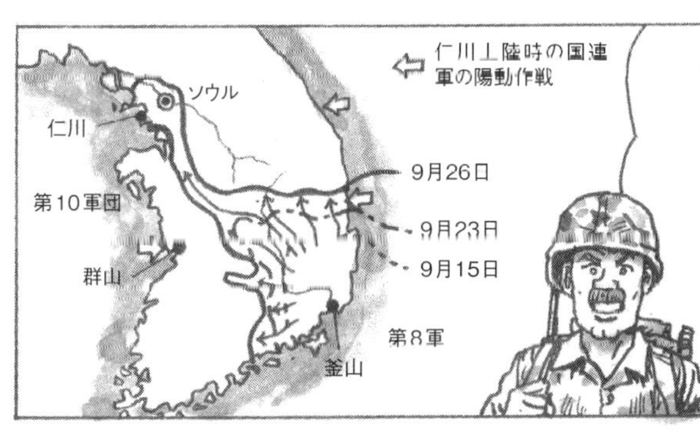
仁川上陸時の国連軍の陽動作戦
ソウル
仁川
9月26日
第10軍団
9月23日
群山
9月15日
第8軍
釜山

一方、釜山橋頭堡の第8軍も仁川上陸に呼応して総攻撃を開始したが、北朝鮮軍の強力な防御によって、20日まで戦況は進展せず元帥を悩ませた。
その後、北朝鮮軍の第一線は崩れ始め、23日以降、国連軍は敵防禦ラインを次々に突破していった。

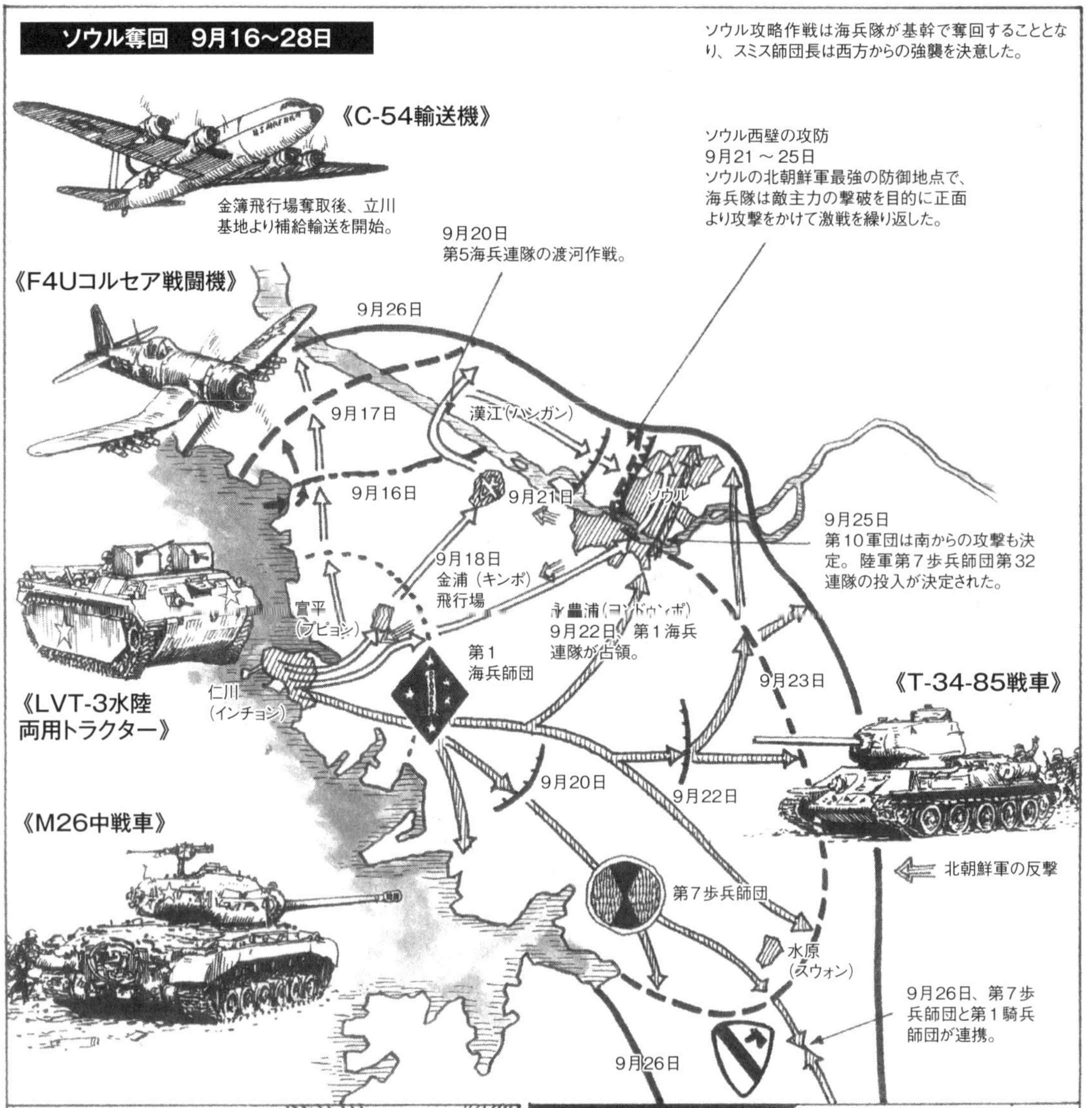

ソウル奪回　9月16～28日

ソウル攻略作戦は海兵隊が基幹で奪回することとなり、スミス師団長は西方からの強襲を決意した。

《C-54輸送機》

金浦飛行場奪取後、立川基地より補給輸送を開始。

《F4Uコルセア戦闘機》

《LVT-3水陸両用トラクター》

《M26中戦車》

《T-34-85戦車》

ソウル西壁の攻防
9月21～25日
ソウルの北朝鮮軍最強の防御地点で、海兵隊は敵主力の撃破を目的に正面より攻撃をかけて激戦を繰り返した。

9月20日
第5海兵連隊の渡河作戦。

9月26日

9月17日

漢江（ハンガン）

9月16日

9月21日

ソウル

9月25日
第10軍団は南からの攻撃も決定。陸軍第7歩兵師団第32連隊の投入が決定された。

9月18日
金浦（キンポ）
飛行場

富平
（プピョン）

永登浦（ヨンドゥンポ）
9月22日、第1海兵連隊が占領。

第1
海兵師団

仁川
（インチョン）

9月23日

9月20日

9月22日

北朝鮮軍の反撃

第7歩兵師団

水原
（スウォン）

9月26日、第7歩兵師団と第1騎兵師団が連携。

9月26日

ソウルへ進撃！
さすがにソウル前面での北朝鮮軍の抵抗は激しく、海兵隊の順調な進撃も停止してしまった。

USMC

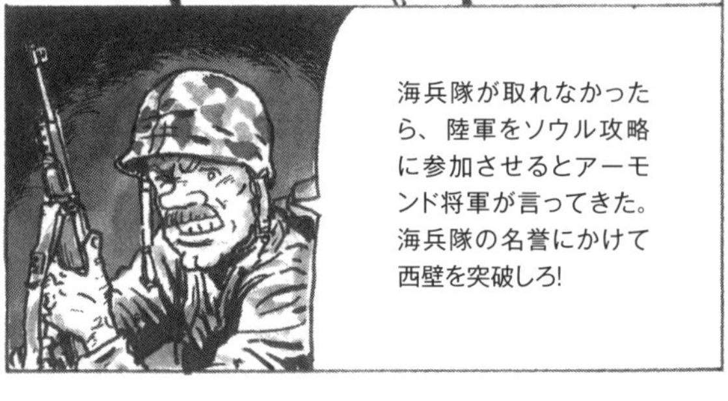

海兵隊が取れなかったら、陸軍をソウル攻略に参加させるとアーモンド将軍が言ってきた。
海兵隊の名誉にかけて西壁を突破しろ!

9月26日、海兵隊と韓国陸軍第32連隊、そして韓国海兵隊はソウルに突入し、28日にソウルを占領した。
28日、首都ソウル奪回
仁川上陸からソウル奪回までに、海兵隊の戦死は421人、負傷2029人であった。

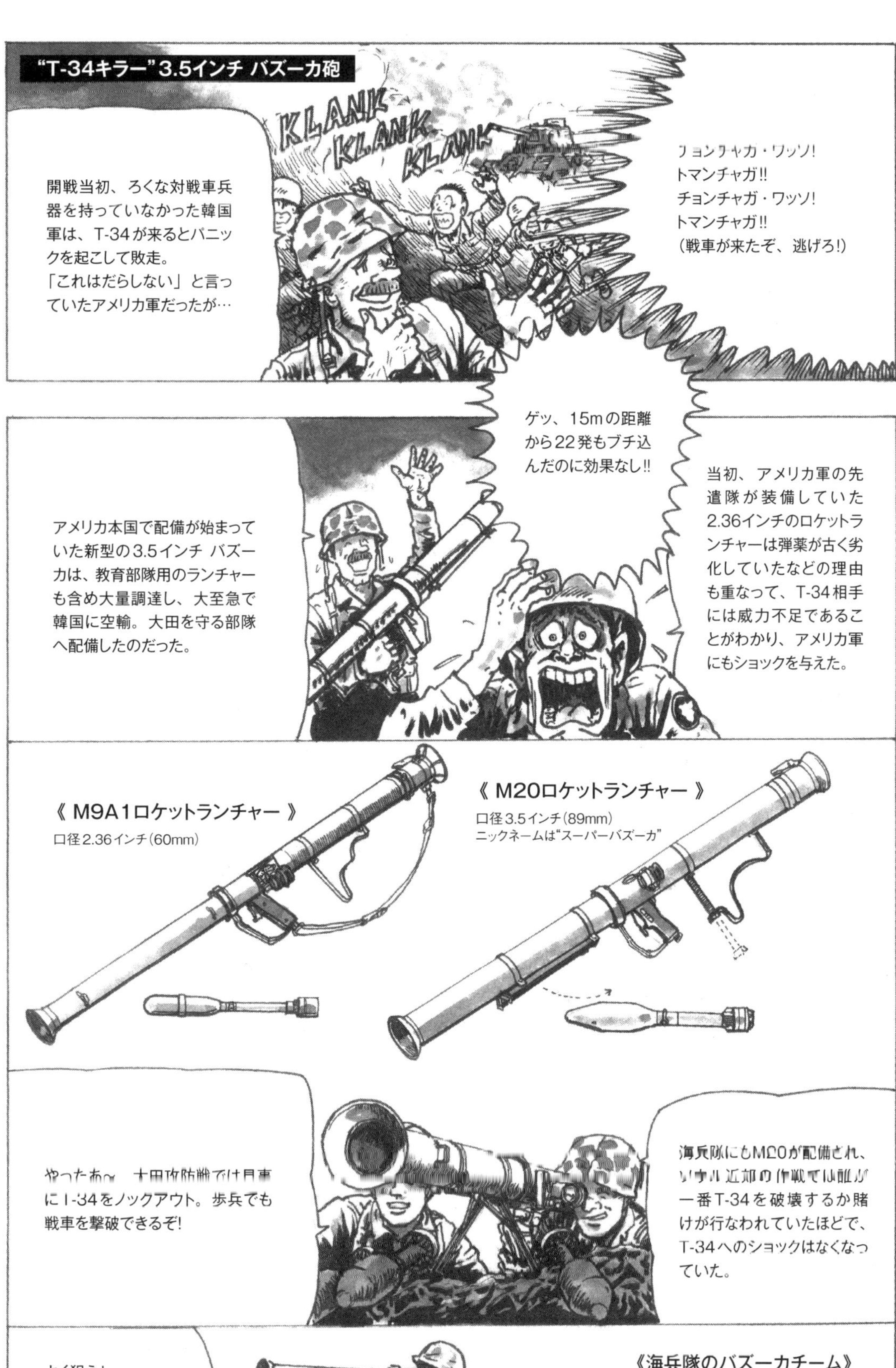

"T-34キラー"3.5インチ バズーカ砲
開戦当初、ろくな対戦車兵器を持っていなかった韓国軍は、T-34が来るとパニックを起こして敗走。「これはだらしない」と言っていたアメリカ軍だったが…
KLANK KLANK KLANK
チョンチャガ・ワッソ! トマンチャガ!! チョンチャガ・ワッソ! トマンチャガ!! (戦車が来たぞ、逃げろ!)
ゲッ、15mの距離から22発もブチ込んだのに効果なし!!
アメリカ本国で配備が始まっていた新型の3.5インチ バズーカは、教育部隊用のランチャーも含め大量調達し、大至急で韓国に空輸。大田を守る部隊へ配備したのだった。
当初、アメリカ軍の先遣隊が装備していた2.36インチのロケットランチャーは弾薬が古く劣化していたなどの理由も重なって、T-34相手には威力不足であることがわかり、アメリカ軍にもショックを与えた。
《 M9A1ロケットランチャー 》
口径2.36インチ(60mm)
《 M20ロケットランチャー 》
口径3.5インチ(89mm)
ニックネームは"スーパーバズーカ"
やったあ~ 大田攻防戦では見事にT-34をノックアウト。歩兵でも戦車を撃破できるぞ!
海兵隊にもM20が配備され、ソウル近郊の作戦では誰が一番T-34を破壊するか賭けが行なわれていたほどで、T-34へのショックはなくなっていた。
よく狙え! スーパーバズーカも当たる場所と角度が悪いと撃破できないからな。
《海兵隊のバズーカチーム》
射手と弾薬手で1チームを組むが、他に護衛兵が付く。

中国軍の介入

中国（中華人民共和国）

鴨緑江（アプロクガン）

北朝鮮
（朝鮮民主主義人民共和国）

10月26日

10月20日

平壌
（ピョンヤン）

元山（ウォンサン）

10月7日

38度線

韓国軍

米・英軍

ソウル

仁川
（インチョン）

ソウルを奪回した国連軍は、北朝鮮軍を追撃して北上。38度線を突破して10月20日、平壌を占領した。

一路、鴨緑江を目指す国連軍は、10月末までに北朝鮮の大部分を占領。もはや戦争の終結は時間の問題と思われた。

中国の人民義勇軍が鴨緑江を渡河し、北朝鮮への支援を開始したのは、10月25日のことだった。
隣国の同志、社会主義国を救うのだ。抗美援朝（※）志願軍歩兵30個師団、砲兵3個師団、鉄道兵1個師団を送り込め！

※抗美援朝（アメリカの侵略に抵抗し、朝鮮を援助するという意味）

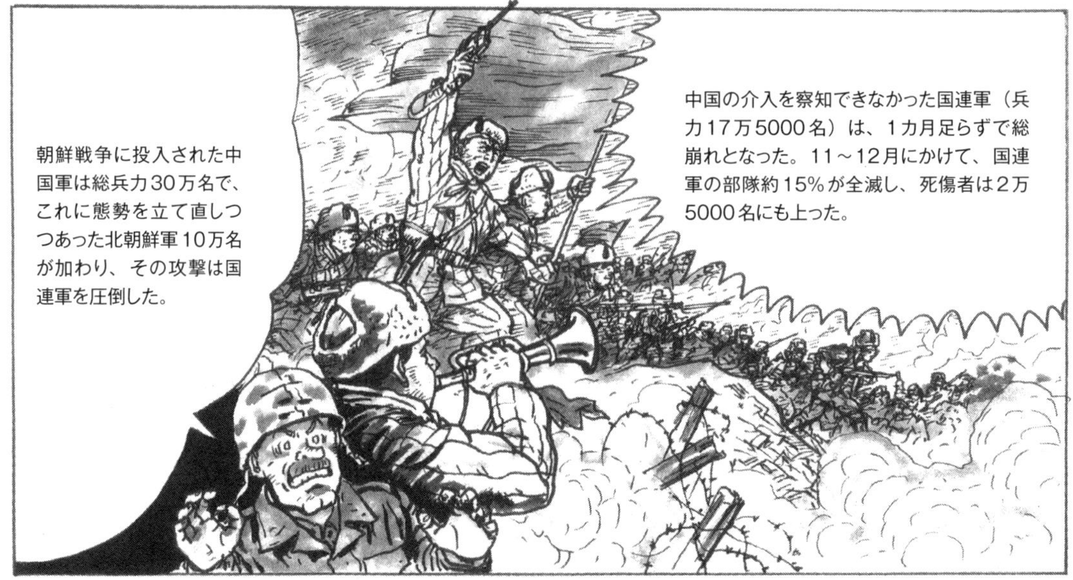
中国の介入を察知できなかった国連軍（兵力17万5000名）は、1カ月足らずで総崩れとなった。11～12月にかけて、国連軍の部隊約15％が全滅し、死傷者は2万5000名にも上った。
朝鮮戦争に投入された中国軍は総兵力30万名で、これに態勢を立て直しつつあった北朝鮮軍10万名が加わり、その攻撃は国連軍を圧倒した。

さて、その頃わが海兵隊はどうしていたのかと言えば……、
NAVY 300

ソウル占領後の10月5日、仁川まで帰投を命じられ、今度は元山への上陸作戦を展開することになった。

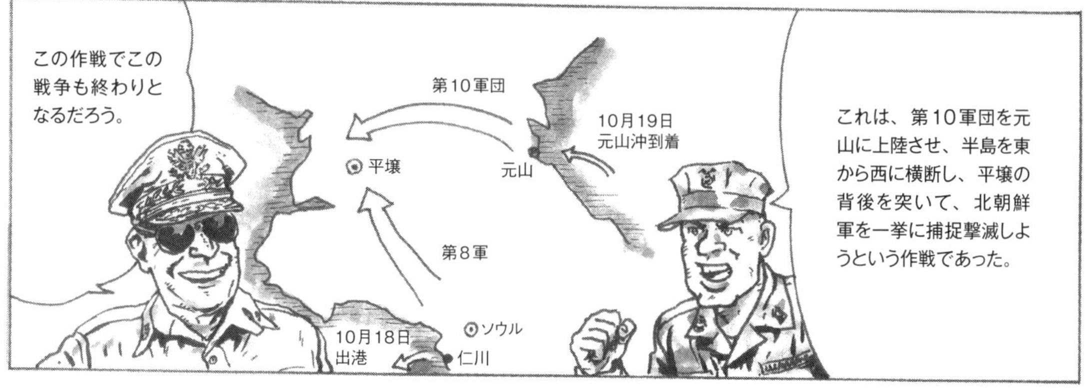
これは、第10軍団を元山に上陸させ、半島を東から西に横断し、平壌の背後を突いて、北朝鮮軍を一挙に捕捉撃滅しようという作戦であった。
第10軍団
10月19日
元山沖到着
平壌
元山
第8軍
ソウル
10月18日
出港
仁川
この作戦でこの戦争も終わりとなるだろう。

平壌方面でも、抵抗するとみられた北朝鮮軍はあっさりと平壌を放棄して退去してしまった。
ところが、海軍が元山港の機雷処理（※）に手間取っている間に、元山は陸路から進撃した韓国軍が占領してしまうし、

※元山沖の機雷掃海作業には、日本の海上保安庁特別掃海隊も派遣されていた。

10月26日の上陸も韓国軍将兵のお出迎えで気が抜けるし、平壌攻略が目的のこの上陸作戦は、間抜けなものになってしまった。
その間、元山沖を往復していただけなので、"ヨーヨー"作戦と名付けてやった。
冗談じゃないぜ。機雷掃除を待って海兵隊は1週間も洋上待機させられたんだぜ。

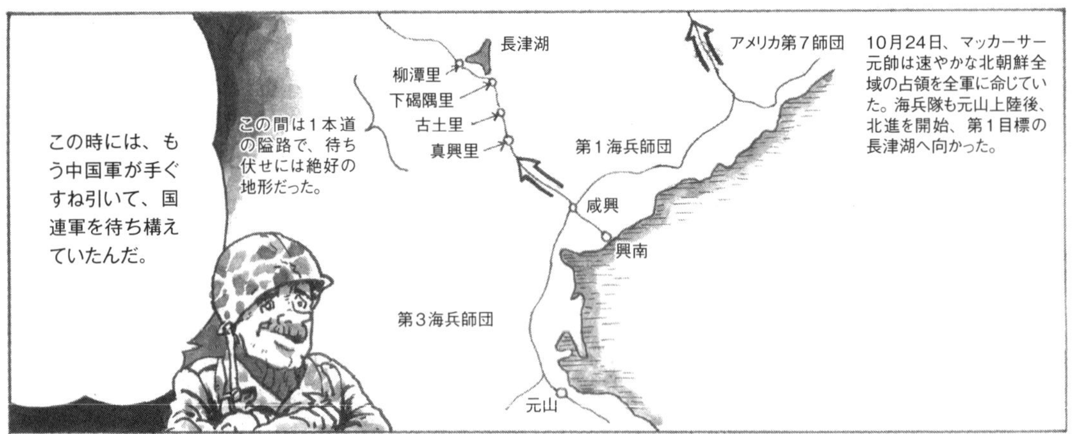
10月24日、マッカーサー元帥は速やかな北朝鮮全域の占領を全軍に命じていた。海兵隊も元山上陸後、北進を開始、第1目標の長津湖へ向かった。
アメリカ第７師団
長津湖
柳潭里
下碣隅里
古土里
真興里
この間は１本道の隘路で、待ち伏せには絶好の地形だった。
第１海兵師団
咸興
興南
第３海兵師団
元山
この時には、もう中国軍が手ぐすね引いて、国連軍を待ち構えていたんだ。

海兵隊の担当地域ではゲリラ活動が活発で、アメリカ第３師団が上陸するまで海兵第７連隊が前進し、同第1、第5連隊は後方地域の確保とされていた。

海兵第７連隊は、中国軍の抵抗を排除しつつ、長津湖まで進出。しかし、これは中国軍の罠だったのだ。

中国軍は、10月25日の攻勢で国連軍に大損害を与えていながら、11月6日には一斉に退却しており、これが国連軍の誤判断をまねいていた。

中国軍は６～７万人の義勇軍だ。中国の全面介入はない。クリスマスは本国で迎えよう。さあこれが最後の作戦だ。

11月24日、国連軍の攻勢が開始されたが、逆に中国軍の第二次攻勢に遭遇。国連軍は総崩れとなった。

長津湖方面の海兵隊にも11月27日の夜、第１海兵師団の全滅を狙った中国軍が柳潭里（ユダムリ）、下碣隅里（ハガルリ）、古土里（コドリ）、真興里（チンフンリ）の全域にわたって同時攻撃を開始した。
11月29日、国連軍は平壌―元山ラインまでの後退を指令。しかし中国軍の攻撃は止まず、12月5日、平壌を放棄し、38度線以南への総退却となった。わずか2週間で250kmも後退するという有名な12月の退却が始まったのだ。

海兵隊員の軍装（1950年冬）
《 パイルキャップ（防寒帽）》
つばの裏側に付けた階級章
これだけの防寒装備をして、野外で下痢をしたら悲惨の一言だ。油断すれば尻、肛門まで凍傷になり、ズボンを脱ぐのが遅れれば、下半身がもろに凍り付く。
《 M1948パーカーシェル 》
防寒衣類は陸軍と同型を使用。
《 ベルト&サスペンダー 》
〔M43サスペンダー〕
〔BARマガジンベルト〕
20連マガジンを12個収納。
《 M1950
フィールドジャケット 》
水筒には水を半分しか入れない。振動で水が凍らないようにするためだ。
M1944シューパック
（防寒ブーツ）
《 ミトングローブ 》
トリガーを引けるように人差し指は別だ。
■野戦防寒衣料
ウール下着
ソックスは通常の上からヘビウルの物を重ね履きする。
ウールシャツと
ウールトラウザース
ハイネック
セ タ
パイルキャップ
シューパック
ウールパンツの上にフィールドトラウザースを履く。
ウールマフラ を
巻き、パイルジャ
ケットを着る。
フィールドジャケットを着て、ウールグローブ付ける。
ヘルメットを被り、この上からパーカーを着用する。
防寒フード
フィールド
パ カ
ミトングローブを付けて、この上に装備を付けるんだ。

第1海兵師団の敵中突破　1950年12月1〜11日

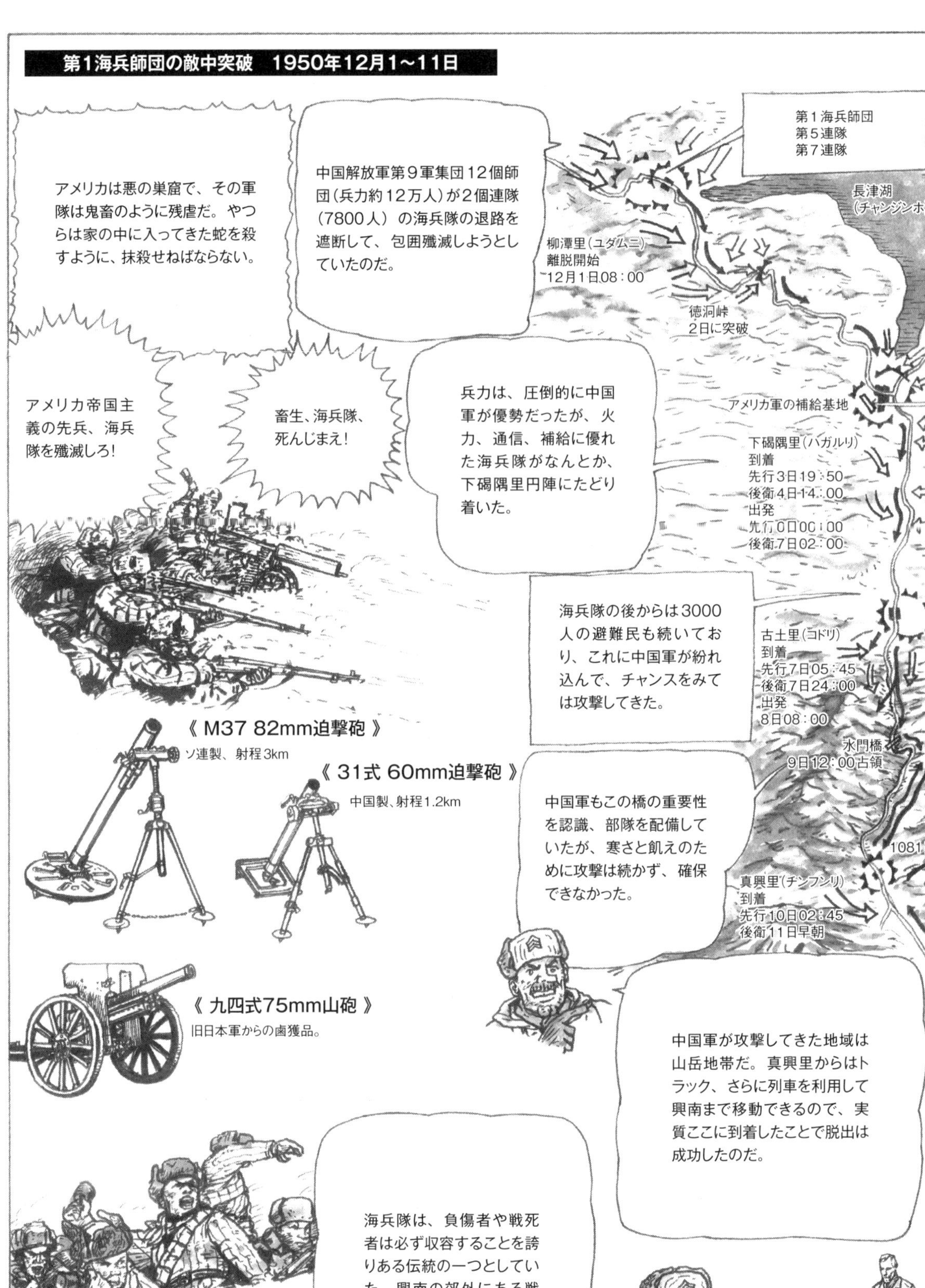

アメリカは悪の巣窟で、その軍隊は鬼畜のように残虐だ。やつらは家の中に入ってきた蛇を殺すように、抹殺せねばならない。
中国解放軍第９軍集団12個師団（兵力約12万人）が２個連隊（7800人）の海兵隊の退路を遮断して、包囲殲滅しようとしていたのだ。
第１海兵師団
第５連隊
第７連隊
長津湖
（チャンジンホ）
柳潭里（ユダムニ）
離脱開始
12月1日08：00
徳洞峠
2日に突破
アメリカ帝国主義の先兵、海兵隊を殲滅しろ!
畜生、海兵隊、死んじまえ!
兵力は、圧倒的に中国軍が優勢だったが、火力、通信、補給に優れた海兵隊がなんとか、下碣隅里円陣にたどり着いた。
アメリカ軍の補給基地
下碣隅里（ハガルリ）
到着
先行3日19：50
後衛4日14：00
出発
先行0日00：00
後衛7日02：00
海兵隊の後からは3000人の避難民も続いており、これに中国軍が紛れ込んで、チャンスをみては攻撃してきた。
古土里（コドリ）
到着
先行7日05：45
後衛7日24：00
出発
8日08：00
水門橋
9日12：00占領
《 M37 82mm迫撃砲 》
ソ連製、射程3km
《 31式 60mm迫撃砲 》
中国製、射程1.2km
中国軍もこの橋の重要性を認識、部隊を配備していたが、寒さと飢えのために攻撃は続かず、確保できなかった。
1081高地
真興里（チンフンリ）
到着
先行10日02：45
後衛11日早朝
《 九四式75mm山砲 》
旧日本軍からの鹵獲品。
中国軍が攻撃してきた地域は山岳地帯だ。真興里からはトラック、さらに列車を利用して興南まで移動できるので、実質ここに到着したことで脱出は成功したのだ。
海兵隊は、負傷者や戦死者は必ず収容することを誇りある伝統の一つとしていた。興南の郊外にある戦死者墓地でスミス少将は、「私は帰ってくる」と約束して興南港を離れたんだよ。

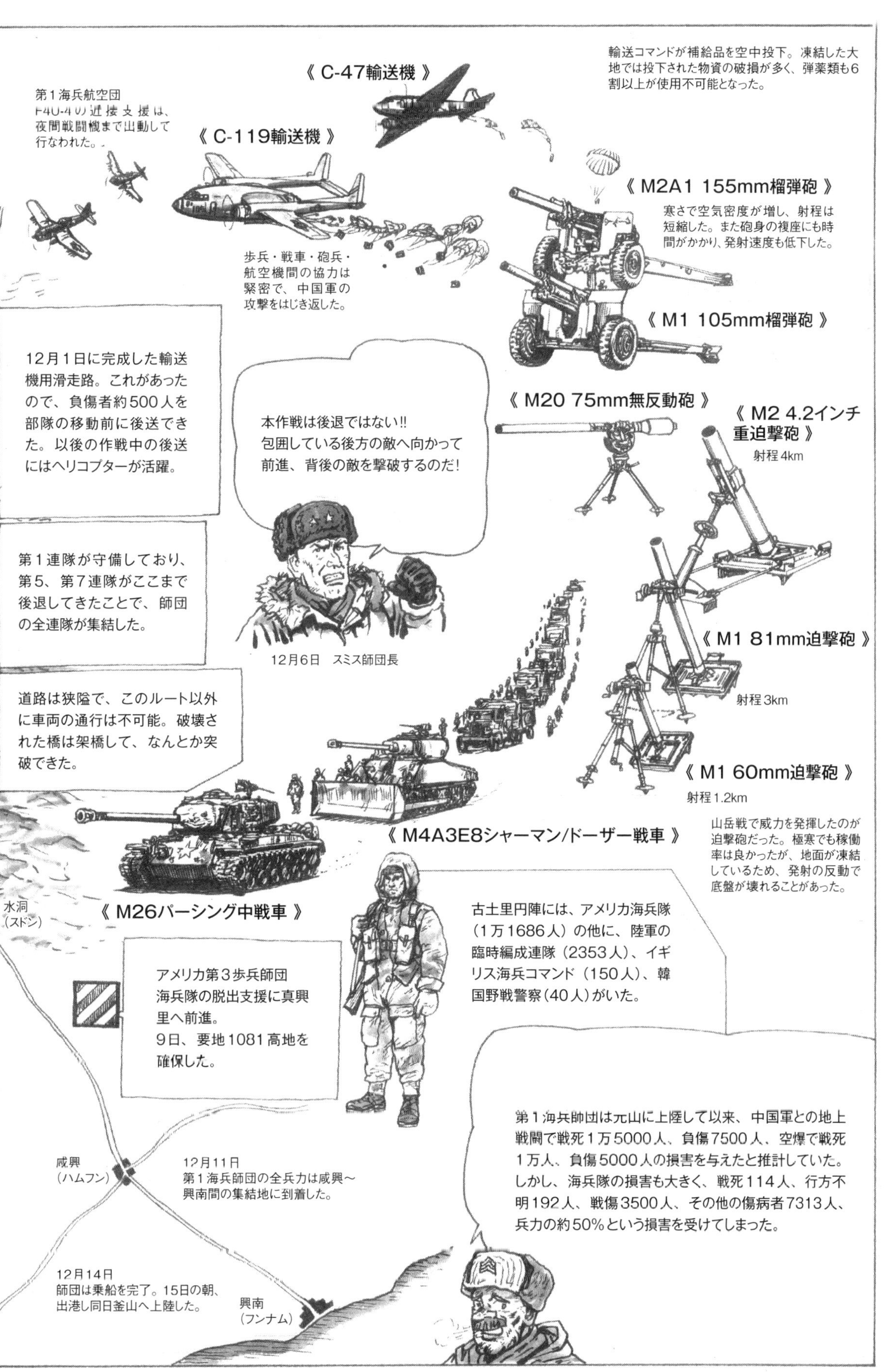

《 C-47輸送機 》
輸送コマンドが補給品を空中投下。凍結した大地では投下された物資の破損が多く、弾薬類も6割以上が使用不可能となった。
第1海兵航空団
F4U-4の近接支援は、夜間戦闘機まで出動して行なわれた。
《 C-119輸送機 》
《 M2A1 155mm榴弾砲 》
寒さで空気密度が増し、射程は短縮した。また砲身の複座にも時間がかかり、発射速度も低下した。
歩兵・戦車・砲兵・航空機間の協力は緊密で、中国軍の攻撃をはじき返した。
《 M1 105mm榴弾砲 》
12月1日に完成した輸送機用滑走路。これがあったので、負傷者約500人を部隊の移動前に後送できた。以後の作戦中の後送にはヘリコプターが活躍。
本作戦は後退ではない!! 包囲している後方の敵へ向かって前進、背後の敵を撃破するのだ!
《 M20 75mm無反動砲 》
《 M2 4.2インチ重迫撃砲 》
射程4km
第1連隊が守備しており、第5、第7連隊がここまで後退してきたことで、師団の全連隊が集結した。
12月6日　スミス師団長
《 M1 81mm迫撃砲 》
射程3km
道路は狭隘で、このルート以外に車両の通行は不可能。破壊された橋は架橋して、なんとか突破できた。
《 M1 60mm迫撃砲 》
射程1.2km
山岳戦で威力を発揮したのが迫撃砲だった。極寒でも稼働率は良かったが、地面が凍結しているため、発射の反動で底盤が壊れることがあった。
《 M4A3E8シャーマン/ドーザー戦車 》
《 M26パーシング中戦車 》
水洞（スドン）
古土里円陣には、アメリカ海兵隊（1万1686人）の他に、陸軍の臨時編成連隊（2353人）、イギリス海兵コマンド（150人）、韓国野戦警察（40人）がいた。
アメリカ第3歩兵師団
海兵隊の脱出支援に真興里へ前進。
9日、要地1081高地を確保した。
第1海兵師団は元山に上陸して以来、中国軍との地上戦闘で戦死1万5000人、負傷7500人、空爆で戦死1万人、負傷5000人の損害を与えたと推計していた。しかし、海兵隊の損害も大きく、戦死114人、行方不明192人、戦傷3500人、その他の傷病者7313人、兵力の約50%という損害を受けてしまった。
咸興（ハムフン）
12月11日
第1海兵師団の全兵力は咸興～興南間の集結地に到着した。
12月14日
師団は乗船を完了。15日の朝、出港し同日釜山へ上陸した。
興南（フンナム）

中国軍の軍装(冬季)

服装は防寒帽に綿服。それに米袋や大豆油を入れたビンを携行。また、当時の中国軍には階級がなかったため、分隊長から司令官まですべて「指令員」と呼ばれていた。

中国軍のアメリカ軍に対する攻撃は、ほとんどが夜間攻撃で、まず軽度の攻撃をかけて兵力配置を確認。迫撃砲などの砲撃の間に敵に肉薄し、合図(大抵は号笛三声)によって一斉突撃をかけた。

弾帯

指令員の内、将校は襟、袖口、ズボンの縫い目に赤色の縁取りを入れていた。

米袋

ゲートル

ゴム底のズック靴
(または伝統的な布靴)

《 綿入れ防寒服上下 》

この下に綿製の軍服を着用している。

《 中国軍の爆破手 》

中国軍兵士は「アメリカ軍を撃滅すべし」の決意に燃えて、士気は高かった。偽装がうまく、夜間戦闘に優れていたぞ。

爆破手は、障害物や敵戦闘車両の爆破・排除を行なった。先頭が爆破筒を携え、その後ろにPPSh-41サブマシンガンを持つ援護手、梱包装薬を持った兵士が続く。

極寒における戦闘

カービン銃は寒さに弱く、すぐに射撃不能になるし、ストックが寒さでもろくなり、白兵戦では打撃すると折れることもあった。

11月末からの北朝鮮の寒さは厳しく、日中でも零下20～25°、日が沈むと急激に低下し午前4時頃には、零下28～45°位まで下がってしまう。すべてが凍りつくんだ。

M1ライフルはカービンよりましだったが、オイルが凍って射撃不能になった。

M1ライフルのクリップは最終弾発射後、薬莢と共に排出されるため、凍った地面に落ちた際に、大きな音を立てて、敵側に弾のなくなったことを知らせてしまうと言われた。

GOON

クリップ

不凍液がない場合は、水を入れずに空冷式として使用した。

冷えると不発になるため、2時間おきくらいに射撃するんだ。

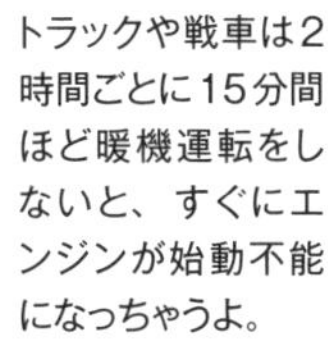

トラックや戦車は2時間ごとに15分間ほど暖機運転をしないと、すぐにエンジンが始動不能になっちゃうよ。

砲弾や手榴弾の不発も多かった。

夜襲があるので、寝袋に潜り込んでも、ファスナーを閉じることは禁止されているんだ。

Cレーションはストーブなどで温めて食べたが、うっかり凍ったままや氷を食べるとすぐに下痢を起こした。

負傷者は雪上に放置するとすぐに凍死してしまったし、モルヒネも凍るので、衛生兵は口にくわえながら、第一線で治療にあたった。

凍傷予防のため汗をかかないのが一番だが、作業時はそうもいかないので、着替えを頻繁に行なった。

地表から35cmくらい下まで土は凍結しており、野戦築城は重労働だ。携帯シャベルはすぐに折れるので、鹵獲した中国軍の大型シャベル重宝がられた。

対ゲリラ戦とヘリコプターの活躍

「12月の撤退」は、アメリカ軍始まって以来の大敗となりました。
中国軍の大攻勢で国連軍は12月4日、38度線への総退却を開始。敗走を重ねていた。

朝鮮の非常事態に対し、必要と思われるすべての手段を取る用意がある……。
トルーマン米大統領
トルーマン大統領のこの発言により、「アメリカ軍は原爆使用を考慮中」と報道され、世界中を驚かせた。当然、大統領は原爆使用を否定するコメントを出しましたが……。

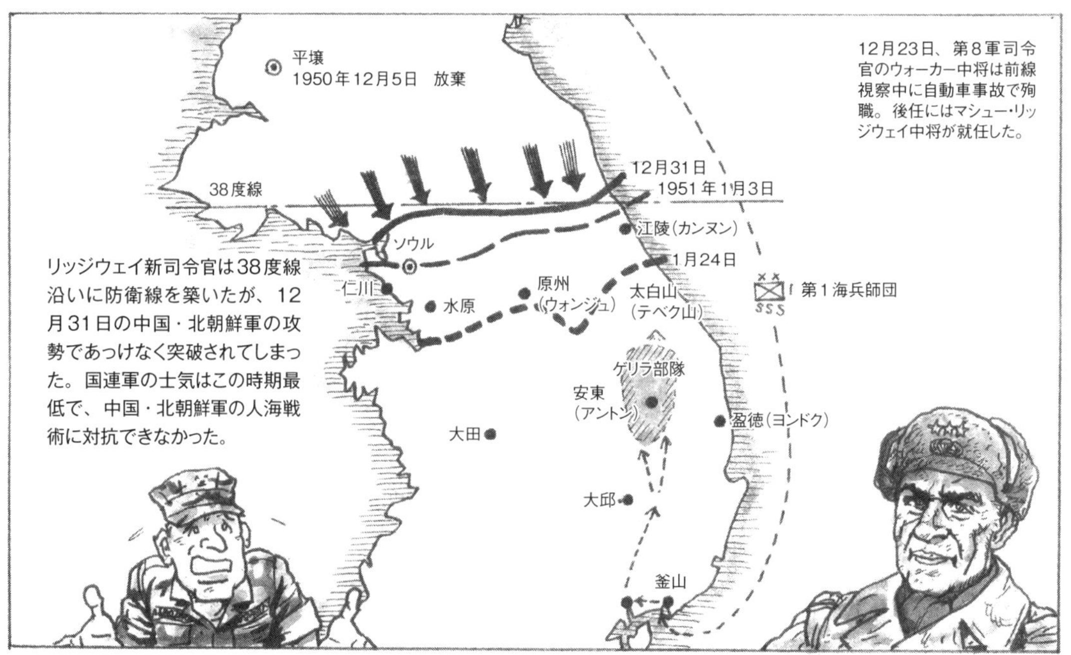
12月23日、第8軍司令官のウォーカー中将は前線視察中に自動車事故で殉職。後任にはマシュー・リッジウェイ中将が就任した。
平壌
1950年12月5日　放棄
38度線
12月31日
1951年1月3日
江陵（カンヌン）
ソウル
1月24日
仁川
水原
原州（ウォンジュ）
太白山（テベク山）
第1海兵師団
ゲリラ部隊
安東（アントン）
盈徳（ヨンドク）
大田
大邱
釜山
リッジウェイ新司令官は38度線沿いに防衛線を築いたが、12月31日の中国・北朝鮮軍の攻勢であっけなく突破されてしまった。国連軍の士気はこの時期最低で、中国・北朝鮮軍の人海戦術に対抗できなかった。

ところで、わが第1海兵師団は中国軍の重囲から全装備を持ったまま、負傷兵を運んで整然と撤退し、脱出に成功した。

逆に海兵隊の撃滅を図った中国第9軍集団は、大損害を受けて戦力回復に時間を要し、正月攻勢には参加できなかった。

中国・北朝鮮軍の大攻勢は、ソウルを再占領し、国連軍を平沢（ピョンテク）—安城（アンソン）付近まで後退させたが……、

もしこの時、第9軍集団が投入されていたらと思うとゾっとするね。第9軍集団が戦線に復帰したのは、1951年3月頃からだ。

北朝鮮域からの撤退後、海兵隊は第8軍の指揮下（※）に入り、予備兵力として馬山地区に配属されていた。

第1海兵師団の最初の任務は、安東（アンドン）—盈徳（ヨンドク）地区の北朝鮮ゲリラ掃討だった。

※マッカーサー元帥直属であった第10軍団は、第8軍に編入された。

国連軍の仁川上陸で逃げ遅れた一部の北朝鮮軍部隊が山中に入り、ゲリラ隊として第2戦線を構成しており、国連軍は終始、後方地帯を脅かされていた。

中国・北朝鮮軍の正月攻勢に勢いを得た太白（テベク）山脈中の約1個師団規模のゲリラが南下し、大邱（テグ）—安東—原州（ウォンジュ）の国連軍補給線を分断しようとしていた。

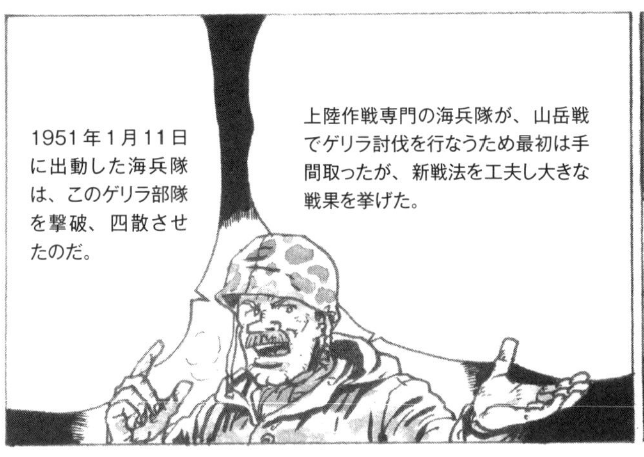
1951年1月11日に出動した海兵隊は、このゲリラ部隊を撃破、四散させたのだ。
上陸作戦専門の海兵隊が、山岳戦でゲリラ討伐を行なうため最初は手間取ったが、新戦法を工夫し大きな戦果を挙げた。

海兵隊の戦法は、火力による包囲殲滅と航空偵察を駆使したことだ。

土地勘もなく言葉も通じないので、情報収集は住民には頼らない航空偵察に主力を置いた。
ゲリラを上空から発見するのは難しいが、厳冬期にはゲリラも村落に宿営するから、捜索は比較的楽であった。

ゲリラが潜伏中の村落は上空から見てもどこか違う。
炊煙が異常に多い、人の出入りが頻繁、飛行機やヘリコプターに好奇心が強いはずの子供たちが外に出て来ないなど……。
それら様々な情況を検討して怪しい村を選定する。

ゲリラの居場所が確定できれば、包囲攻撃だ。

全周包囲する戦力がない場合、予想される退路に待ち伏せ部隊を配置し、残る部隊は火力とヘリコプターでカバーするわけだ。

待ち伏せ部隊の配備が完了したら、
村民に立ち退きを、ゲリラには投降を勧告する。しかる後に空・地の戦力を発揮して攻撃を開始!

その際の攻撃は、わざと包囲の一部を空けておいて行なうんですね。

ゲリラはそこから逃走を企てるが、我々はその先で待ち伏せするんだ。

敗走するゲリラ

待ち伏せ部隊

敗走するゲリラ

ヘリによる先行部隊

待ち伏せ部隊のいない方向へ敗走するゲリラにはヘリコプターの誘導で部隊が先行して捕捉し、攻撃する。

周辺を無人にしてゲリラを孤立させるため、山間部の村落は警告後にナパーム弾で焼き払え!

元来、太白山一帯は貧しい地域で、食料も宿営する村落もなく、さすがのゲリラも徐々に北へ退却していった。

海兵隊の討伐作戦は2月中旬まで実施され、2万人はいたとされたゲリラに、3000人の損失を与えたと推定された。
大きな戦果だが、この荒っぽい戦術は地元住民のことを考えるとあまり感心できない。

朝鮮戦争に参加した海兵隊航空部隊
《 F4Uのテイルレター 》
LD
VMA-212
WE
VMA-214
WR
VMA-312
WS
VMA-323
WF
VMA(N)-513
WH
VMA(N)-542
《 F2H-2Pバンシー写真偵察機 》
MW
1951年より就役。この機体以前は、コルセアの写真偵察型F4U-5Pを使用。イラストはVMJ-1所属機。
WWII時に多くのエースを輩出した“ブラックシープ飛行隊(VMA-214)”のスコードロンマーク。
《 AD-3のテイルレター 》
AK
VMA-212
AL
VMA-251
《 AD-3スカイレーダー攻撃機 》
20
《 F4U-5N夜間戦闘機 》
WF
19
夜間攻撃や防空戦闘に活躍。
WR
10
《 F4U-4コルセア戦闘機 》
イラストはVMF-312所属機。
《 AD-2Q ECM型 》
イラストはVMC-1所属機。
RM
《 OY-2偵察観測機(VMO-6) 》
WB
海兵隊航空部隊は、砲兵の上陸まで地上部隊を近接支援するのが主要任務だから、空・地共同作戦の連度は高く、パイロット出身の前戦統制官が各歩兵大隊に2名ずつ配置され、部隊の要求に応じて地上から無線で近接支援機を直接誘導していた。
自前の航空隊を持っていることが海兵隊の強みだな。地上部隊にとって頼もしい相棒だよ。

VMF-115
VMF-311

《 F9Fのテイルレター 》

《 F9F-5パンサー戦闘機 》

海兵隊では2個飛行隊を投入し、1950年12月10日より作戦を開始した。主な任務は地上攻撃だった。

《 F7F-3Nタイガーキャット戦闘機（HEADRON）》

司令部飛行隊（HEADRON）の直轄部隊として、北朝鮮領内の夜間攻撃に従事した。

朝鮮戦争で第1海兵師団を支援したのが、ハリス海兵少将率いる第1海兵航空軍団だ。最も多い時期には昼間戦闘機5個飛行隊、夜間戦闘機2個飛行隊を展開させた。

《 F3D-2Nスカイナイト夜間（全天候）戦闘機 》

VMF（N）-513所属機。F4U-5Nに替わり、1952年11月より実戦参加。

《 R-5D-1輸送機 》

イラストはVMR-152所属機。

《 R408（C-47）輸送機 》

《 TBM-3M輸送機 》

《 C-54輸送機 》

岩国基地を拠点に、朝鮮半島への兵員・物資輸送を担当。

人員／患者輸送に使用。イラストはMAMS-12所属機。

《 HRS-1ヘリコプター 》

《 HO-3S-1ヘリコプター 》

イラストはMAMS-33所属機。

イラストはHMR-161所属機。

■海兵隊飛行隊コード

HEDRON	海兵司令部飛行隊
VMC	海兵混成飛行隊
VMJ	海兵写真偵察飛行隊
MAMS	海兵航空整備飛行隊
VMO	海兵観測飛行隊
VMR	海兵輸送飛行隊
VMF	海兵戦闘飛行隊
VMF（N）	海兵戦闘飛行隊（夜間）
VMA	海兵攻撃飛行隊

冬季戦での軍装（1950~51年）

《 北朝鮮ゲリラ 》

共産軍ゲリラ隊の主力は北朝鮮軍で、防寒衣は綿のキルティング式が一般的だった。一部の隊員は後に住民と同じ服装で活動するようになる。

《 韓国軍 》

国産のキルティング防寒衣を着用した兵士。この他にアメリカ軍のフィールドジャケットなども使用している。

《 アメリカ海兵隊 》
US

海兵隊は雪の中でもカモフラージュカバーを付けたヘルメットを被っていた。

ゲリラ拠点への攻撃

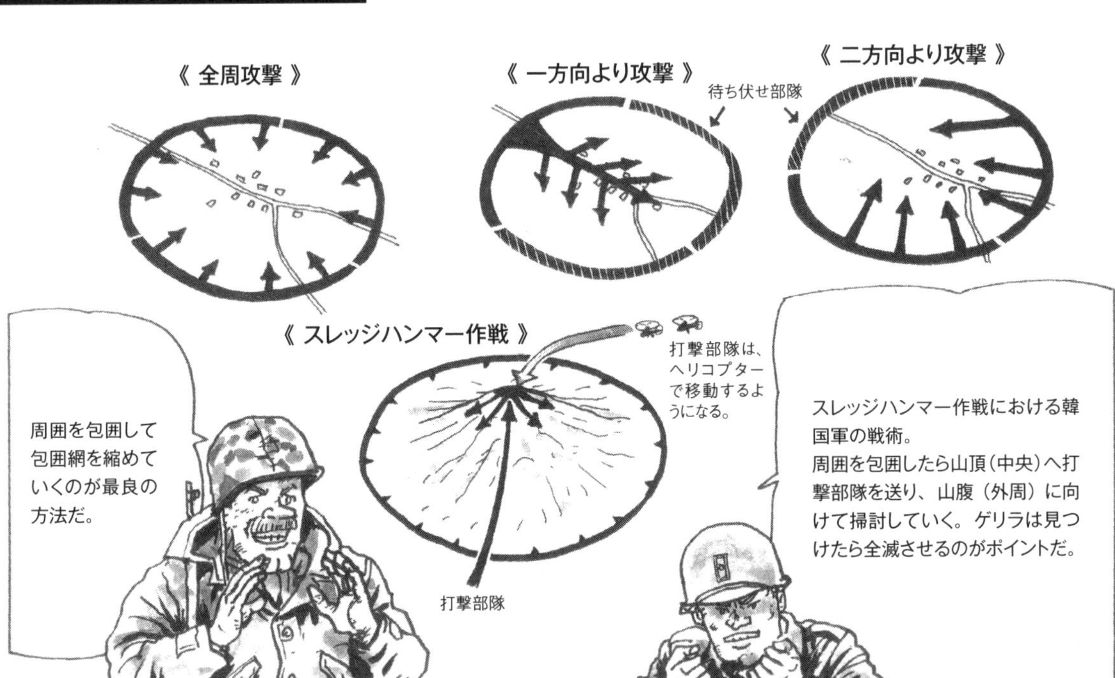
《 全周攻撃 》
《 一方向より攻撃 》
待ち伏せ部隊
《 二方向より攻撃 》
《 スレッジハンマー作戦 》
打撃部隊は、ヘリコプターで移動するようになる。
打撃部隊
周囲を包囲して包囲網を縮めていくのが最良の方法だ。
スレッジハンマー作戦における韓国軍の戦術。
周囲を包囲したら山頂（中央）へ打撃部隊を送り、山腹（外周）に向けて掃討していく。ゲリラは見つけたら全滅させるのがポイントだ。

ヘリコプターの活躍

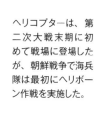

朝鮮へ海兵隊が最初に派遣したヘリコプターは、MAG33所属のVMO第6飛行中隊のHO3S-1だ。

ヘリコプターは、第二次大戦末期に初めて戦場に登場したが、朝鮮戦争で海兵隊は最初にヘリボーン作戦を実施した。

1950年8月2日、釜山に到着したヘリコプターは、翌日海兵隊のクレイグ准将を乗せて偵察任務を行ない、前線指揮の可能性を示した。

《 HO3S-1 》

負傷兵を運べるように機体両サイドに担架用ラックを付けることもできた。

それまで過小評価されていたヘリコプターは、いざ使ってみると、思っていた以上の活躍を見せたんだ。

ヘリコプターは、敵の銃撃に対して弱くないことも実戦で証明した。

BAM

BAM

偵察・観測任務の他、物資、兵員輸送、負傷者の後送など第1線の要求に応じて柔軟に対応する能力を示し、軍用ヘリコプターの評価を高めた。

《 HRS-1 》

1951年9月13日、初の物資輸送任務を行ない、21日にはサミット作戦で、最初のヘリボーンを実施した。この作戦では224名の人員と8tの貨物をパンチボール地域に輸送している。

MARINES
16

1951年9月、海兵隊は立体戦闘支援とより大きな空輸能力の必要性を認め、輸送ヘリコプター中隊HMR-161を朝鮮に派遣した。

敵地に降下したパイロットを救出するコンバットレスキューも、空軍ヘリが1950年9月4日に成功させている。

陸・海軍もヘリコプター部隊を派遣しており、各種任務で活躍している。

キラー作戦と休戦協定の成立

中国・北朝鮮軍の1951年攻勢は、1月15日で終息しました。なぜですか？
当時の中国・北朝鮮軍の補給能力では、長期間の攻勢を支えきれなかったからだ。捕虜の証言では、中国軍の兵士は5日分の食料として、トウモロコシと粟を支給されただけだそうだ。

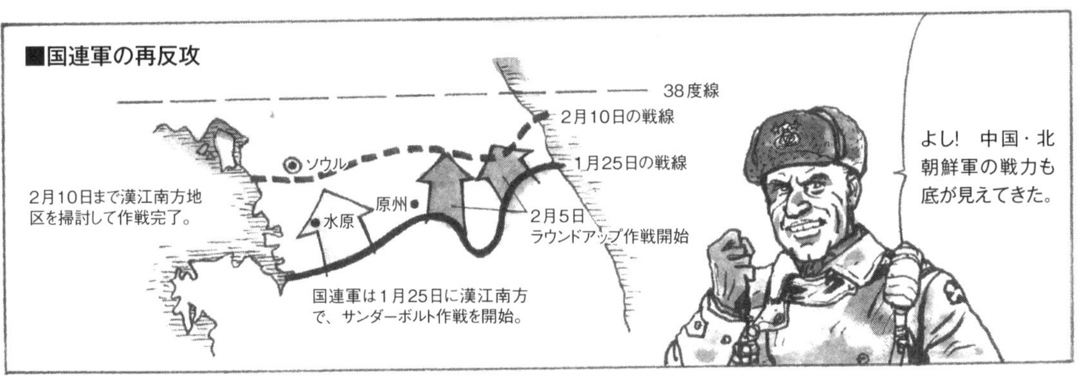

■国連軍の再反攻
38度線
2月10日の戦線
ソウル
1月25日の戦線
2月10日まで漢江南方地区を掃討して作戦完了。
原州
水原
2月5日
ラウンドアップ作戦開始
国連軍は1月25日に漢江南方で、サンダーボルト作戦を開始。
よし！ 中国・北朝鮮軍の戦力も底が見えてきた。

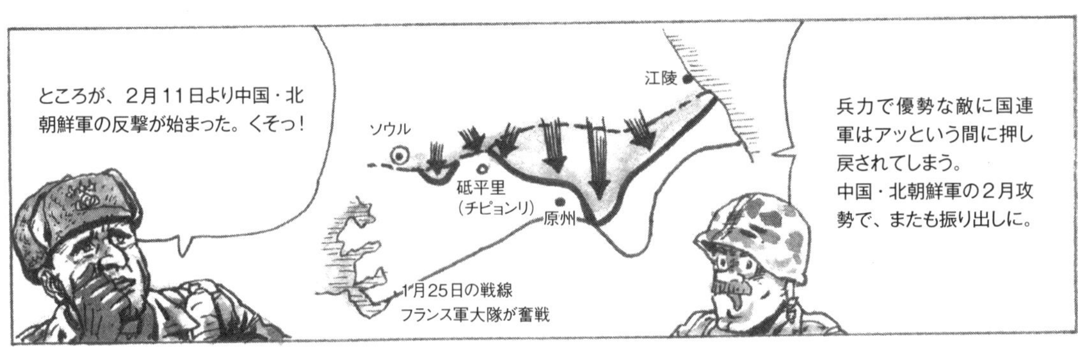

ところが、2月11日より中国・北朝鮮軍の反撃が始まった。くそっ！
江陵
ソウル
砥平里
（チピョンリ）
原州
1月25日の戦線
フランス軍大隊が奮戦
兵力で優勢な敵に国連軍はアッという間に押し戻されてしまう。
中国・北朝鮮軍の2月攻勢で、またも振り出しに。

しかし、この中国・北朝鮮軍の2月攻勢も国連軍の砲撃と爆撃により、前線と後方の兵站が大損害を受けて、1週間で自然消滅した。
よしっ!
さあ、今度はこちらが本格的な攻勢でソウルを奪回だ。

キラー作戦　1951年2月21日

戦場の主導権は、国連軍側に移り、リッジウェイ将軍は2月攻勢の失地回復を担うキラー作戦を発動する。

わが海兵隊もゲリラ掃討から、攻撃の主力として第9軍団へ配属され、先方を務めることになった。

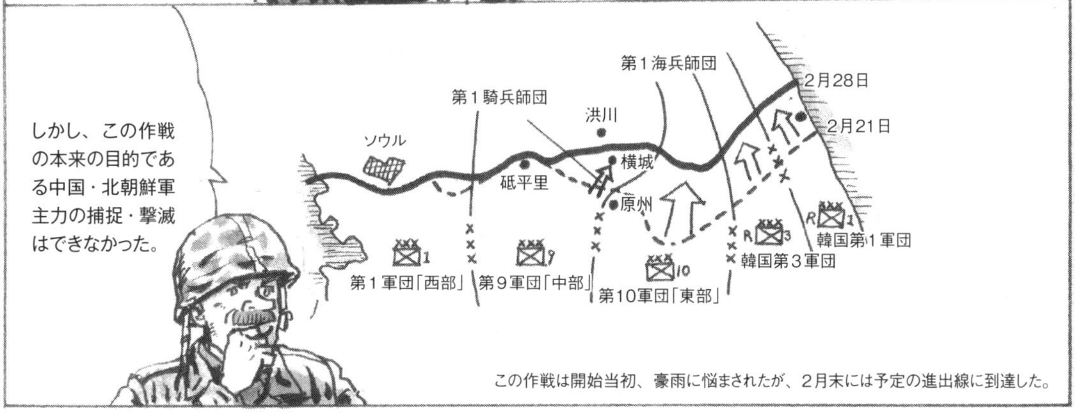

しかし、この作戦の本来の目的である中国・北朝鮮軍主力の捕捉・撃滅はできなかった。

第1海兵師団
2月28日
第1騎兵師団
洪川
2月21日
ソウル
横城
砥平里
原州
韓国第1軍団
韓国第3軍団
第1軍団「西部」
第9軍団「中部」
第10軍団「東部」

この作戦は開始当初、豪雨に悩まされたが、2月末には予定の進出線に到達した。

やはり"キラー"（※1）の作戦名は……。
ほう、名前か？
では次期作戦名は"リッパー"（※2）でどうかな？
リッジウェイ中将
"リッパー"ですか？
よし、"リッパー"としよう。直ちに作戦準備にかかってくれ。

（※1）"キラー"は殺し屋の意味で、敵をできるだけ多く殺傷する作戦ということで名付けられたが、露骨だとの批判もあった。（※2）"リッパー"は、"引き裂く"や"切り裂く"の他に、"殺人鬼"などの意味もある。

リッパー作戦　3月7日

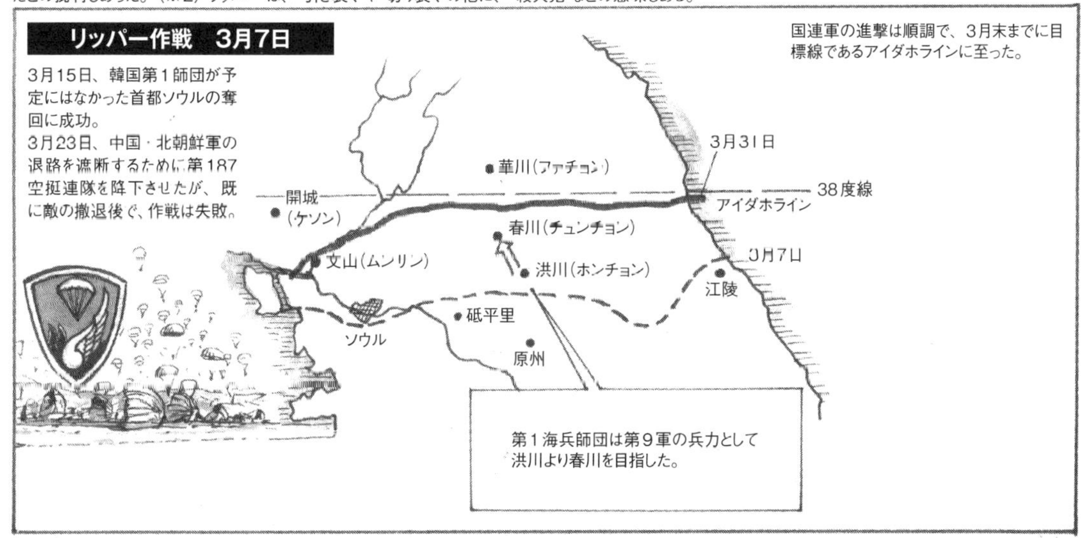

3月15日、韓国第1師団が予定にはなかった首都ソウルの奪回に成功。
3月23日、中国・北朝鮮軍の退路を遮断するために第187空挺連隊を降下させたが、既に敵の撤退後で、作戦は失敗。
国連軍の進撃は順調で、3月末までに目標線であるアイダホラインに至った。
3月31日
華川（ファチョン）
開城（ケソン）
38度線
アイダホライン
春川（チュンチョン）
文山（ムンリン）
3月7日
洪川（ホンチョン）
江陵
砥平里
ソウル
原州
第1海兵師団は第9軍の兵力として洪川より春川を目指した。

なんだか上層部がゴタゴタしているうちに、中国・北朝鮮軍の反攻が始まりそうだぜ。

我々の攻撃は４月22日に始まる。
彼らは簡単に白状する。たぶん捕虜の心得を教育されていないのだ。

中国･北朝鮮軍の攻勢

中国・北朝鮮軍の４月攻勢は、4時間にわたる準備砲撃に始まり、主攻はソウルに向けられた。国連軍も今回はソウルの死守を決意。圧倒的な火力と空軍力にものを言わせ、なんとか中国・北朝鮮軍をソウル手前で食い止めた。

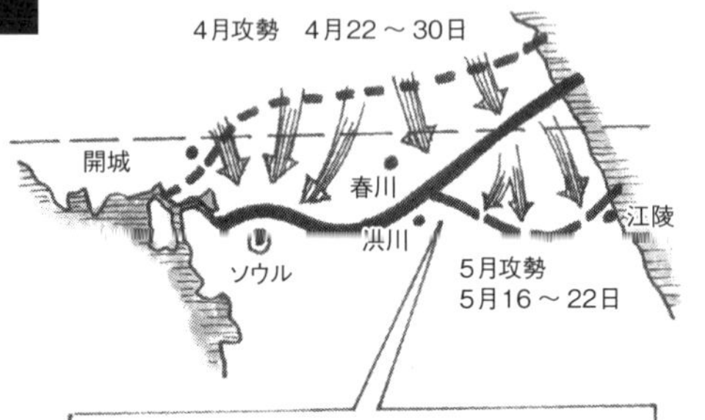
4月攻勢　4月22～30日
開城
春川
洪川
江陵
ソウル
5月攻勢
5月16～22日

4月攻勢の約２週間後に開始された５月攻勢は、東部の韓国軍に向けられたが、国連軍の反撃で中国・北朝鮮軍の攻撃はわずか5日間で終息した。この両攻勢における中国・北朝鮮軍の人的被害は推定20万人と言われている。

第１海兵師団は、５月攻勢前の編成替えで第10軍団へ配属され、中国軍の攻勢を跳ね返した。

本当にヤツらは日本軍の攻撃に似ているよ。日本軍も持てるだけの弾薬と食糧に頼って攻撃し、なくなると敗退した。
中国･北朝鮮軍が持っていた弾薬･食料は、４月は10日分、５月は５日分が限度だったというわけか。

戦線の固定化　1952年7月

中国・北朝鮮軍の５月攻勢に続く国連軍の追撃は、主抵抗線と定めた“カンザスライン”まで進出。そしてその防御を確実にし、敵の攻勢準備地区とみられた“パンチボール”と“鉄の三角地帯”を制圧下に置くため前哨線“ワイオミングライン”まで前進した。

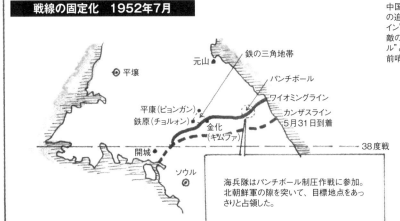

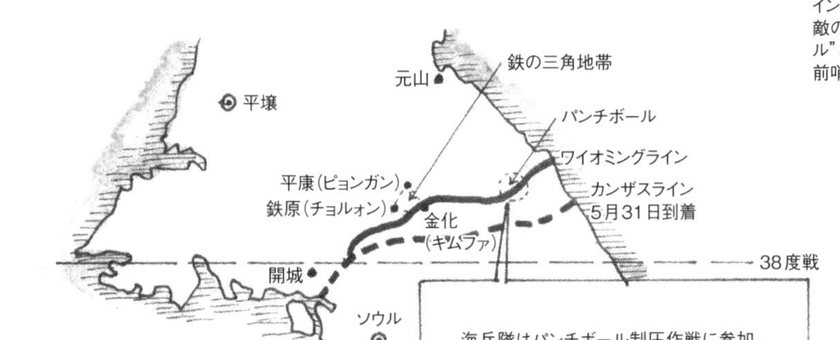
鉄の三角地帯
元山
平壌
パンチボール
ワイオミングライン
平康(ピョンガン)
鉄原(チョルォン)
カンザスライン
5月31日到着
金化
(キムファ)
38度戦
開城
ソウル

海兵隊はパンチボール制圧作戦に参加。北朝鮮軍の隙を突いて、目標地点をあっさりと占領した。

急な命令だが、海兵隊は予備ではなく、第1騎兵師団に替わって先頭に立ってほしい。1日で準備できるかね。

閣下、わが海兵隊のモットーは準備に1時間以上必要としないことであります。心配ご無用。
中国・北朝鮮軍は退却中だ。鉄の三角地帯で敵が攻勢を準備中らしい。38度線を越えて前進するラグド作戦を開始するためだ。

海兵隊にとって「困難」とは、容易より30分余計に時間がかかることで、「不可能」とは困難より30分時間がかかること。つまり1時間あればできないことはなにもない。
野郎ども! 出撃だ!!

ラグド作戦 4月4日
華川
ダム
38度線
北漢江
春川
海兵隊は、春川の北方で北漢江（プカンガン）を渡河し、華川（ファチョン）を目指した。中国軍がダムの水門を開いて洪水を起こし、前進が遅れたが、国連軍は38度線を越えて北進を続けた。

国連軍が北上していたころ、マッカーサー元帥とアメリカ政府の確執が高まっていた。
無茶を言って、第三次世界大戦を誘発させる気か。
1.満洲の基地攻撃
2.中国本土沿岸封鎖
3.台湾国政府による中国大陸反攻など……
もっと積極的な作戦で勝利を。
ついにトルーマン大統領は、4月11日に元帥の解任を決定。
トルーマン大統領
マッカーサー元帥
第8軍司令官には、バンフリート中将が任命され、
国連軍総司令官にはリッジウェイ中将が昇格した。

陣地戦における兵士　1953年
1951年3月末から戦線は膠着し、陣地戦が始まった。
〔M3A1サブマシンガン〕サブマシンガンは、陣地戦での近接戦闘に有効だった。
《 アメリカ海兵隊兵士 》
アメリカ軍が歩兵用のボディアーマーを本格的に使用したのは朝鮮戦争からで、負傷が減った上に士気も上がった。ボディアーマーの心理的影響は大きいぞ。
M1951アーマーベスト
小銃用バンダリア（予備弾帯）
M3用マガジンポーチ
《 中国軍兵士 》
《 北朝鮮軍兵士 》
夏季スタイル
この時期はソ連製兵器の使用が多くなる。
〔PPSh-41サブマシンガン〕30連ボックスマガジンを装着。ソ連製
柄付き手榴弾ポーチ
PPSh-41ボックスマガジン用ポーチ

アメリカ海兵隊戦車兵
M1944ダストゴーグル
戦車ヘルメットは耐弾性がないため、同ヘルメットの上からM1ヘルメットを被る場合もあった。
野戦用のユニフォームは、歩兵と同じタイプを着用した。パイロットのユニフォームは、プロペラ機からジェット機へ移行する途中で、樹脂製ヘルメットやGスーツなどが登場するが、まだ第二次大戦時の名残りがある。
P1944 HBT作業服
無線/車内通話用
T-17マイクロフォン
〔M1951ボディアーマー〕
ハッチから上半身を出すことの多い車長などが多く着用している。
M7ショルダーホルスター
戦闘機パイロット
〔H-4フライトヘルメット〕
アウターはグラスファイバー製。ライナーはレシーバーが付属する布製の飛行帽型。
Mk.IIライフプリザーバー
B6ゴーグル
ヘリコプタークルー
A-14
酸素マスク
HBT作業服にMk.IIライフプリザーバーを着用。
H-4ヘルメットのマイクユニット付き
フラッシュライト
ショルダーホルスター
(38口径リボルバー用)
Z-2耐Gフライトスーツ
サバイバルキット用ポケット
《パラシュートハーネスを装着した状態》

カンザスライン

カンザスラインは、事実上休戦ラインとみられ、主抵抗線と不退却線に、深い塹壕線と掩蔽陣地を築き、その長さは臨津江から東海岸まで200kmに達した。万里の長城に似た塹壕陣地帯として完成した。
闇の中から歌声や鼻歌、しゃべり声が響き、「起きろ海兵!」なんていう英語が聞こえたりする。

続いて突然シンバルが鳴り、最後に神も恐れるような叫び声がして、数百発の手榴弾が飛んで来るんだ。
これが中国軍お得意の人海戦術ってやつだ。
一旦はやっつけても、ヤツらは夜には必ず大群で再びやって来る。
我々は手榴弾を投げ返し、撃ちまくりながら50ヤード,60ヤードと適当な地点に退却して砲兵隊の援護を待ったもんだ。

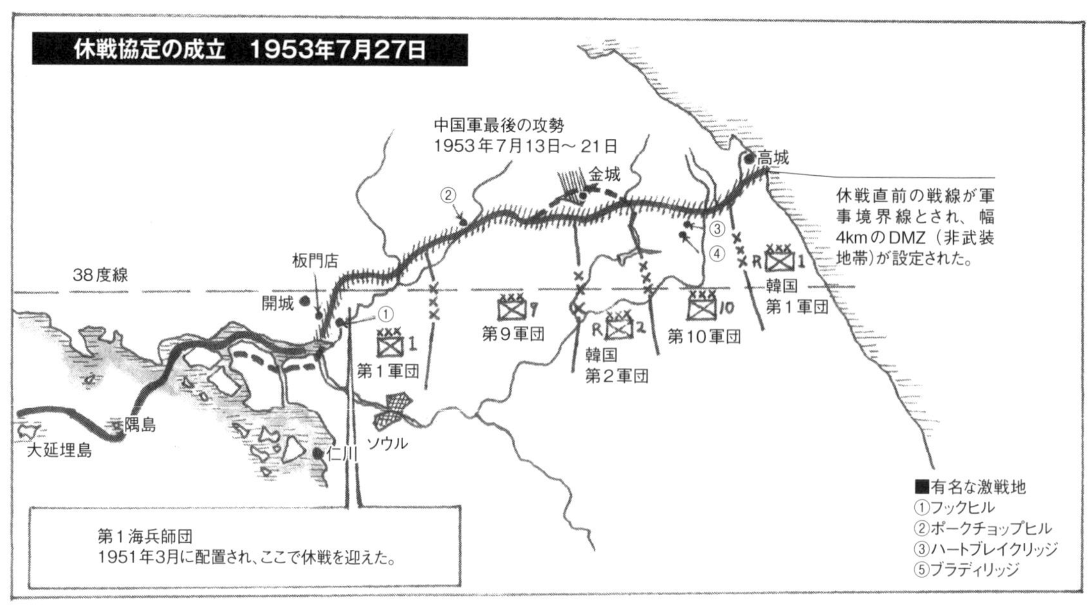
休戦協定の成立　1953年7月27日
中国軍最後の攻勢
1953年7月13日～21日
金城
高城
休戦直前の戦線が軍事境界線とされ、幅4kmのDMZ（非武装地帯）が設定された。
板門店
38度線
開城
第1軍団
第9軍団
韓国
第2軍団
第10軍団
韓国
第1軍団
隅島
大延埋島
仁川
ソウル
第1海兵師団
1951年3月に配置され、ここで休戦を迎えた。
■有名な激戦地
①フックヒル
②ポークチョップヒル
③ハートブレイクリッジ
⑤ブラディリッジ

板門店における休戦交渉の会談中も、両軍は激戦を続けていた。
海兵隊には西部への第1軍団に移動してもらいたい。これでソウルの防御は確実になるわけだ。
我々はもともと水陸両用作戦が専門です。島々の争奪戦は任せて下さい。
これからは休戦ラインを巡る陣取り合戦だ。
会談は中断と再開を繰り返し、その間に国連軍総司令官はリッジウェイ大将からクラーク大将（1952年5月21日）へ、大統領もアイゼンハワー（1952年11月5日）へと交代した。
戦闘と交渉が交互に続けられた結果。1953年7月27日、ついに休戦協定が調印された。

1950年6月25日午前4時の開戦から3年1カ月2日18時間余、ついに戦闘は止んだ。
休戦当時の兵力は国連軍77万人、中国・北朝鮮軍100万人。
3年間の両軍の損害は、国連軍約99万7000人、中国・北朝鮮軍約142万人といわれている。
海兵隊は、戦死4262人、負傷2万38人を記録した。
そして7月27日午後10時、休戦協定が発令された……。
27日の夜は一晩中警戒していたが、1発の銃声も聞こえなかったぜ。
本当に休戦になったのか？

スカウトスナイパー（偵察狙撃兵）

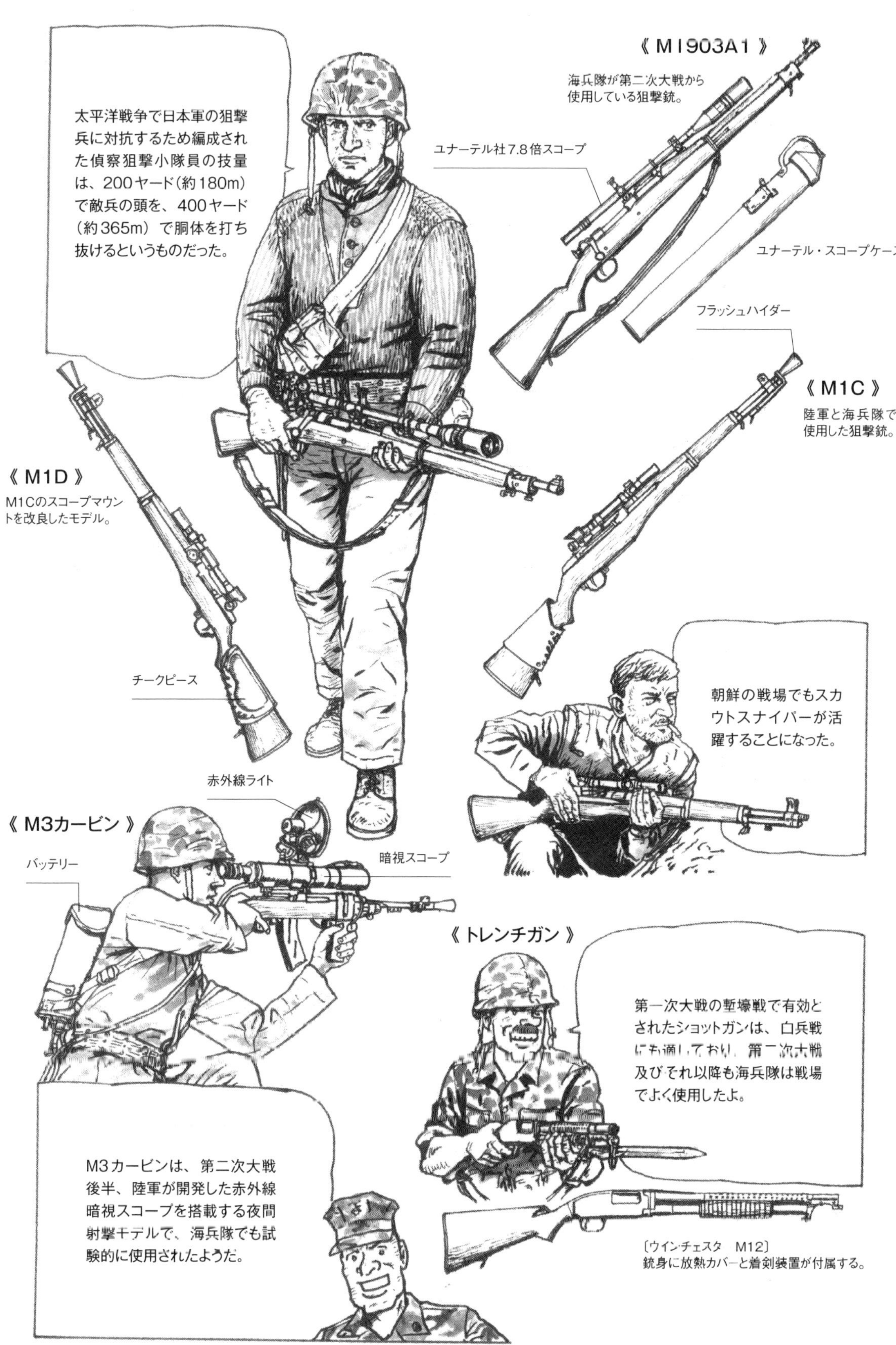

太平洋戦争で日本軍の狙撃兵に対抗するため編成された偵察狙撃小隊員の技量は、200ヤード（約180m）で敵兵の頭を、400ヤード（約365m）で胴体を打ち抜けるというものだった。
《 M1903A1 》
海兵隊が第二次大戦から使用している狙撃銃。
ユナーテル社7.8倍スコープ
ユナーテル・スコープケース
フラッシュハイダー
《 M1C 》
陸軍と海兵隊で使用した狙撃銃。
《 M1D 》
M1Cのスコープマウントを改良したモデル。
チークピース
朝鮮の戦場でもスカウトスナイパーが活躍することになった。
赤外線ライト
《 M3カービン 》
バッテリー
暗視スコープ
《 トレンチガン 》
第一次大戦の塹壕戦で有効とされたショットガンは、白兵戦にも適しており、第二次大戦及びそれ以降も海兵隊は戦場でよく使用したよ。
M3カービンは、第二次大戦後半、陸軍が開発した赤外線暗視スコープを搭載する夜間射撃モデルで、海兵隊でも試験的に使用されたようだ。
〔ウイン・チェスタ　M12〕
銃身に放熱カバーと着剣装置が付属する。

上陸作戦

第二次大戦で完成された上陸作戦

《上陸部隊の上陸フォーメーション》

これが日本軍の水際防御を撃滅した上陸作戦だ!

上陸作戦開始前には戦艦などによる艦砲射撃を実施。

第1波の先陣をきる火力支援艇。海岸前で上陸部隊の横に逸れる。

LVT(A)-4

LVT-4

LCM

第1波が海岸まで400mほど近づくと、艦砲射撃の目標は海岸奥に移動する。
LVT（A）-4は75mm榴弾砲で海岸正面の目標を攻撃。

航空支援の下、第1波が海岸に上陸。海岸堡を築く。

部隊上陸前に、既に上空に待機していた航空機が上陸地域に爆撃を実施。

LVTも戦訓により防盾付きの機銃を増設している。後続の戦車が上陸するまで歩兵を支援するんだ。

第二次大戦時、海兵隊は主に太平洋方面で多くの作戦を行ない、その経験を生かして上陸作戦の戦術を向上させてきました。

アメリカ軍の揚陸作戦用艦艇

上陸部隊の輸送から上陸までには各種艦艇や車両が使用される。これらの兵器も上陸作戦用に開発・採用と改良が進められたものである。

《 病院船（AM） 》
《 揚陸指揮艦（AGC） 》
《 ロケット中型揚陸艦（LSM（R）） 》
《 ドック型揚陸艦（LSD） 》
《 ロケット大型歩兵揚陸艦（LSIL（R）） 》
《 戦車揚陸艦（LST） 》
《 中型揚陸艦（LSM） 》
《 火力支援艇（LCS（L）） 》
LCTやLCMも搭載して運べる。
《 歩兵揚陸艇（LCI（L）） 》
《 兵員輸送船（APA） 》
《 高速輸送艦（APD） 》
《 戦車揚陸艇（LCT） 》
《 機動揚陸艇（LCM） 》
《 貨物輸送艦（AKA） 》
《 車両人員揚陸艇（LCVP） 》
《 給兵艦（AE） 》
《 水陸両用トラクター（LVT） 》
《 水陸両用トラック（DUKW） 》

アメリカ海兵隊の両用戦

海路で陸上部隊を輸送し、敵地に送り込むのが上陸作戦である。大規模な上陸作戦を行なう場合、上陸地点は敵の支配下にあり、かつ上陸を阻止するため強力な障害物と守備隊が配備されている。遮蔽物のない水上の上陸部隊はそうした不利な状況で上陸しなければならない。
アメリカ軍はこの弱点をカバーするため、第二次大戦では戦艦や巡洋艦などの艦船と支援艦艇、航空機を用いて上陸部隊に対する火力支援を行なった。そして、この戦術で太平洋戦域の島嶼上陸作戦を成功させながら、能率的に上陸する戦術と技術を向上させていった。
朝鮮戦争時、仁川などにおいてもアメリカ海兵隊の戦術はうまく機能し、上陸作戦を成功させている。

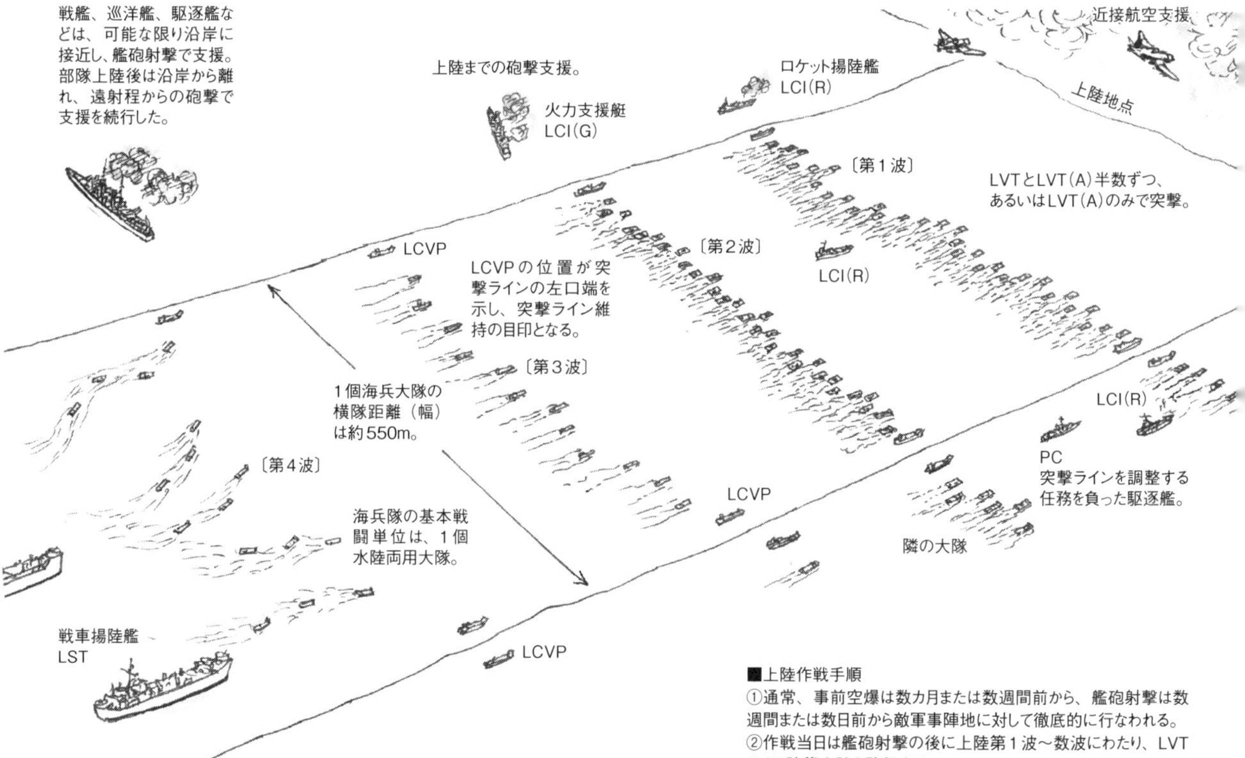

戦艦、巡洋艦、駆逐艦などは、可能な限り沿岸に接近し、艦砲射撃で支援。部隊上陸後は沿岸から離れ、遠射程からの砲撃で支援を続行した。

上陸までの砲撃支援。

火力支援艇
LCI(G)

ロケット揚陸艦
LCI(R)

近接航空支援

上陸地点

〔第1波〕

LVTとLVT(A)半数ずつ、あるいはLVT(A)のみで突撃。

LCVP

〔第2波〕

LCI(R)

LCVPの位置が突撃ラインの左口端を示し、突撃ライン維持の目印となる。

〔第3波〕

1個海兵大隊の横隊距離（幅）は約550m。

〔第4波〕

LCI(R)

PC
突撃ラインを調整する任務を負った駆逐艦。

LCVP

海兵隊の基本戦闘単位は、1個水陸両用大隊。

隣の大隊

戦車揚陸艦
LST

LCVP

■編成について
1944年型編成では、水陸両用大隊には100両のLVTが配備され、大隊兵力500名が全員乗車できることになっていた。
※仁川上陸作戦では、上陸地点が岸壁だったため、LCVPやLCMを使用した。

■上陸作戦手順
①通常、事前空爆は数カ月または数週間前から、艦砲射撃は数週間または数日前から敵軍事陣地に対して徹底的に行なわれる。
②作戦当日は艦砲射撃の後に上陸第1波〜数波にわたり、LVTにより強襲上陸を敢行する。
③第1波上陸後、直ちに戦車を上陸させ、歩兵を援護。さらに橋頭堡を確保する。
④海岸線が安全になったところで、各種の上陸用舟艇により兵員、物資を揚陸。
砲兵など重装備部隊も進出させ、海岸一帯の制圧を終える。
必要に応じ、陸軍部隊に引き継ぎ、後方で次の上陸作戦に備え、休養、補充、訓練に入ることになる。

国連軍の
兵器&軍装

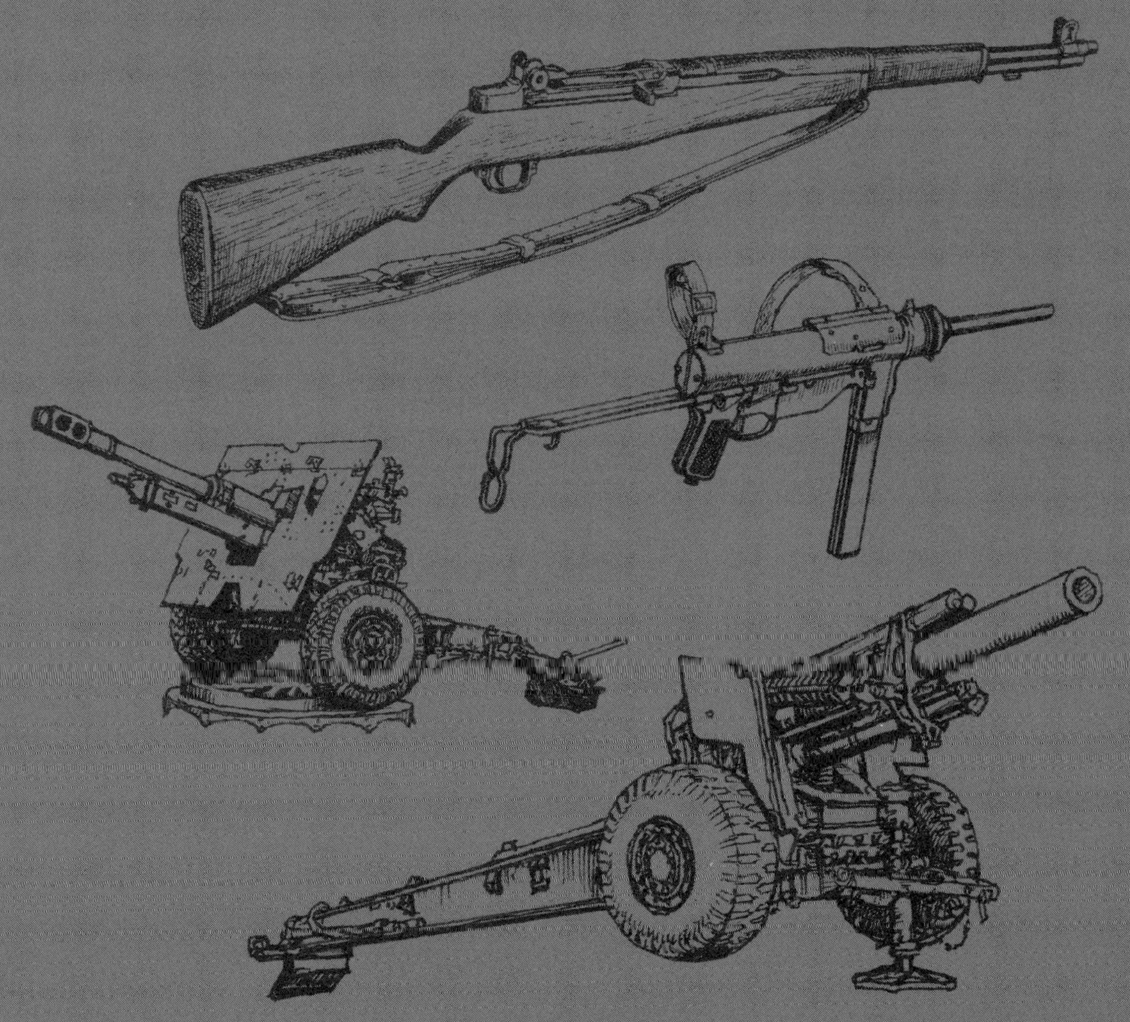

小火器

第二次大戦終結から5年後に勃発した朝鮮戦争では、国連軍が装備する小火器は、第二次大戦とほぼ同じモデルが主流である。アメリカ、イギリス以外の国連軍部隊が使用した小火器は、韓国、トルコ、タイ、フィリピン、エチオピア、オランダなどがアメリカ製、英連邦などがイギリス製だった。

アメリカ軍のピストル

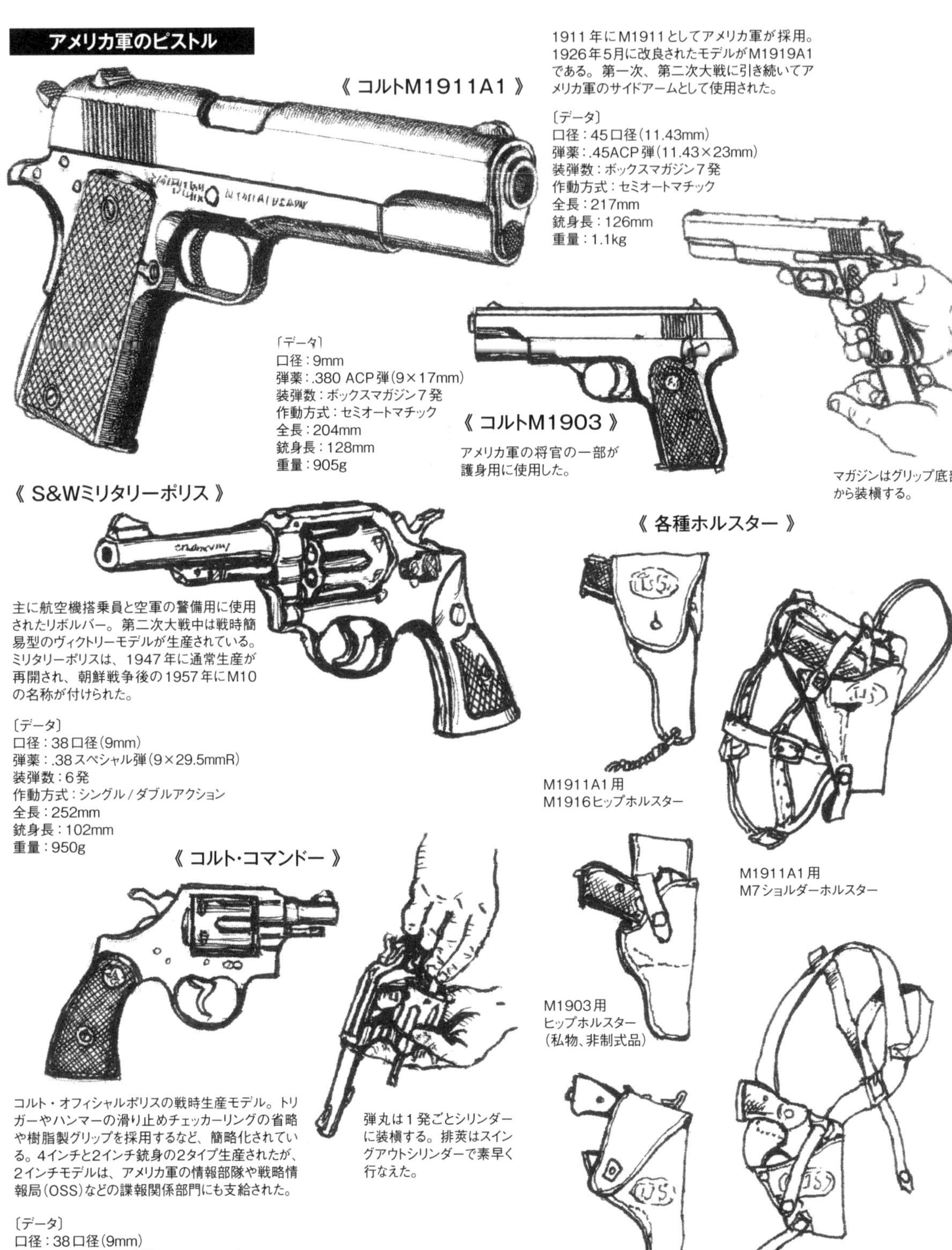

《 コルトM1911A1 》

1911年にM1911としてアメリカ軍が採用。1926年5月に改良されたモデルがM1919A1である。第一次、第二次大戦に引き続いてアメリカ軍のサイドアームとして使用された。

〔データ〕
口径：45口径(11.43mm)
弾薬：.45ACP弾(11.43×23mm)
装弾数：ボックスマガジン7発
作動方式：セミオートマチック
全長：217mm
銃身長：126mm
重量：1.1kg

マガジンはグリップ底部から装填する。

《 コルトM1903 》

アメリカ軍の将官の一部が護身用に使用した。

〔データ〕
口径：9mm
弾薬：.380 ACP弾(9×17mm)
装弾数：ボックスマガジン7発
作動方式：セミオートマチック
全長：204mm
銃身長：128mm
重量：905g

《 S&Wミリタリーポリス 》

主に航空機搭乗員と空軍の警備用に使用されたリボルバー。第二次大戦中は戦時簡易型のヴィクトリーモデルが生産されている。ミリタリーポリスは、1947年に通常生産が再開され、朝鮮戦争後の1957年にM10の名称が付けられた。

〔データ〕
口径：38口径(9mm)
弾薬：.38スペシャル弾(9×29.5mmR)
装弾数：6発
作動方式：シングル/ダブルアクション
全長：252mm
銃身長：102mm
重量：950g

《 コルト・コマンドー 》

コルト・オフィシャルポリスの戦時生産モデル。トリガーやハンマーの滑り止めチェッカーリングの省略や樹脂製グリップを採用するなど、簡略化されている。4インチと2インチ銃身の2タイプ生産されたが、2インチモデルは、アメリカ軍の情報部隊や戦略情報局(OSS)などの諜報関係部門にも支給された。

〔データ〕
口径：38口径(9mm)
弾薬：.38スペシャル弾(9×29.5mmR)
装弾数：6発
作動方式：シングル/ダブルアクション
銃身長：50.8mm

弾丸は1発ごとシリンダーに装填する。排莢はスイングアウトシリンダーで素早く行なえた。

《 各種ホルスター 》

M1911A1用
M1916ヒップホルスター

M1911A1用
M7ショルダーホルスター

M1903用
ヒップホルスター
(私物、非制式品)

38口径リボルバー 4インチ用
ヒップホルスター

38口径リボルバー 2インチ用
ショルダーホルスター

イギリス軍及び英連邦軍のピストル

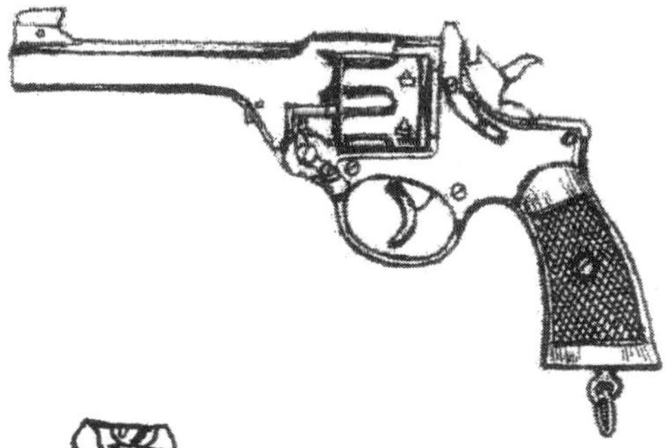

《 エンフィールドNo.2 Mk.I 》

1932年に採用された中折れ式のリボルバー。将校や装甲車両搭乗員などの護身用に装備され、イギリス軍と英連邦軍が使用した。

〔データ〕
口径：38口径
弾薬：.380リボルバー Mk.I/Mk.IIz弾、.38S&W弾 (9×20mmR)
装弾数：6発
作動方式：シングル / ダブルアクション
全長：260mm
銃身長：127mm
重量：765g

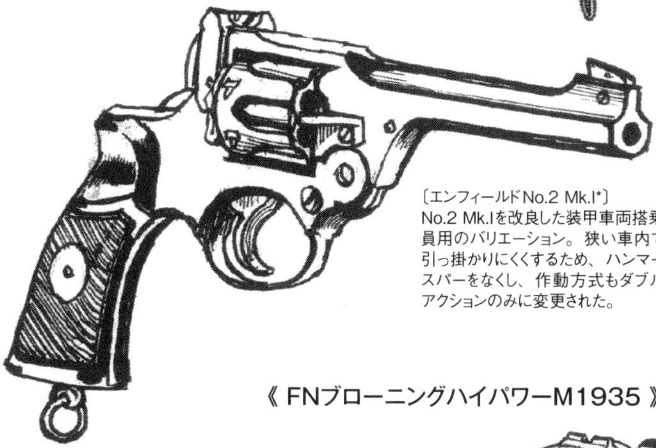

〔エンフィールドNo.2 Mk.I*〕
No.2 Mk.Iを改良した装甲車両搭乗員用のバリエーション。狭い車内で引っ掛かりにくくするため、ハンマースパーをなくし、作動方式もダブルアクションのみに変更された。

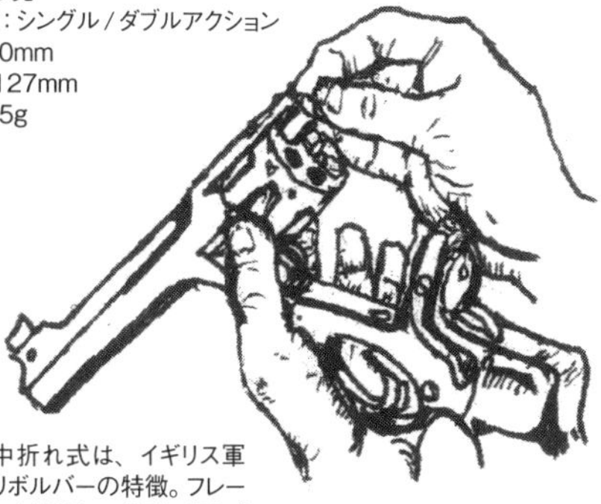

中折れ式は、イギリス軍リボルバーの特徴。フレームを開くと、薬莢が飛び出し、素早く排莢できた。

《 FNブローニングハイパワーM1935 》

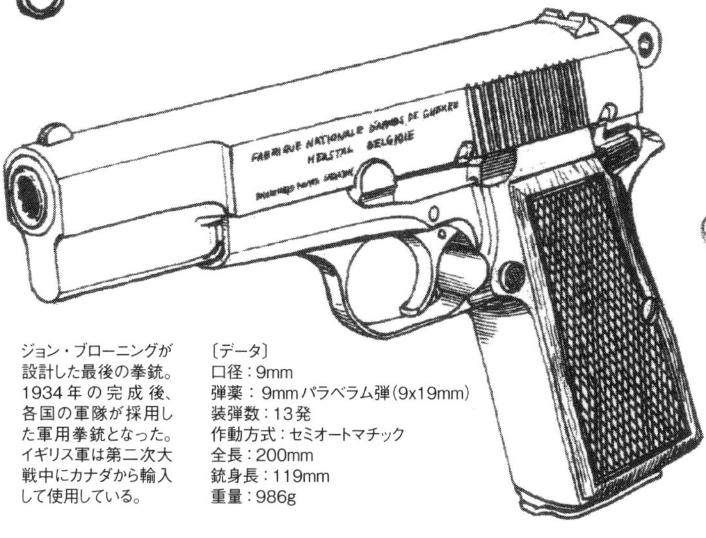

〔ブローニングハイパワー No.2 Mk.I〕
カナダ軍のモデルは、第二次大戦中、国内のイングルス社がライセンス生産していた。

ジョン・ブローニングが設計した最後の拳銃。1934年の完成後、各国の軍隊が採用した軍用拳銃となった。イギリス軍は第二次大戦中にカナダから輸入して使用している。

〔データ〕
口径：9mm
弾薬：9mmパラベラム弾(9x19mm)
装弾数：13発
作動方式：セミオートマチック
全長：200mm
銃身長：119mm
重量：986g

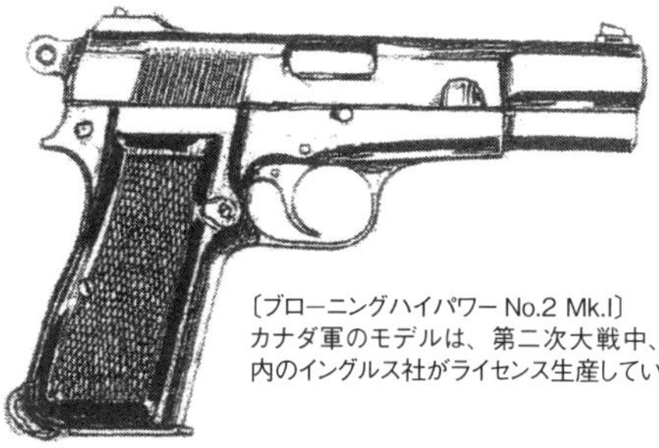

マガジンは、実用拳銃初のダブルカラム方式を採用。他のオートマチックピストルに比べ約2倍の装弾数となった。

《 各種ヒップホルスター 》

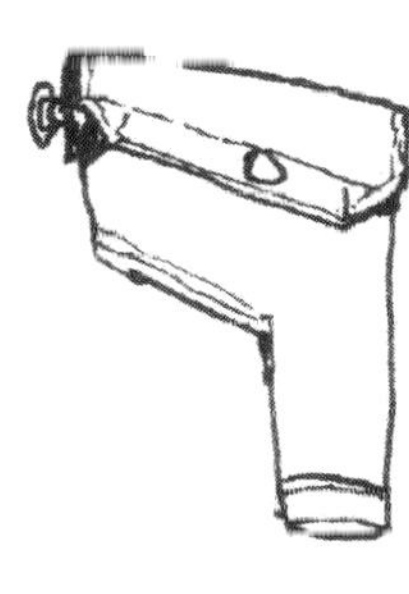
エンフィールド用

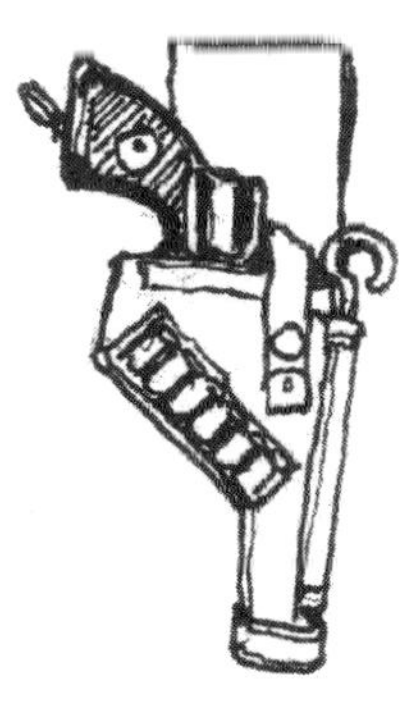
エンフィールド装甲車両搭乗員用

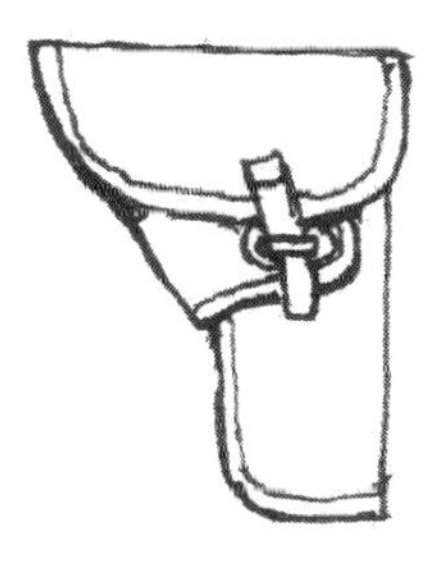
ブローニングハイパワー No.2 Mk.II用

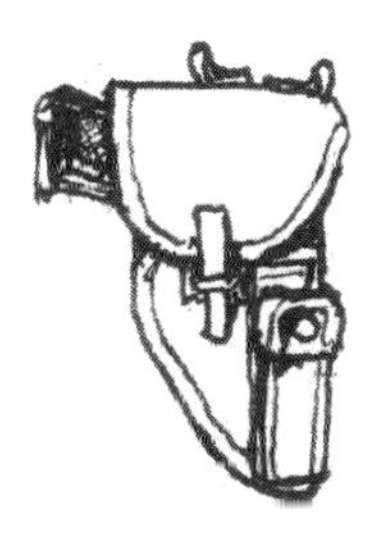
カナダ軍ブローニングハイパワー用

ライフル

〔データ〕
口径：30口径
弾薬：.30-06スプリングフィールド弾（7.62x63mm）
装弾数：専用クリップ８発
作動方式：セミオートマチック
銃身長：610mm
全長：1108mm
重量：4.3kg

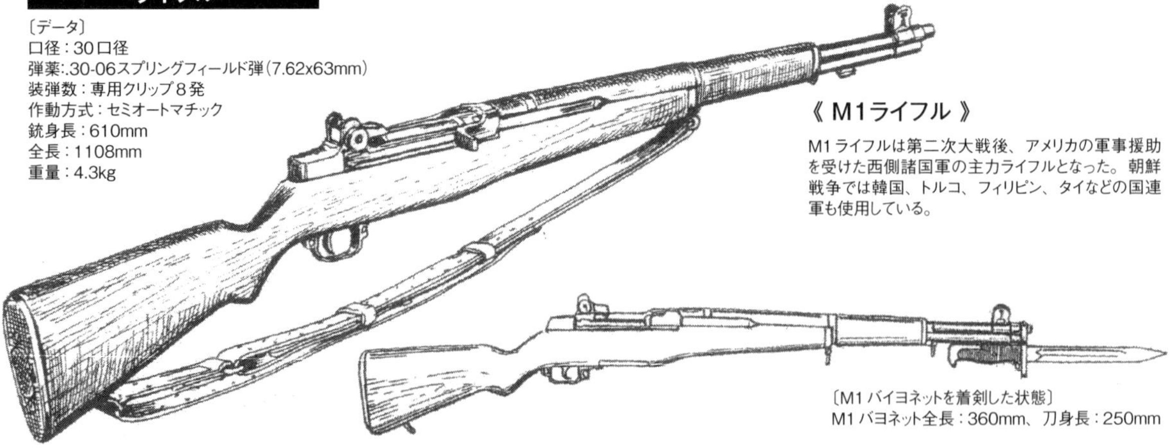

《 M1ライフル 》

M1ライフルは第二次大戦後、アメリカの軍事援助を受けた西側諸国軍の主力ライフルとなった。朝鮮戦争では韓国、トルコ、フィリピン、タイなどの国連軍も使用している。

〔M1バイヨネットを着剣した状態〕
M1バヨネット全長：360mm、刀身長：250mm

〔データ〕
口径：30口径
弾薬：.30カービン弾（7.62×33mm）
装弾数：ボックスマガジン15発／30発
作動方式：セミ・フルオートマチック切り替え
全長：904mm
銃身長：458mm
重量：2.52kg

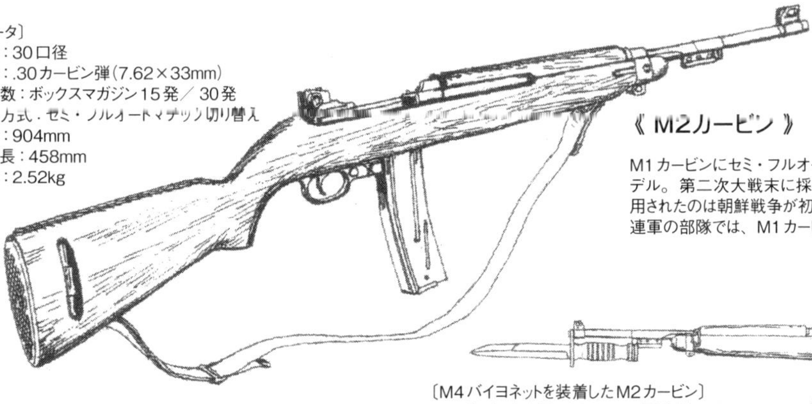

《 M2カービン 》

M1カービンにセミ・フルオート切り替え機能を搭載した改良モデル。第二次大戦末に採用されたため、実戦で本格的に使用されたのは朝鮮戦争が初めてとなった。アメリカ軍以外の国連軍の部隊では、M1カービンも使用されている。

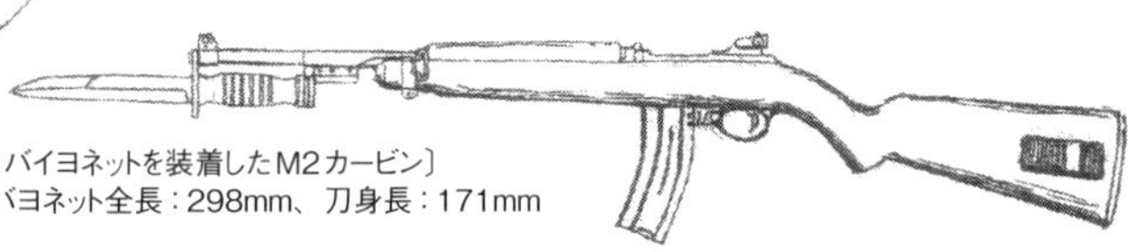

〔M4バイヨネットを装着したM2カービン〕
M4バヨネット全長：298mm、刀身長：171mm

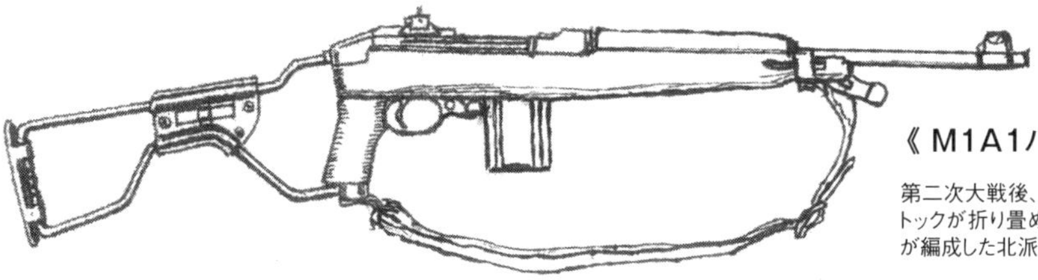

《 M1A1パラトルーパーカービン 》

第二次大戦後、空挺部隊では装備から外されていたが、ストックが折り畳め、携帯に適していることから、アメリカ軍が編成した北派工作員など特殊任務部隊で使用された。

アメリカ軍のスナイパーライフル

M1Cは、陸軍が1944年7月に採用したM1ライフルベースの最初の狙撃銃。海兵隊はこのC型に4倍率のMC-1スコープを搭載し、MC1952スナイパーライフルとして1952年に制式化している。着剣ラグを利用して装着するフラッシュハイダーは、射撃精度が落ちると言われ、外して使用されることが多かった。イラストは2.2倍率のM82スコープを装着したモデル。
M1Dは、M1Cに次いで採用された狙撃銃のバリエーションで、C型とはスコープの取付け方が異なる。M1CとDは、第二次大戦より朝鮮戦争時に大量生産され配備された。イラストのM1Dは2.2.倍率のM84スコープを装着。

《 M1C 》

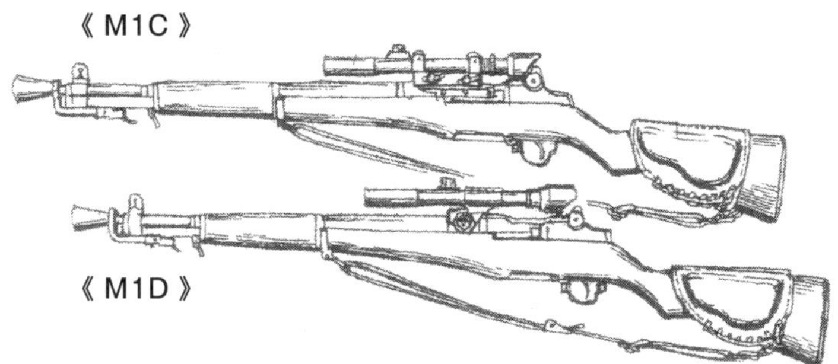

《 M1D 》

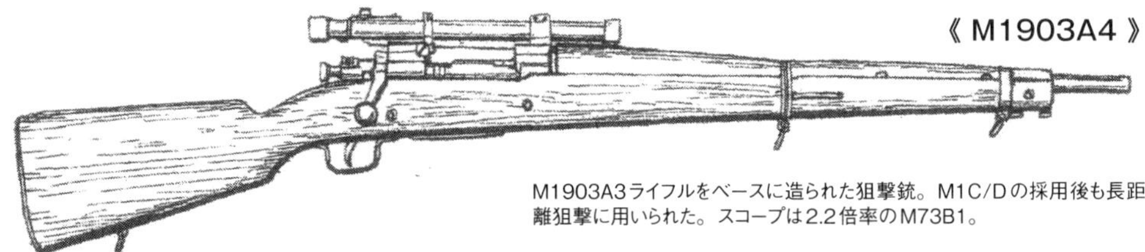

《 M1903A4 》

M1903A3ライフルをベースに造られた狙撃銃。M1C/Dの採用後も長距離狙撃に用いられた。スコープは2.2倍率のM73B1。

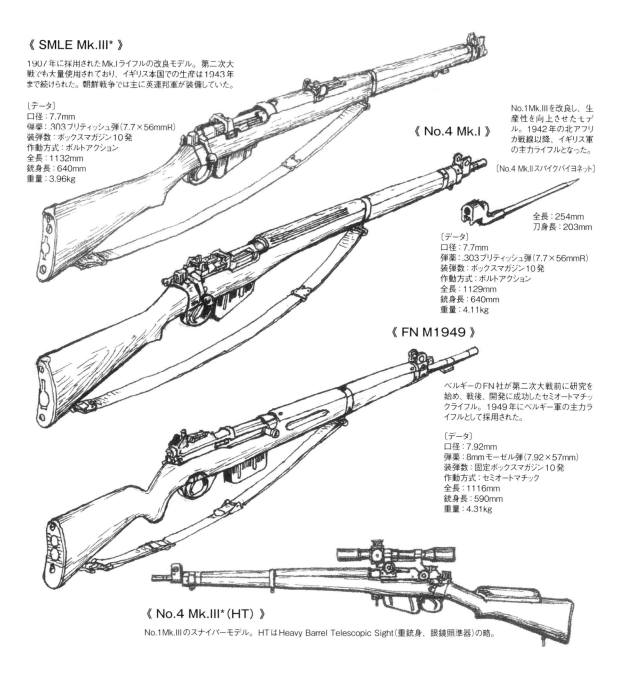

《 SMLE Mk.III* 》

1907年に採用されたMk.Iライフルの改良モデル。第二次大戦でも大量使用されており、イギリス本国での生産は1943年まで続けられた。朝鮮戦争では主に英連邦軍が装備していた。

〔データ〕
口径：7.7mm
弾薬：.303ブリティッシュ弾（7.7×56mmR）
装弾数：ボックスマガジン10発
作動方式：ボルトアクション
全長：1132mm
銃身長：640mm
重量：3.96kg

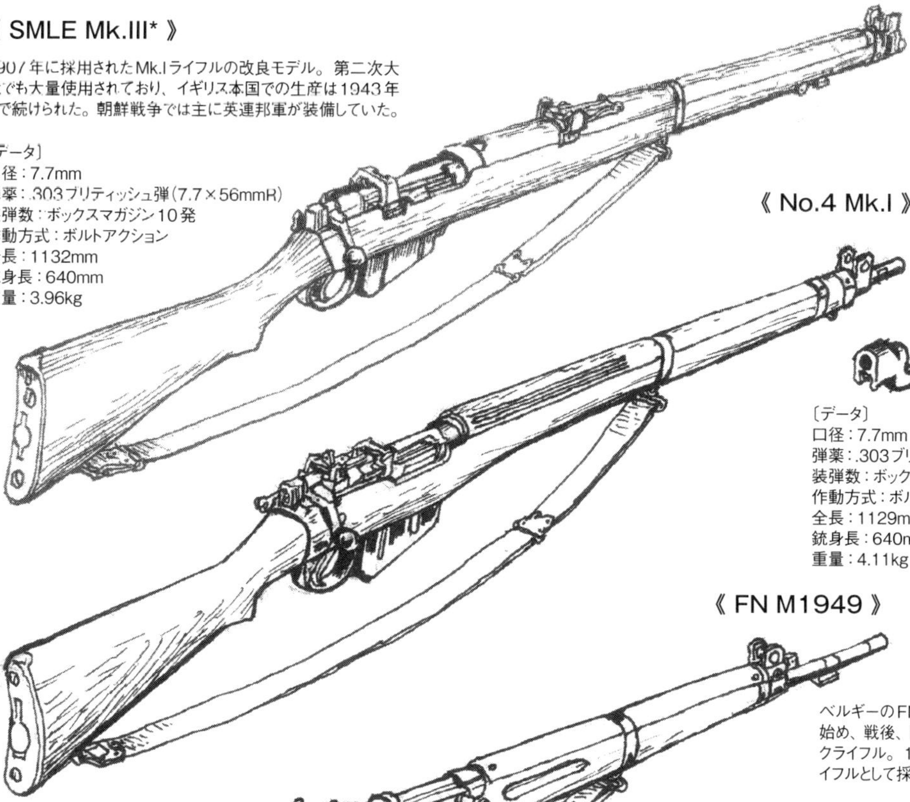

《 No.4 Mk.I 》

No.1Mk.IIIを改良し、生産性を向上させたモデル。1942年の北アフリカ戦線以降、イギリス軍の主力ライフルとなった。

〔No.4 Mk.IIスパイクバイヨネット〕 
全長：254mm
刀身長：203mm

〔データ〕
口径：7.7mm
弾薬：.303ブリティッシュ弾（7.7×56mmR）
装弾数：ボックスマガジン10発
作動方式：ボルトアクション
全長：1129mm
銃身長：640mm
重量：4.11kg

《 FN M1949 》

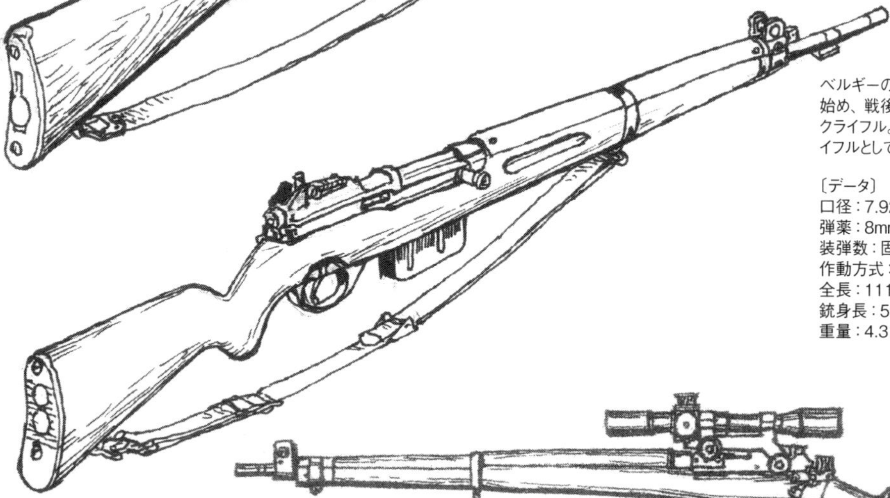

ベルギーのFN社が第二次大戦前に研究を始め、戦後、開発に成功したセミオートマチックライフル。1949年にベルギー軍の主力ライフルとして採用された。

〔データ〕
口径：7.92mm
弾薬：8mmモーゼル弾（7.92×57mm）
装弾数：固定ボックスマガジン10発
作動方式：セミオートマチック
全長：1116mm
銃身長：590mm
重量：4.31kg

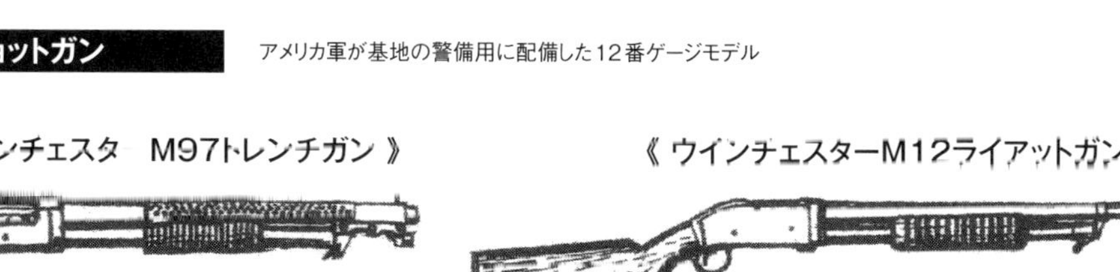

《 No.4 Mk.III*（HT） 》

No.1Mk.IIIのスナイパーモデル。HTはHeavy Barrel Telescopic Sight（重銃身、眼鏡照準器）の略。

アメリカ軍のショットガン

アメリカ軍が基地の警備用に配備した12番ゲージモデル

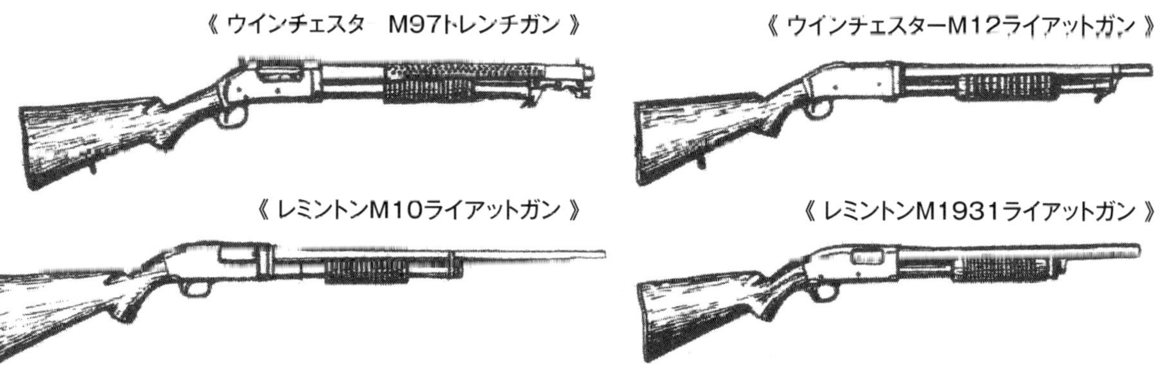
《 ウインチェスタ　M97トレンチガン 》
《 ウインチェスターM12ライアットガン 》
《 レミントンM10ライアットガン 》
《 レミントンM1931ライアットガン 》

サブマシンガン

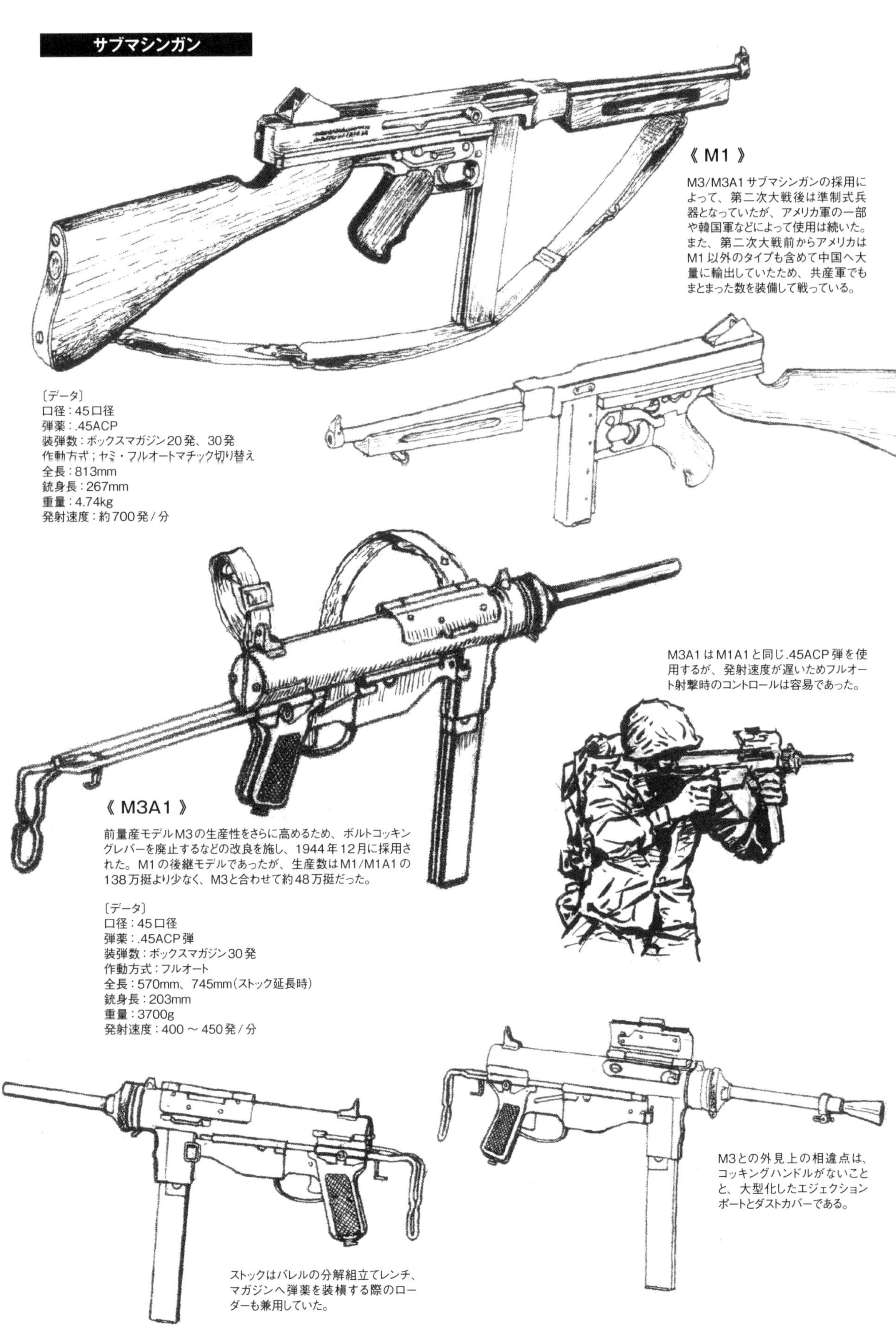

《 M1 》

M3/M3A1 サブマシンガンの採用によって、第二次大戦後は準制式兵器となっていたが、アメリカ軍の一部や韓国軍などによって使用は続いた。また、第二次大戦前からアメリカはM1 以外のタイプも含めて中国へ大量に輸出していたため、共産軍でもまとまった数を装備して戦っている。

〔データ〕
口径：45口径
弾薬：.45ACP
装弾数：ボックスマガジン20発、30発
作動方式；セミ・フルオートマチック切り替え
全長：813mm
銃身長：267mm
重量：4.74kg
発射速度：約700発/分

M3A1はM1A1と同じ.45ACP弾を使用するが、発射速度が遅いためフルオート射撃時のコントロールは容易であった。

《 M3A1 》

前量産モデルM3の生産性をさらに高めるため、ボルトコッキングレバーを廃止するなどの改良を施し、1944年12月に採用された。M1の後継モデルであったが、生産数はM1/M1A1の138万挺より少なく、M3と合わせて約48万挺だった。

〔データ〕
口径：45口径
弾薬：.45ACP弾
装弾数：ボックスマガジン30発
作動方式：フルオート
全長：570mm、745mm（ストック延長時）
銃身長：203mm
重量：3700g
発射速度：400 ～ 450発/分

M3との外見上の相違点は、コッキングハンドルがないことと、大型化したエジェクションポートとダストカバーである。

ストックはバレルの分解組立てレンチ、マガジンへ弾薬を装槓する際のローダーも兼用していた。

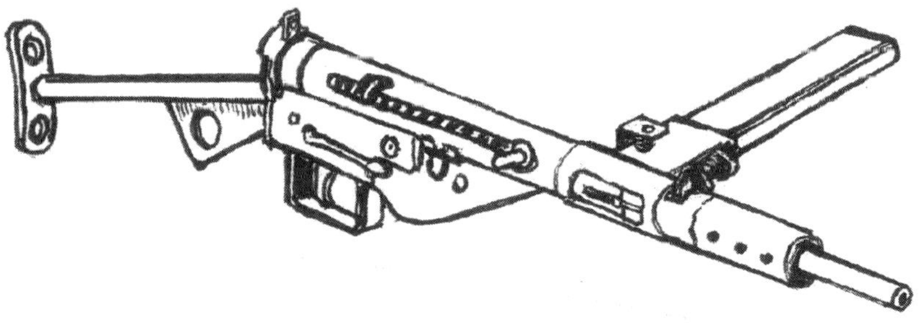

《 ステンMk.II 》

Mk.Iを改良し、フロントサイトやストックの単純化、バレルジャケットの短縮など省力化したモデル。シリーズの中で最も多く生産され、1942～1944年までに約200万挺が作られている。朝鮮戦争では英連邦軍が使用した。

〔データ〕
口径：9mm
弾薬：9mmパラベラム弾(9×19mm)
装弾数：ボックスマガジン32発、50発
作動方式：セミ・フルオートマチック切り替え
全長：760mm
銃身長：196mm
重量：3.18kg
発射速度：約500発/分

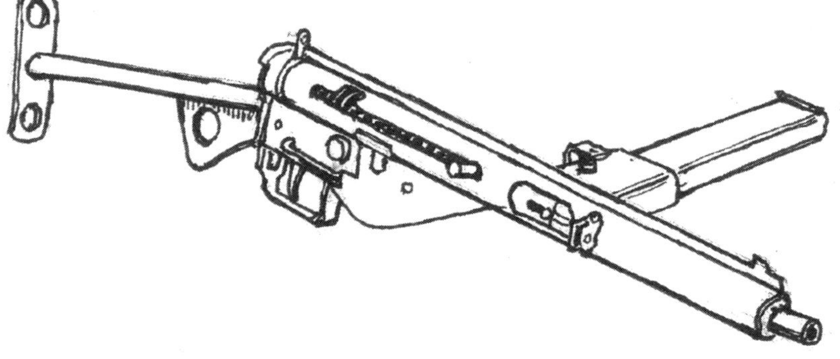

《 ステンMk.III 》

パーツ点数を減らし、レシーバーとバレルジャケットを一体化、溶接加工で固定するなど、Mk.IIをさらに簡易化したモデル。戦時簡易生産のため前戦での評価は低く、大戦後イギリス軍は装備から外したが、英連邦軍の一部では使用が続いていた。

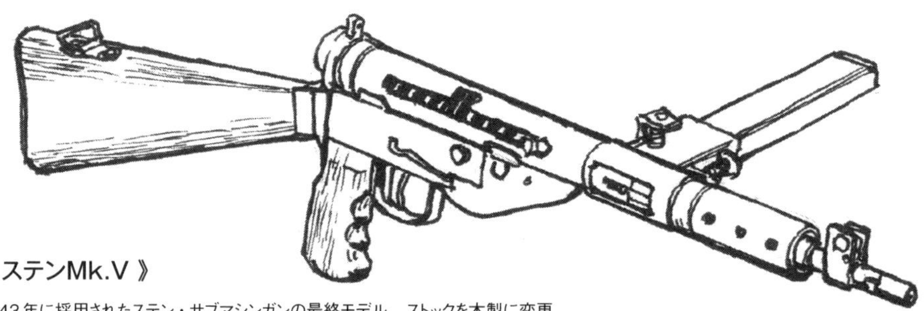

《 ステンMk.V 》

1943年に採用されたステン・サブマシンガンの最終モデル。ストックを木製に変更、さらに着剣装置が追加され、スパイクバイヨネット(右下の図)の装着が可能になった。

〔データ〕
全長：762mm
銃身長：198mm
重量：3.85kg
発射速度：約500発/分

〔No.4 Mk.IIスパイクバイヨネット〕

《 オーウェンMk.II/43 》

1942年に採用されたMk.I/42の改良モデル。オーストラリア軍の他にニュージーランド、オランダ軍も使用している。

〔データ〕
口径：9mm
弾薬：9mmパラベラム弾(9×19mm)
装弾数：ボックスマガジン32発
作動方式：フルオートマチック
全長：940mm
銃身長：250mm
重量：3.47kg
発射速度：600発/分

マシンガン

《 M1918A2オートマチックライフル（BAR） 》

1917年に採用されたM1918からM1918A1を経て、1938年に採用されたモデル。BARは、朝鮮半島の戦場においても、遠距離目標への射撃や陣地戦における共産軍への防御射撃などで、その性能を発揮した。

〔データ〕
口径：30口径
弾薬：.30-06スプリングフィールド弾（7.62x63mm）
装弾数：ボックスマガジン20発
作動方式：フルオートマチック
全長：1215mm
銃身長：610mm
重量：8.8kg
発射速度：300 ～ 650発 / 分

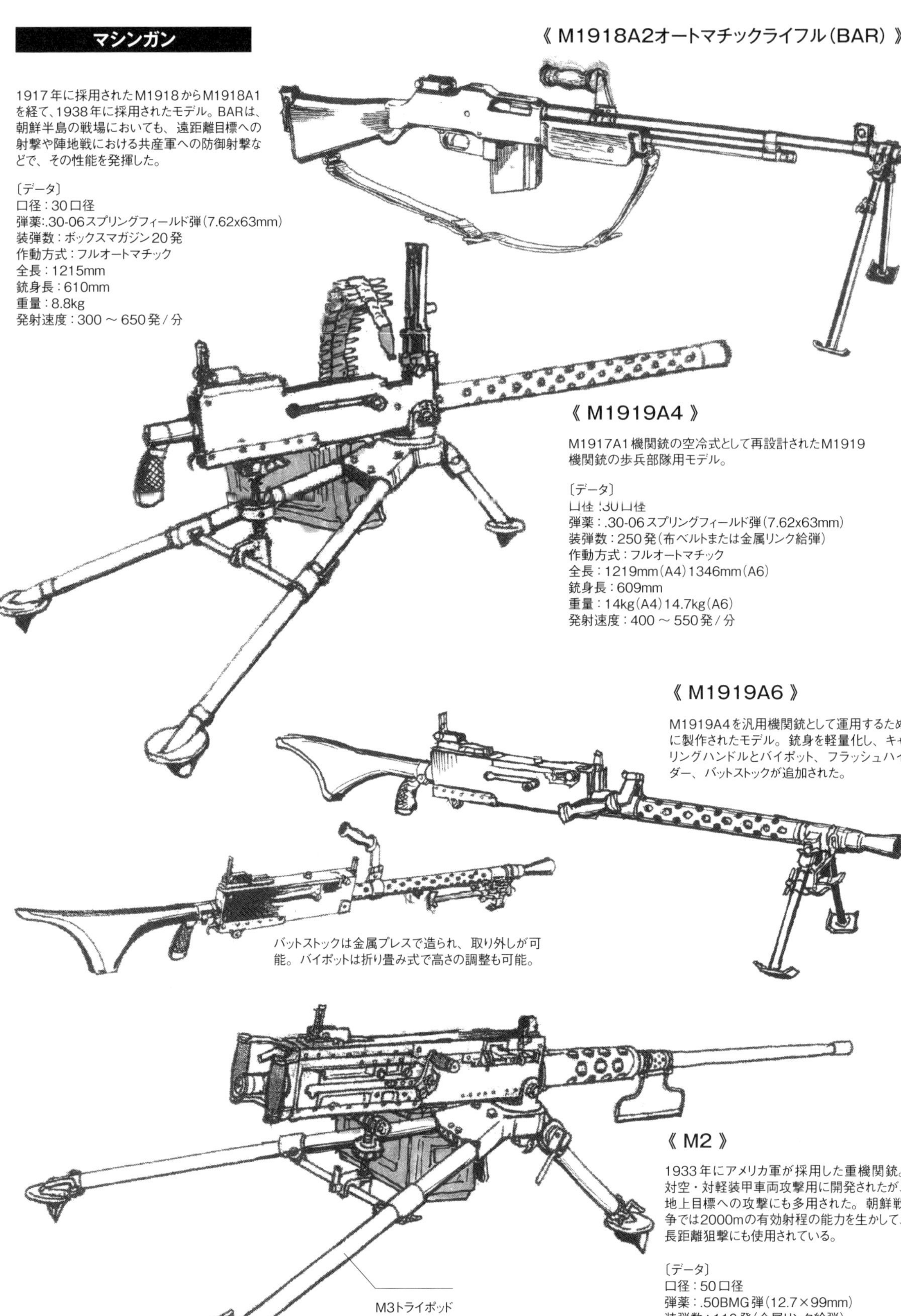

《 M1919A4 》

M1917A1機関銃の空冷式として再設計されたM1919機関銃の歩兵部隊用モデル。

〔データ〕
口径：30口径
弾薬：.30-06スプリングフィールド弾（7.62x63mm）
装弾数：250発（布ベルトまたは金属リンク給弾）
作動方式：フルオートマチック
全長：1219mm（A4）1346mm（A6）
銃身長：609mm
重量：14kg（A4）14.7kg（A6）
発射速度：400 ～ 550発 / 分

《 M1919A6 》

M1919A4を汎用機関銃として運用するために製作されたモデル。銃身を軽量化し、キャリングハンドルとバイポット、フラッシュハイダー、バットストックが追加された。

バットストックは金属プレスで造られ、取り外しが可能。バイポットは折り畳み式で高さの調整も可能。

《 M2 》

1933年にアメリカ軍が採用した重機関銃。対空・対軽装甲車両攻撃用に開発されたが、地上目標への攻撃にも多用された。朝鮮戦争では2000mの有効射程の能力を生かして、長距離狙撃にも使用されている。

M3トライポッド

〔データ〕
口径：50口径
弾薬：.50BMG弾（12.7×99mm）
装弾数：110発（金属リンク給弾）
作動方式：セミ・フルオートマチック切り替え
全長：1645mm
銃身長：1143mm
重量:38.1kg（本体のみ）、58kg（三脚を含む）
発射速度：485 ～ 635発 / 分

《 ブレンMk.II 》

ブレン軽機関銃は、1938年にイギリス軍に制式採用された。"ブレン"の名称は、ブルーノ(Brno)とエンフィールド(Enfield)の文字を組み合わせたもの。最初の量産型Mk.Iに続き、1941年からは各パーツを単純化し、作業工程を少なくしたMk.IIが生産される。

〔データ〕
口径:7.7mm
弾薬:7.7×56mmR(.303ブリティッシュ弾)
装弾数:ボックスマガジン30発、ドラムマガジン100発(対空用)
作動方式:フルオートマチック
全長:1158mm(Mk.II)、1082mm(Mk.III)
銃身長:635mm(Mk.II)、565mm(Mk.III)
重量:10.15kg(Mk.II)、8.68kg(Mk.III)
発射速度:500〜520発/分

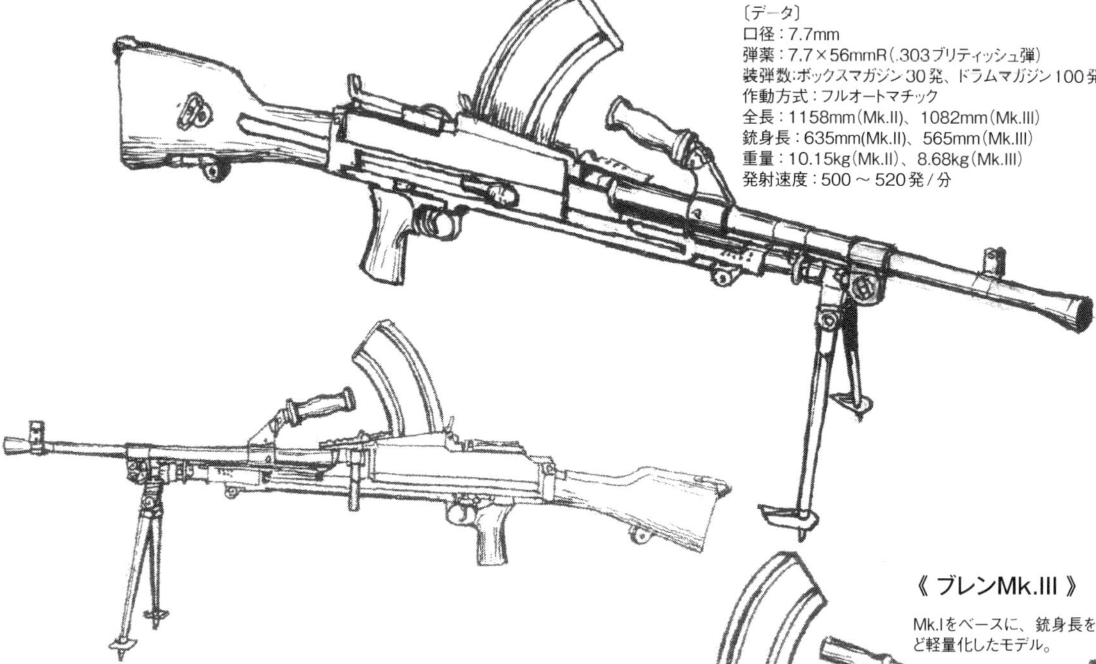

《 ブレンMk.III 》

Mk.Iをベースに、銃身長を短くするなど軽量化したモデル。

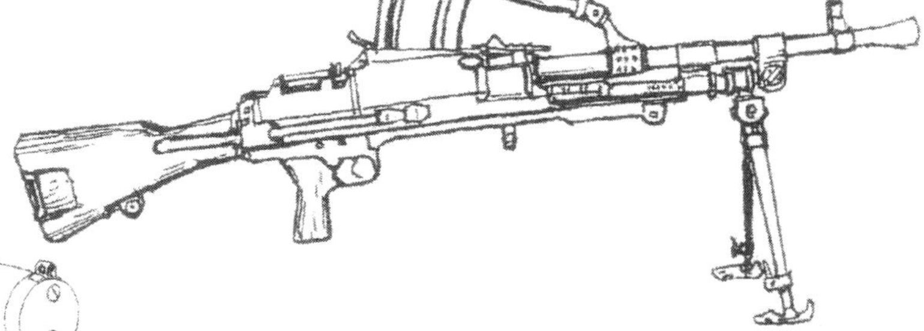

《 M1917A1 》

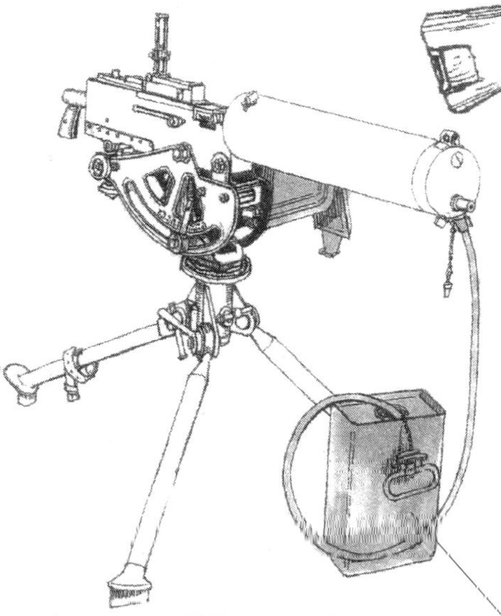

1917年、アメリカ軍が採用したM1917水冷式機関銃を1936〜1937年にかけて改修し、制式化した重機関銃。朝鮮戦争当時には既に旧式化していたが、堅牢な造りと水冷式による連続射撃が可能なことから運用が続けられた。

〔データ〕
口径:30口径
弾薬:.30-06スプリングフィールド弾(7.62x63mm)
装弾数:250発(布ベルト給弾)
作動方式:フルオート
全長:965mm
銃身長:610mm
重量:14.8kg(銃本体)、32.2kg(銃架)
発射速度:600発/分

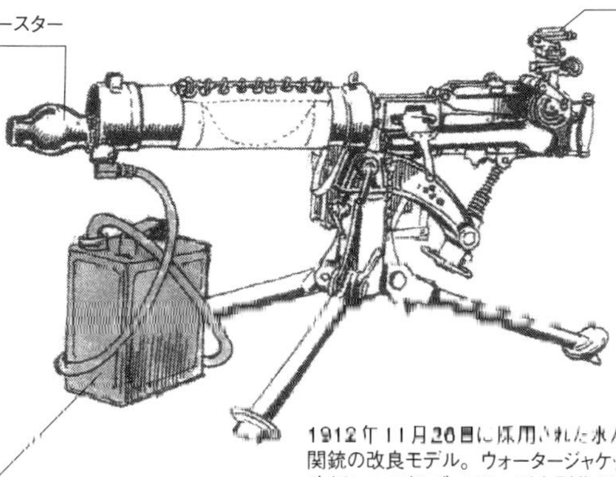

〔復水缶〕
射撃によって沸騰した冷却水の水蒸気は、ホースを伝って復水缶に入り水に戻される。

《 ヴィッカースMk.I後期型 》

リコイルブースター
光学照準器

1912年11月26日に採用された水冷式Mk.I重機関銃の改良モデル。ウォータージャケットの凹凸が省略され、マズルブースターが大型化された。また、銃本体のサイト以外に、光学照準器も採用されている。

〔データ〕
口径:7.7mm
銃身長:720mm
弾薬:.303ブリティッシュ弾(7.7×56mmR)
装弾数:250発(ベルト給弾)
作動方式:フルオートマチック
全長:1100mm
重量:33(銃)50kg(冷却水含む)
発射速度:450〜600発/分

手榴弾

《 Mk.II手榴弾 》

《 Mk.II手榴弾の内部構造 》

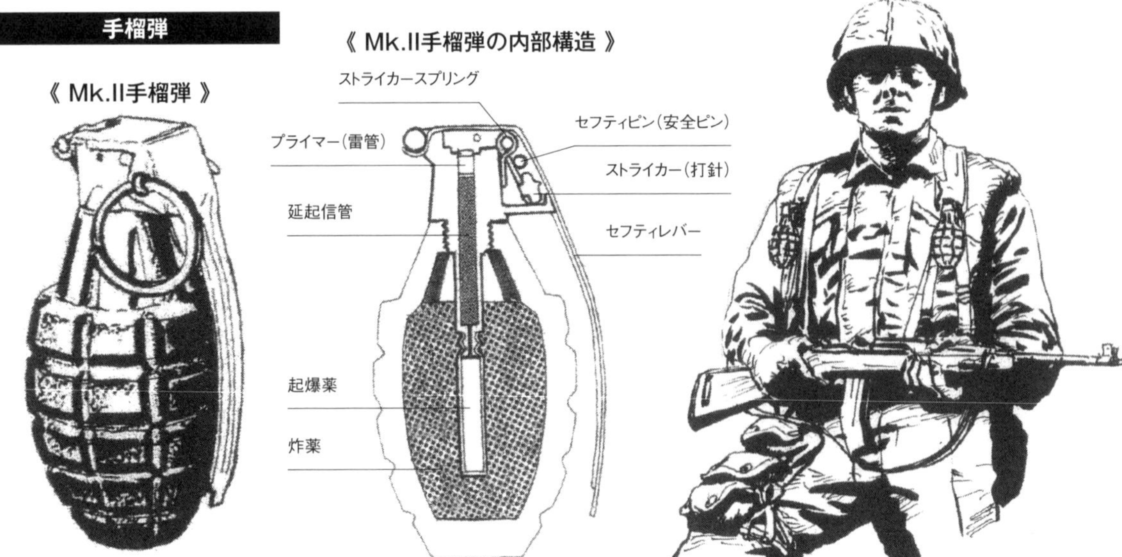

ストライカースプリング
セフティピン（安全ピン）
プライマー（雷管）
ストライカー（打針）
延起信管
セフティレバー
起爆薬
炸薬

破片で敵を殺傷する防御型手榴弾。弾体表面の形状から"パイナップル"の愛称で呼ばれる。

〔データ〕
全高：114mm
直径：58mm
重量：595g
炸薬：TNT 56g

手榴弾は、特に戦争中盤から始まった陣地戦においては、欠かせない兵器であった。サスペンダーの金具などにセフティレバーを差し込んで手榴弾を携帯するのが一般的な方法だった。他にグレネードポーチ（イラストの兵士は右大腿に装着）も使用されている。

《 Mk.II手榴弾の作動図 》

①セフティピンを抜くと、セフティレバーはストライカープリングの圧力で外れる。
②ストライカーがプライマーを叩いて点火する。

③点火後4～5秒後に爆発し、破片が飛び散る。殺傷有効範囲は4.5～9m。

《 M26手榴弾 》

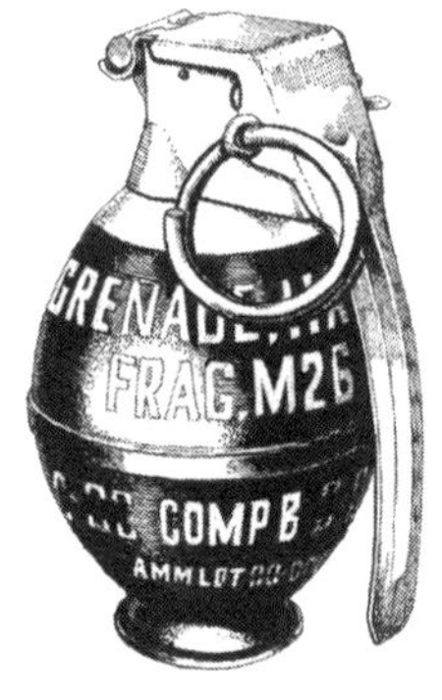

GRENADE
FRAG.M26
COMP B

Mk.IIの後継モデル。第二次大戦末に開発され、朝鮮戦争では1952年から配備された。

《 Mk.IIIA1手榴弾 》

爆風により敵を殺傷する攻撃型の手榴弾。

《 Mk.I照明手榴弾 》

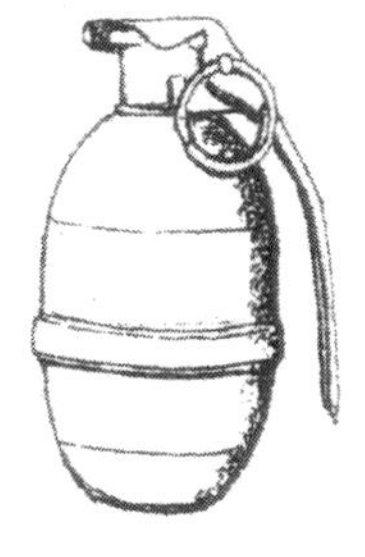

発火すると、弾体が上下に分離して、下半分が燃焼発光する。1944年に採用された。

《 M6CN-DM手榴弾 》

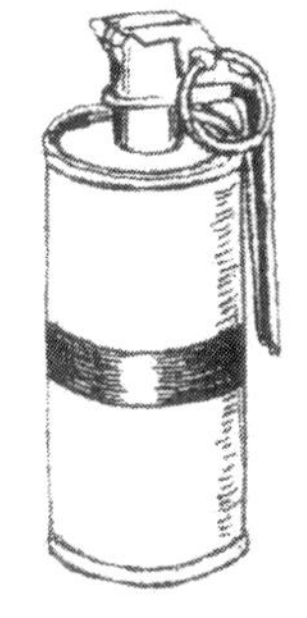

暴動鎮圧などに使用する催涙・嘔吐ガス弾。発火後、煙幕状のガスが25～35秒間燃焼して噴出する。

《 M15 WP発煙手榴弾 》

煙幕だけでなく、白燐の発火による焼夷弾としても使用された。

《 M18発煙手榴弾 》

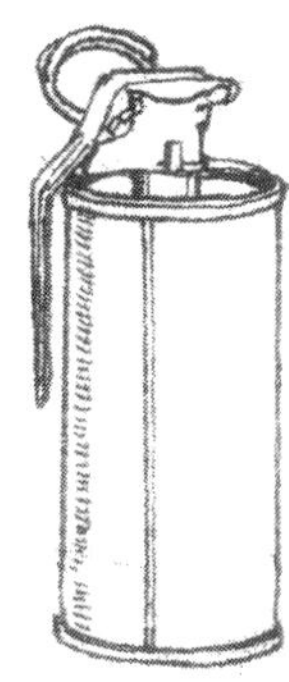

煙幕や信号用に使用する。煙の色は、白・黒・赤・緑・紫・黄色の6色。発火後、最大約90秒間燃焼して発煙する。

《 No.36M Mk.I/Mk.II手榴弾（ミルズ手榴弾）》

1915年にイギリス軍が採用したパーカッション撃発式の手榴弾。最初のモデルNo.5 Mk.Iから改良を重ねて9種類が作られている。

〔データ〕
重量：765g　全長：95.2mm　直径：61 mm　炸薬：バラトール 71g

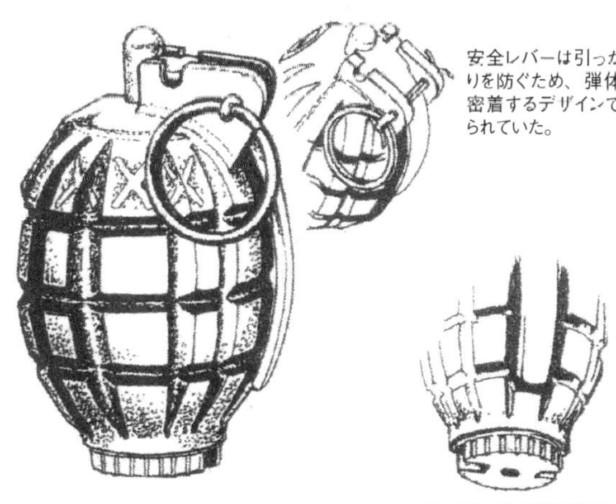

安全レバーは引っかかりを防ぐため、弾体に密着するデザインで作られていた。

No.36M手榴弾の底部

《 No.36M手榴弾の内部構造 》

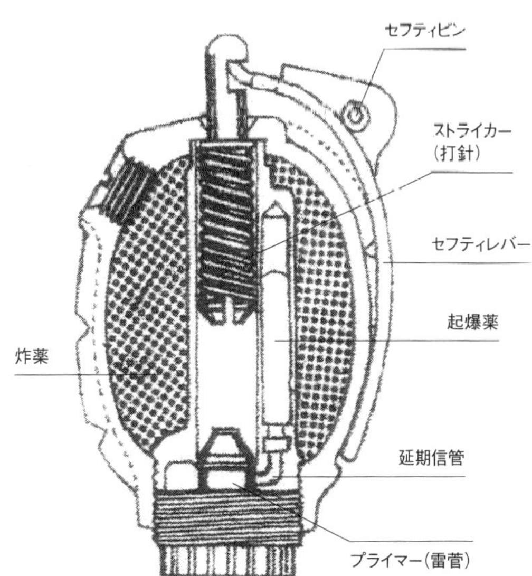
セフティピン
ストライカー
（打針）
セフティレバー
起爆薬
炸薬
延期信管
プライマー（雷管）

ライフルグレネードランチャー

発射の際に大きな反動を伴うため、射撃は肩付けでなく、ライフルのバットプレート部分を地面などに接地させて発射する。擲弾の発射には空砲を用いた。

《 M7グレネードランチャー 》

M1ライフル用のグレネードランチャー。歩兵分隊の隊員が携行して、攻撃の支援や対戦車戦闘に使用した。

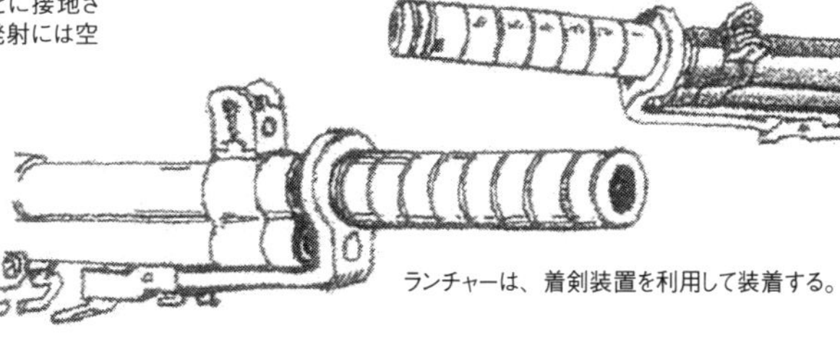

ランチャーは、着剣装置を利用して装着する。

《 M15ライフルグレネードサイト 》

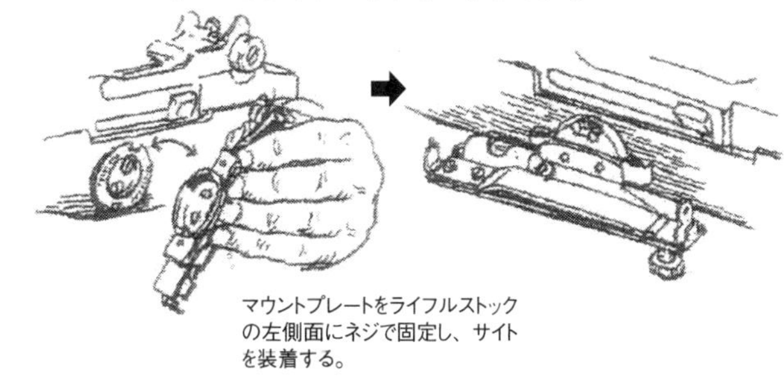

マウントプレートをライフルストックの左側面にネジで固定し、サイトを装着する。

《 M9A1 HEAT弾 》対戦車榴弾

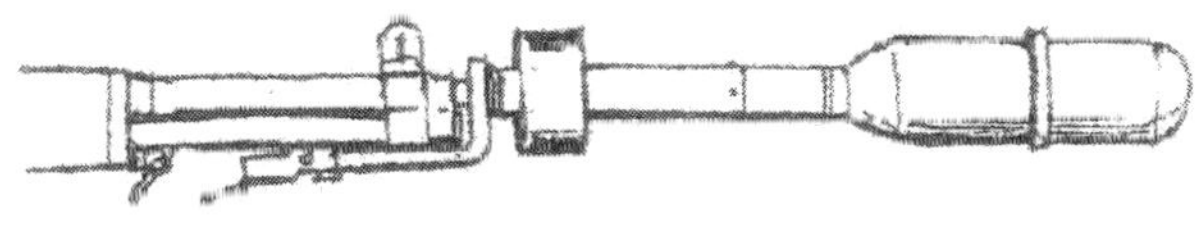

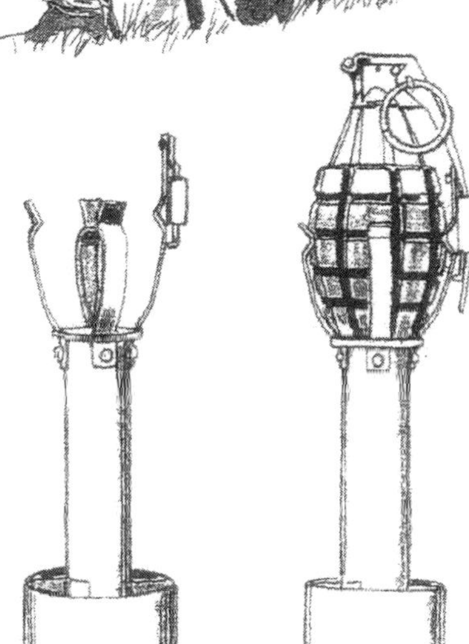

《 M3ライフルグレネードカートリッジ 》

ライフルグレネード弾発射専用の空砲弾。

《 M19A1照明弾 》

《 M1アダプター 》

Mk.II手榴弾発射用のアダプター（右はMk.II装着状態）。M1ライフルで発射した際の最大射程は約160m。発射距離は、ランチャーに弾を差し込む深さと発射角度で調整する。

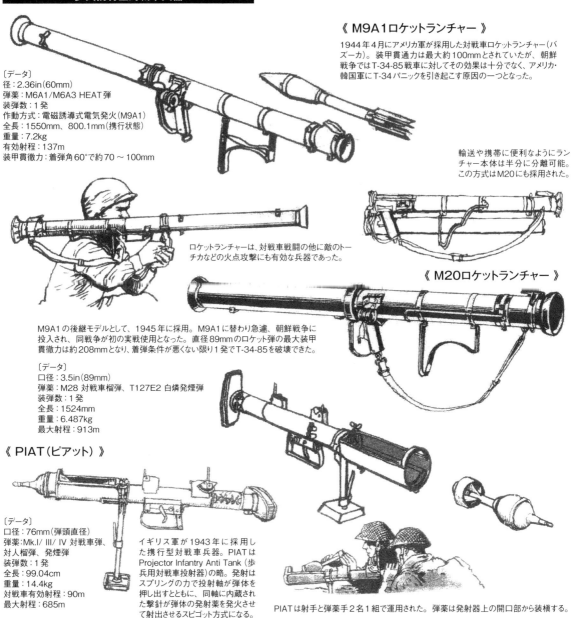

歩兵携行型対戦車兵器

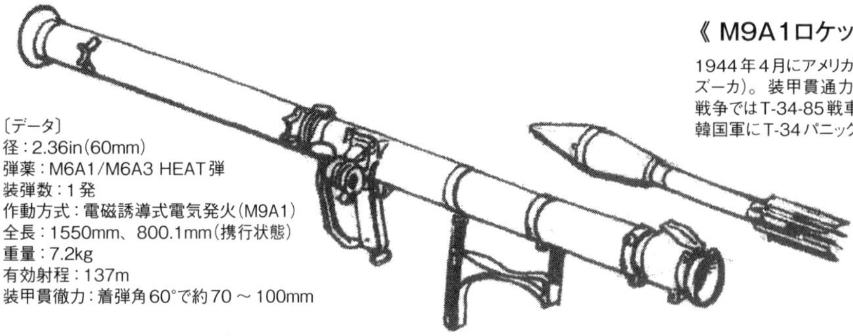

《 M9A1ロケットランチャー 》

1944年4月にアメリカ軍が採用した対戦車ロケットランチャー(バズーカ)。装甲貫通力は最大約100mmとされていたが、朝鮮戦争ではT-34-85戦車に対してその効果は十分でなく、アメリカ・韓国軍にT-34パニックを引き起こす原因の一つとなった。

〔データ〕
径：2.36in(60mm)
弾薬：M6A1/M6A3 HEAT弾
装弾数：1発
作動方式：電磁誘導式電気発火(M9A1)
全長：1550mm、800.1mm(携行状態)
重量：7.2kg
有効射程：137m
装甲貫徹力：着弾角60°で約70～100mm

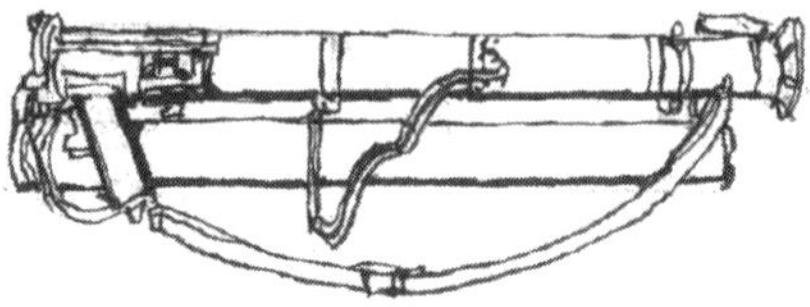

輸送や携帯に便利なようにランチャー本体は半分に分離可能。この方式はM20にも採用された。

ロケットランチャーは、対戦車戦闘の他に敵のトーチカなどの火点攻撃にも有効な兵器であった。

《 M20ロケットランチャー 》

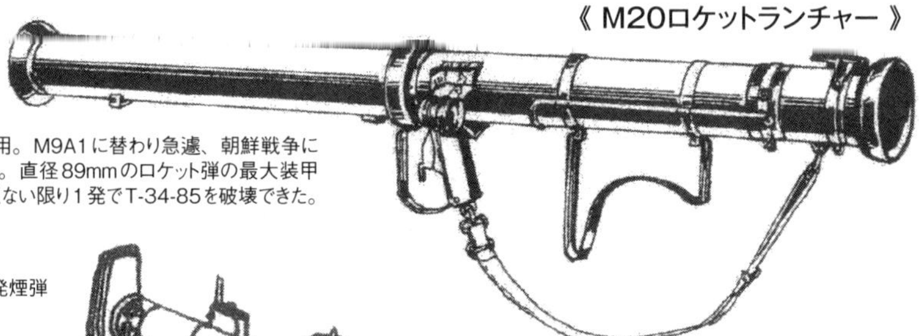

M9A1の後継モデルとして、1945年に採用。M9A1に替わり急遽、朝鮮戦争に投入され、同戦争が初の実戦使用となった。直径89mmのロケット弾の最大装甲貫徹力は約208mmとなり、着弾条件が悪くない限り1発でT-34-85を破壊できた。

〔データ〕
口径：3.5in(89mm)
弾薬：M28 対戦車榴弾、T127E2 白燐発煙弾
装弾数：1発
全長：1524mm
重量：6.487kg
最大射程：913m

《 PIAT(ピアット) 》

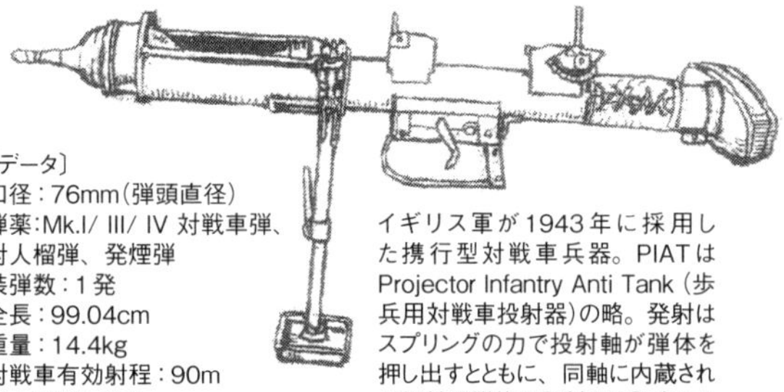

〔データ〕
口径：76mm(弾頭直径)
弾薬：Mk.I/ III/ IV 対戦車弾、対人榴弾、発煙弾
装弾数：1発
全長：99.04cm
重量：14.4kg
対戦車有効射程：90m
最大射程：685m

イギリス軍が1943年に採用した携行型対戦車兵器。PIATはProjector Infantry Anti Tank (歩兵用対戦車投射器)の略。発射はスプリングの力で投射軸が弾体を押し出すとともに、同軸に内蔵された撃針が弾体の発射薬を発火させて射出させるスピゴット方式になる。

PIATは射手と弾薬手2名1組で運用された。弾薬は発射器上の開口部から装槓する。

火炎放射器

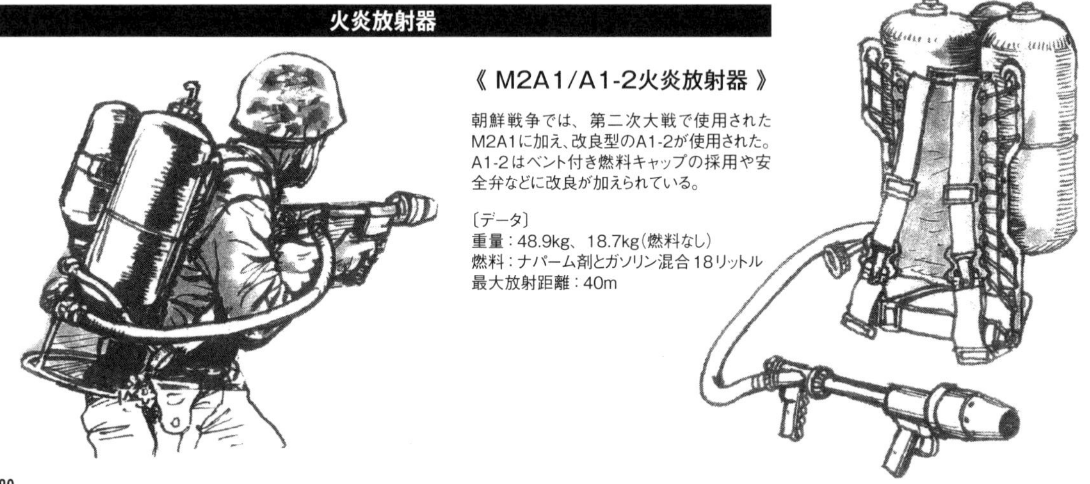

《 M2A1/A1-2火炎放射器 》

朝鮮戦争では、第二次大戦で使用されたM2A1に加え、改良型のA1-2が使用された。A1-2はベント付き燃料キャップの採用や安全弁などに改良が加えられている。

〔データ〕
重量：48.9kg、18.7kg(燃料なし)
燃料：ナパーム剤とガソリン混合18リットル
最大放射距離：40m

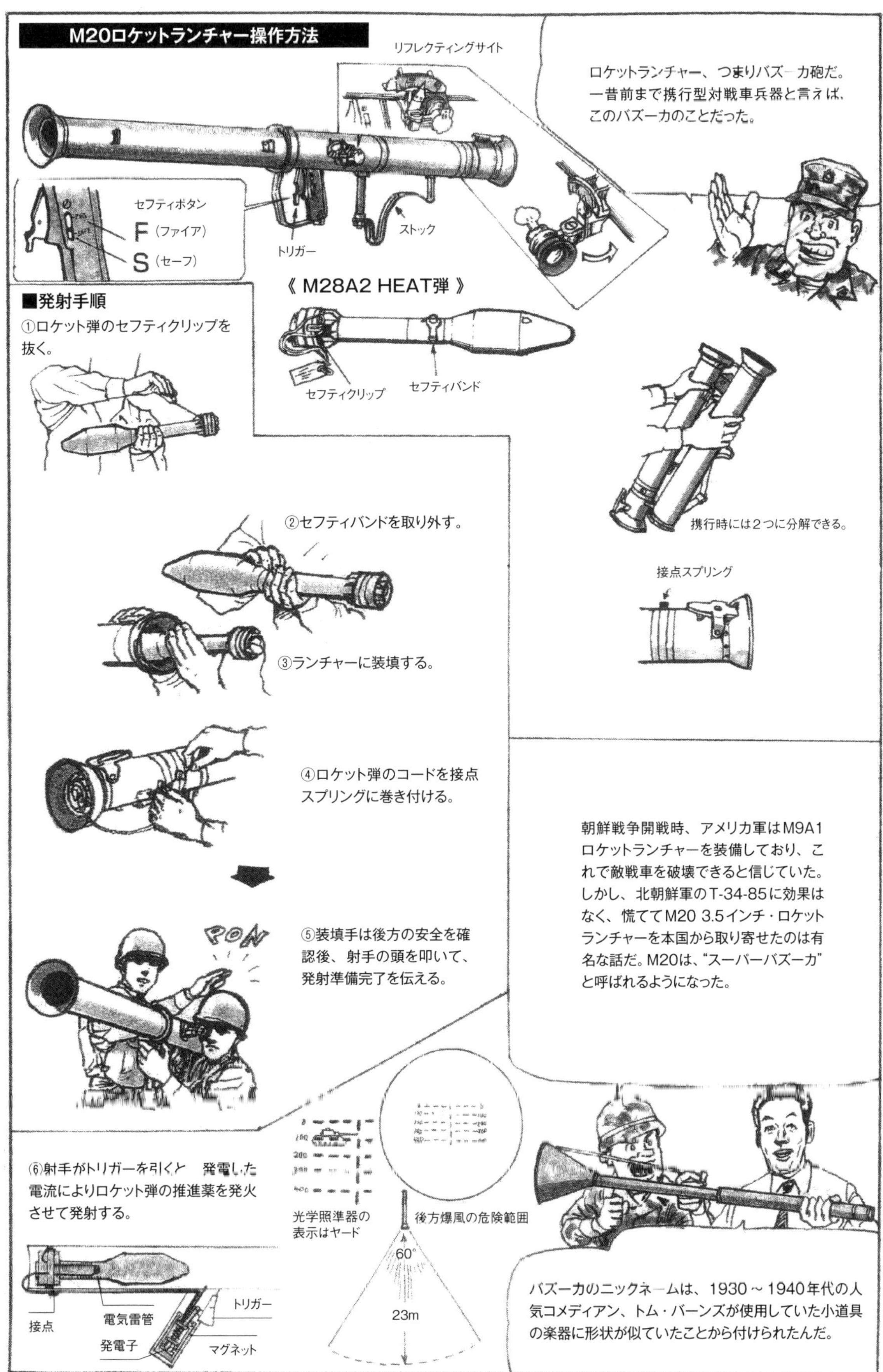
M20ロケットランチャー操作方法
リフレクティングサイト
ロケットランチャー、つまりバズーカ砲だ。
一昔前まで携行型対戦車兵器と言えば、
このバズーカのことだった。
セフティボタン
F（ファイア）
S（セーフ）
トリガー
ストック
《 M28A2 HEAT弾 》
■発射手順
①ロケット弾のセフティクリップを
抜く。
セフティクリップ
セフティバンド
携行時には2つに分解できる。
②セフティバンドを取り外す。
接点スプリング
③ランチャーに装填する。
④ロケット弾のコードを接点
スプリングに巻き付ける。
朝鮮戦争開戦時、アメリカ軍はM9A1
ロケットランチャーを装備しており、こ
れで敵戦車を破壊できると信じていた。
しかし、北朝鮮軍のT-34-85に効果は
なく、慌ててM20 3.5インチ・ロケット
ランチャーを本国から取り寄せたのは有
名な話だ。M20は、"スーパーバズーカ"
と呼ばれるようになった。
PON
⑤装填手は後方の安全を確
認後、射手の頭を叩いて、
発射準備完了を伝える。
⑥射手がトリガーを引くと、発電した
電流によりロケット弾の推進薬を発火
させて発射する。
光学照準器の
表示はヤード
後方爆風の危険範囲
60°
23m
接点
電気雷管
トリガー
発電子
マグネット
バズーカのニックネームは、1930～1940年代の人
気コメディアン、トム・バーンズが使用していた小道具
の楽器に形状が似ていたことから付けられたんだ。

火砲

迫撃砲

《 M2 60mm迫撃砲 》

フランス軍のMle 1935迫撃砲をベースに、アメリカでライセンス生産された迫撃砲。歩兵小隊の支援に運用された。

〔データ〕
口径：60mm
弾薬：M49A2/A3榴弾、M302白燐発煙弾、M83照明弾
砲身長：726mm
最大射程：1700m
重量：19kg

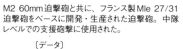

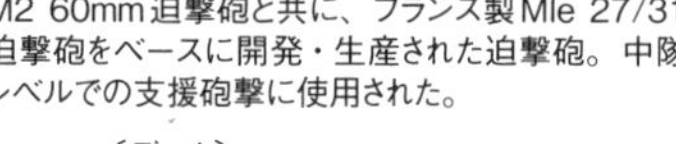

《 M1 81mm迫撃砲 》

M2 60mm迫撃砲と共に、フランス製Mle 27/31迫撃砲をベースに開発・生産された迫撃砲。中隊レベルでの支援砲撃に使用された。

〔データ〕
口径：81.2mm
弾薬：M43A1軽榴弾、M45/M45B1重榴弾、M57FS発煙弾、M57白燐発煙弾、M301照明弾
砲身長：1210mm
最大射程：3010m
重量：61kg

《 M2 4.2インチ迫撃砲 》

化学弾（毒ガス）の投射を目的として開発された重迫撃砲。そのため、当初は化学迫撃砲大隊によって運用された。第二次大戦から化学弾の他に専用の榴弾も採用されて歩兵部隊の支援砲撃も可能となった。他の迫撃砲と違い、砲身は滑腔砲ではなく、ライフリングが切られているのが特徴。

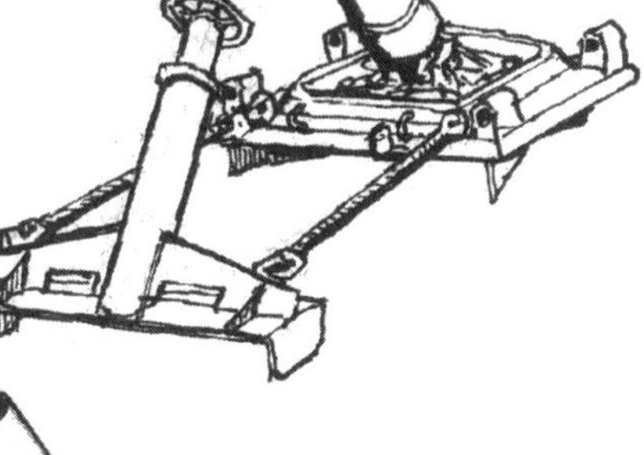

〔データ〕
口径：4.2インチ（107mm）
弾薬：M3榴弾弾、M2白燐発煙弾、M2H化学弾
砲身長：1285mm
最大射程：4000m
重量：161kg

《 Mk.II ML3インチ迫撃砲 》

イギリス軍が1917年に採用した3インチ迫撃砲の改良モデル。アメリカ軍の81mm迫撃砲と同様に、1930年代にフランス製Mle 27/31迫撃砲をベースに製作された。オーストラリア軍やニュージーランド軍では、砲身を短くするなど独自の改良タイプも使用している。

〔データ〕
口径：3.18インチ（81mm）
弾薬：榴弾、白燐発煙弾、発煙弾
砲身長：1370mm
最大射程：2560m
重量：52.4kg

《 Mk.II ML4.2インチ迫撃砲 》

この迫撃砲も当初は、化学弾投射用に開発された。採用当時は化学兵器中隊によって運用されていたが、1943年に同中隊が解体されると、重迫撃砲中隊に配備となった。朝鮮戦争では砲兵連隊所属の迫撃砲大隊で運用されている。

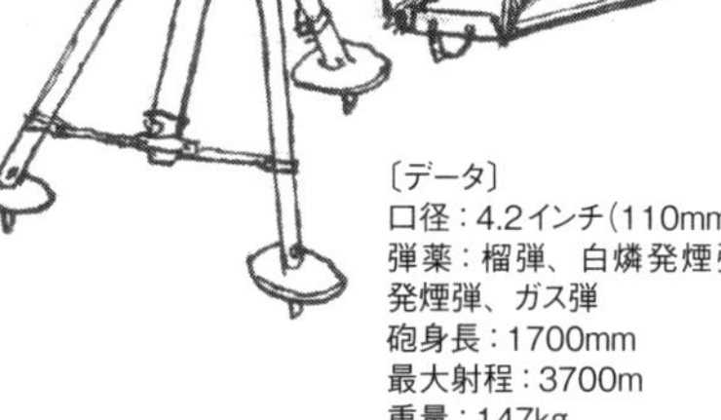

〔データ〕
口径：4.2インチ（110mm）
弾薬：榴弾、白燐発煙弾、発煙弾、ガス弾
砲身長：1700mm
最大射程：3700m
重量：147kg

《 SBML Mk.II**、Mk VII***2インチ迫撃砲》

歩兵小隊用に採用された小型の迫撃砲。バイポッドはなく、簡単な構造のベースプレートが付属する。射撃は砲弾を投入後、トリガーを引いて発射した。

〔データ〕
口径：2インチ（50.8mm）
弾薬：榴弾、白燐発煙弾、発煙弾、照明弾、信号弾
砲身長：530mm
有効射程：460m
重量：4.8kg

無反動砲

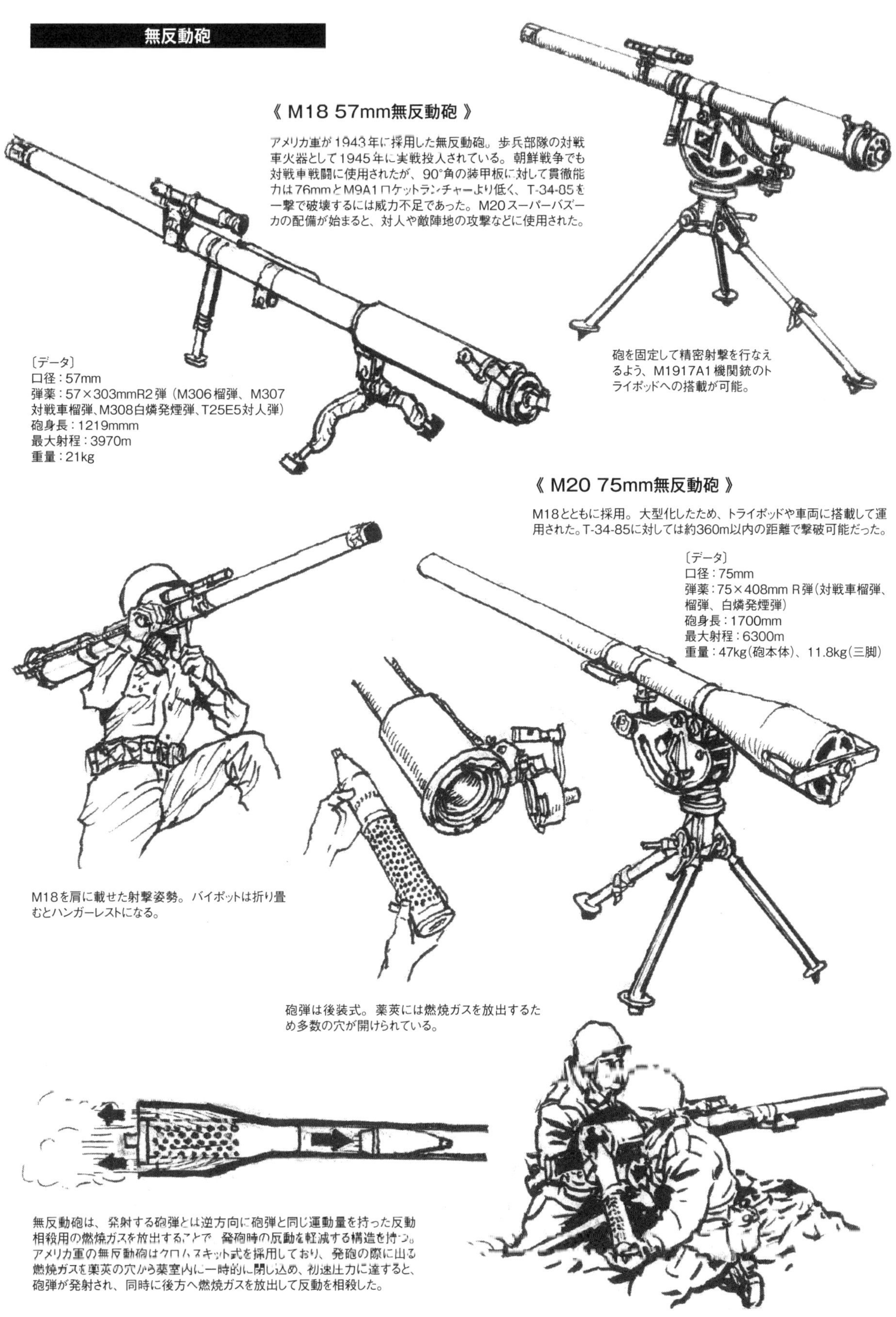

《 M18 57mm無反動砲 》

アメリカ軍が1943年に採用した無反動砲。歩兵部隊の対戦車火器として1945年に実戦投入されている。朝鮮戦争でも対戦車戦闘に使用されたが、90°角の装甲板に対して貫徹能力は76mmとM9A1ロケットランチャーより低く、T-34-85を一撃で破壊するには威力不足であった。M20スーパーバズーカの配備が始まると、対人や敵陣地の攻撃などに使用された。

〔データ〕
口径：57mm
弾薬：57×303mmR2弾（M306榴弾、M307対戦車榴弾、M308白燐発煙弾、T25E5対人弾）
砲身長：1219mmm
最大射程：3970m
重量：21kg

砲を固定して精密射撃を行なえるよう、M1917A1機関銃のトライポッドへの搭載が可能。

《 M20 75mm無反動砲 》

M18とともに採用。大型化したため、トライポッドや車両に搭載して運用された。T-34-85に対しては約360m以内の距離で撃破可能だった。

〔データ〕
口径：75mm
弾薬：75×408mm R弾（対戦車榴弾、榴弾、白燐発煙弾）
砲身長：1700mm
最大射程：6300m
重量：47kg（砲本体）、11.8kg（三脚）

M18を肩に載せた射撃姿勢。バイポッドは折り畳むとハンガーレストになる。

砲弾は後装式。薬莢には燃焼ガスを放出するため多数の穴が開けられている。

無反動砲は、発射する砲弾とは逆方向に砲弾と同じ運動量を持った反動相殺用の燃焼ガスを放出することで、発砲時の反動を軽減する構造を持つ。アメリカ軍の無反動砲はクロムスキット式を採用しており、発砲の際に出る燃焼ガスを薬莢の穴から薬室内に一時的に閉じ込め、初速圧力に達すると、砲弾が発射され、同時に後方へ燃焼ガスを放出して反動を相殺した。

無反動砲は他の火砲と違って、複雑な閉鎖器や駐退復座機構を持たない軽量・小型化された火砲であった。

榴弾砲

《 M1A1 75mm榴弾砲 》

アメリカ軍が1927年に採用した榴弾砲。山岳地帯などで駄載や人力で輸送できるよう6つのパートに分解できる。第二次大戦ではアメリカだけでなく、中華民国軍、イギリス軍空挺部隊などでも運用されていた。戦後は韓国軍にも配備されている。

〔データ〕
口径：75mm
弾薬：75×272mmR弾（M41A1/M48榴弾、M66対戦車榴弾、M64白燐発煙弾/煙幕弾/化学弾）
砲身長：1200mm
重量：653kg（M8マウント型）
最大射程：8925m

《 M2A1 105mm榴弾砲 》

アメリカ軍の主力榴弾砲。M2A1は、歩兵師団の野戦砲兵連隊に配備されて使用された他、自走化のためM3ハーフトラックやM4戦車などの車台に搭載されている。

〔データ〕
口径：105mm
弾薬：105×372mmR弾（M1榴弾、M67対戦車榴弾、M84HC/BE発煙弾、M60白燐発煙弾/発煙弾/化学弾）
砲身長：2360mm
重量：2300kg
最大射程：1万1000m

1門につき操作要員は8名。砲を設置後の緊急時には、3名で射撃が可能だった。

移動の際は2t半トラックで牽引した。

《 M1 155mm榴弾砲 》

M2A1とともに野戦砲兵大隊に配備され使用された。移動時には装軌式のM5高速トラクターによって牽引する。砲弾は薬莢を使用しない弾頭と発射薬が別になった薬嚢式。

〔データ〕
口径：155mm
弾薬：M102/M107榴弾、M105白燐発煙弾/発煙弾、M110白燐発煙弾/発煙弾、M116発煙弾、M110化学弾
砲身長：3564mm
重量：5600kg（戦闘時）、5800kg（移動時）
最大射程：1万4600m

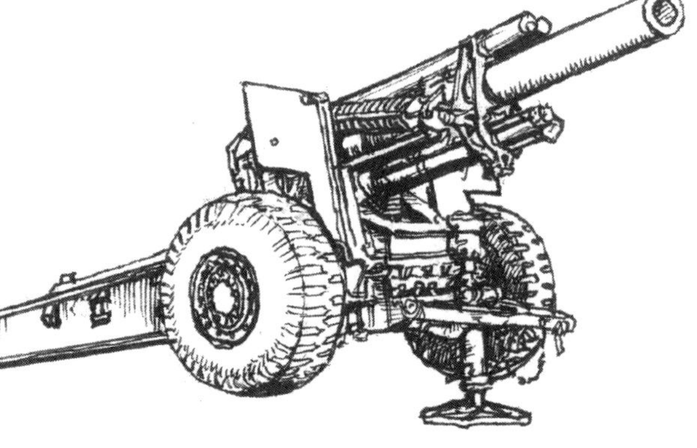

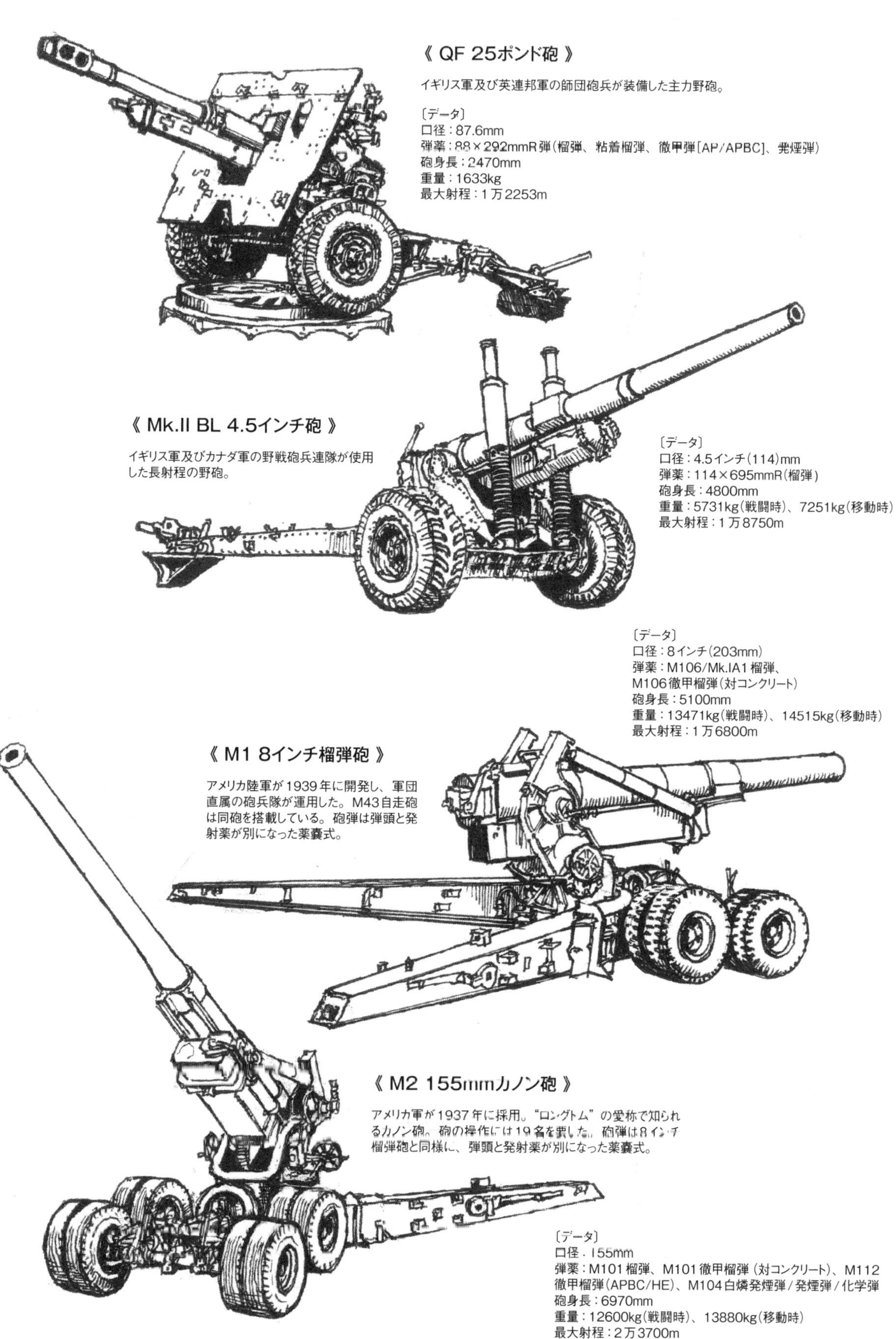

《 QF 25ポンド砲 》

イギリス軍及び英連邦軍の師団砲兵が装備した主力野砲。

〔データ〕
口径：87.6mm
弾薬：88×292mmR弾（榴弾、粘着榴弾、徹甲弾［AP/APBC］、発煙弾）
砲身長：2470mm
重量：1633kg
最大射程：1万2253m

《 Mk.II BL 4.5インチ砲 》

イギリス軍及びカナダ軍の野戦砲兵連隊が使用した長射程の野砲。

〔データ〕
口径：4.5インチ（114）mm
弾薬：114×695mmR（榴弾）
砲身長：4800mm
重量：5731kg（戦闘時）、7251kg（移動時）
最大射程：1万8750m

《 M1 8インチ榴弾砲 》

アメリカ陸軍が1939年に開発し、軍団直属の砲兵隊が運用した。M43自走砲は同砲を搭載している。砲弾は弾頭と発射薬が別になった薬嚢式。

〔データ〕
口径：8インチ（203mm）
弾薬：M106/Mk.IA1榴弾、M106徹甲榴弾（対コンクリート）
砲身長：5100mm
重量：13471kg（戦闘時）、14515kg（移動時）
最大射程：1万6800m

《 M2 155mmカノン砲 》

アメリカ軍が1937年に採用。"ロングトム"の愛称で知られるカノン砲。砲の操作には19名を要した。砲弾は8インチ榴弾砲と同様に、弾頭と発射薬が別になった薬嚢式。

〔データ〕
口径：155mm
弾薬：M101榴弾、M101徹甲榴弾（対コンクリート）、M112徹甲榴弾（APBC/HE）、M104白燐発煙弾/発煙弾/化学弾
砲身長：6970mm
重量：12600kg（戦闘時）、13880kg（移動時）
最大射程：2万3700m

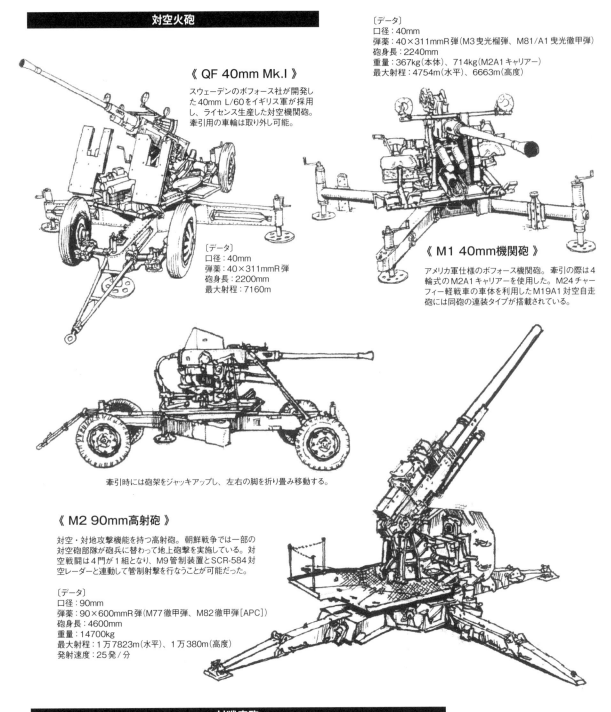

対空火砲

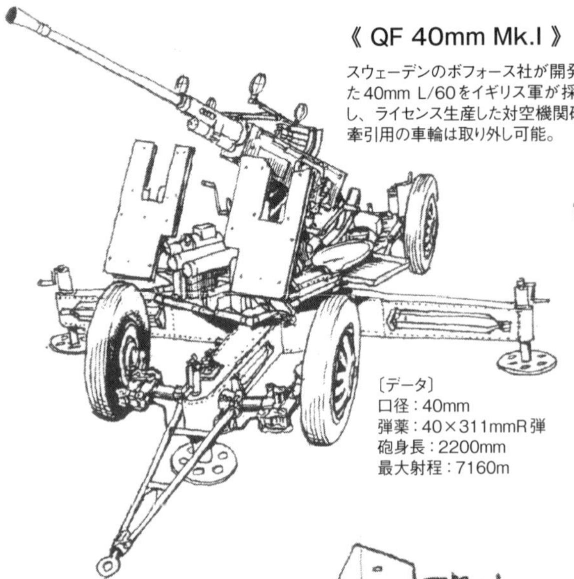

《 QF 40mm Mk.I 》

スウェーデンのボフォース社が開発した40mm L/60をイギリス軍が採用し、ライセンス生産した対空機関砲。牽引用の車輪は取り外し可能。

〔データ〕
口径：40mm
弾薬：40×311mmR弾
砲身長：2200mm
最大射程：7160m

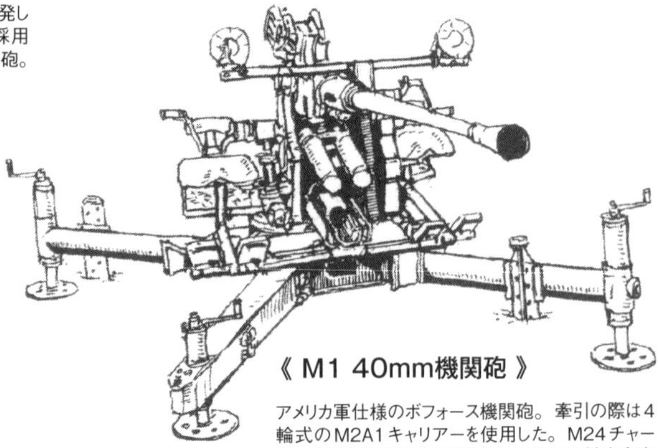

《 M1 40mm機関砲 》

〔データ〕
口径：40mm
弾薬：40×311mmR弾（M3曳光榴弾、M81/A1曳光徹甲弾）
砲身長：2240mm
重量：367kg（本体）、714kg（M2A1キャリアー）
最大射程：4754m（水平）、6663m（高度）

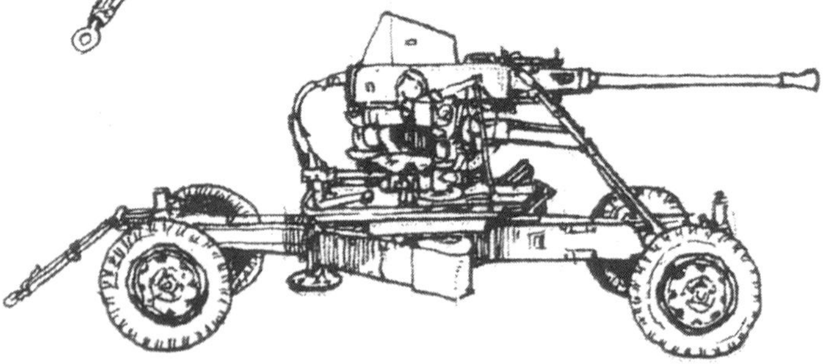

アメリカ軍仕様のボフォース機関砲。牽引の際は4輪式のM2A1キャリアーを使用した。M24チャーフィー軽戦車の車体を利用したM19A1対空自走砲には同砲の連装タイプが搭載されている。

牽引時には砲架をジャッキアップし、左右の脚を折り畳み移動する。

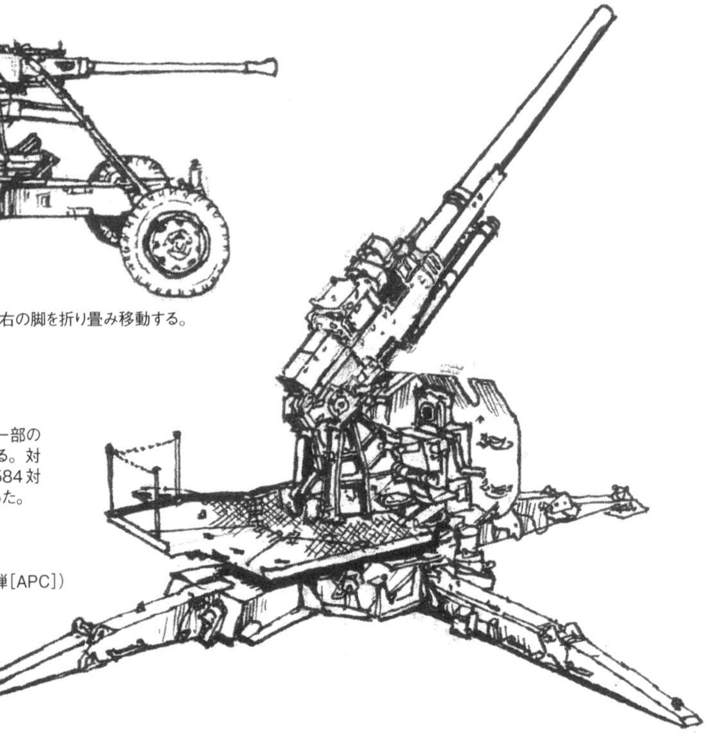

《 M2 90mm高射砲 》

対空・対地攻撃機能を持つ高射砲。朝鮮戦争では一部の対空砲部隊が砲兵に替わって地上砲撃を実施している。対空戦闘は4門が1組となり、M9管制装置とSCR-584対空レーダーと連動して管制射撃を行なうことが可能だった。

〔データ〕
口径：90mm
弾薬：90×600mmR弾（M77徹甲弾、M82徹甲弾[APC]）
砲身長：4600mm
重量：14700kg
最大射程：1万7823m（水平）、1万380m（高度）
発射速度：25発/分

対戦車砲

《 M1 57mm対戦車砲 》

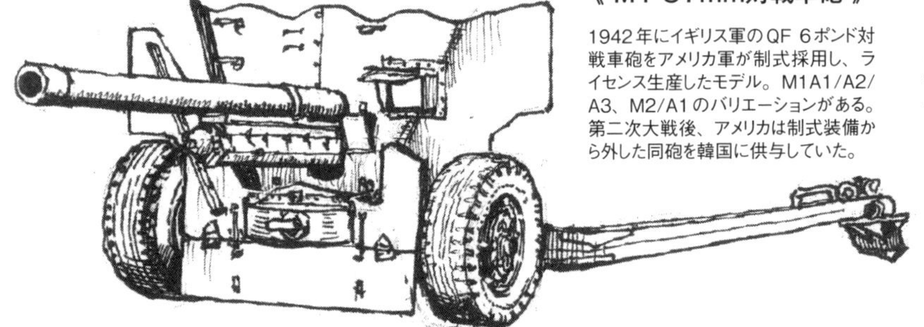

1942年にイギリス軍のQF 6ポンド対戦車砲をアメリカ軍が制式採用し、ライセンス生産したモデル。M1A1/A2/A3、M2/A1のバリエーションがある。第二次大戦後、アメリカは制式装備から外した同砲を韓国に供与していた。

〔データ〕
口径：57mm
弾薬：57×441mmR弾（M70徹甲弾、M86徹甲弾[APCR]、T18榴弾、T17対人弾）
砲身長：2820mm
重量：1215kg
最大射程：4600m

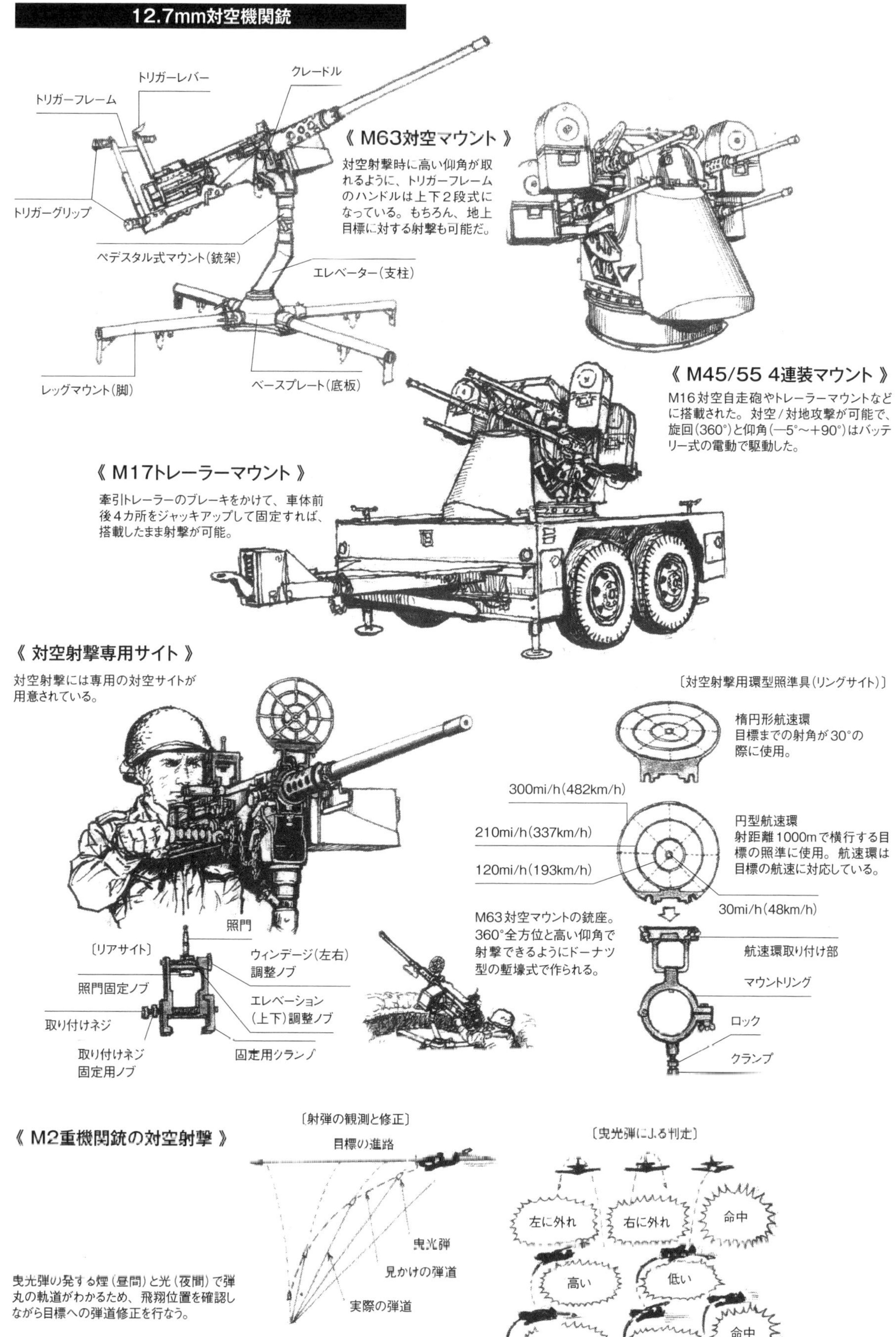
12.7mm対空機関銃
トリガーレバー
クレードル
トリガーフレーム
トリガーグリップ
ペデスタル式マウント(銃架)
エレベーター(支柱)
レッグマウント(脚)
ベースプレート(底板)
《 M63対空マウント 》
対空射撃時に高い仰角が取れるように、トリガーフレームのハンドルは上下2段式になっている。もちろん、地上目標に対する射撃も可能だ。
《 M45/55 4連装マウント 》
M16対空自走砲やトレーラーマウントなどに搭載された。対空/対地攻撃が可能で、旋回(360°)と仰角(—5°~+90°)はバッテリー式の電動で駆動した。
《 M17トレーラーマウント 》
牽引トレーラーのブレーキをかけて、車体前後4カ所をジャッキアップして固定すれば、搭載したまま射撃が可能。
《 対空射撃専用サイト 》
対空射撃には専用の対空サイトが用意されている。
〔対空射撃用環型照準具(リングサイト)〕
楕円形航速環
目標までの射角が30°の際に使用。
300mi/h(482km/h)
210mi/h(337km/h)
120mi/h(193km/h)
30mi/h(48km/h)
円型航速環
射距離1000mで横行する目標の照準に使用。航速環は目標の航速に対応している。
照門
〔リアサイト〕
ウィンデージ(左右)調整ノブ
照門固定ノブ
エレベーション(上下)調整ノブ
取り付けネジ
取り付けネジ固定用ノブ
固定用クランプ
M63対空マウントの銃座。360°全方位と高い仰角で射撃できるようにドーナツ型の塹壕式で作られる。
航速環取り付け部
マウントリング
ロック
クランプ
《 M2重機関銃の対空射撃 》
〔射弾の観測と修正〕
目標の進路
曳光弾
見かけの弾道
実際の弾道
曳光弾の発する煙(昼間)と光(夜間)で弾丸の軌道がわかるため、飛翔位置を確認しながら目標への弾道修正を行なう。
〔曳光弾による判定〕
左に外れ
右に外れ
命中
高い
低い
やや高い
やや低い
命中

戦車及び戦闘車両

アメリカ軍を中心とした国連軍が装備していた戦車などの車両は第二次大戦前と大戦中、そして大戦直後にアメリカやイギリスで開発・採用されたモデルである。車種はトラック、装甲車、水陸両用車、自走砲、戦車など多種多様で、大戦末期に採用された車両の中には、朝鮮戦争が初の実戦運用となったものもあった。

M24チャーフィー軽戦車

M3、M5軽戦車の後継車両として1944年7月、アメリカ軍が採用した軽戦車。避弾経始のデザインで設計された砲塔や車体、さらに軽戦車でありながら75mm砲を搭載するなど、それまでの軽戦車より防御力と火力に優れた車両である。愛称はアメリカ陸軍機甲部隊創設に尽力したアドナ・R・チャーフィー・ジュニア少将から採られている。

M24は、第二次大戦1944年12月のバルジの戦いから実戦投入され、機甲部隊の偵察大隊に配備された。軽戦車としては、非常に優れた車両だったが、朝鮮戦争の緒戦ではT-34-85を相手に、主砲の威力不足と防御力の弱さから苦戦することになる。

〔データ〕
全長：5.56m
車体長：5.03m
全幅：2.75m
全高：2.77m
重量：18.4t
エンジン：ツインキャデラックモデル44T42　V型8気筒液冷ガソリン
装甲厚：10～38mm
武装：M6 76mm戦車砲×1、M1919A4機銃×2、M2重機銃×1
乗員：5名

《 M24の内部構造 》

❶M6 75mm戦車砲
❷M64連動砲架（ジャイロ安定装置付き）
❸M1919A4同軸機関銃
❹発煙弾発射器（初期型）
❺車長用キューポラ
❻M2重機関銃
❼機関銃マウント
❽雑具箱
❾薬莢排出口
❿ベンチレーター
⓫副操縦手兼機銃手席（M24は、複式操縦機構を搭載していたため、ここにもステアリング、ブレーキレバーを備えており、必要な際には操縦手に代わって操作できた）
⓬M1919A4車体機関銃
⓭コントロールディファレンシャル（操向変速機）
⓮操向レバー
⓯トランスファーシフトレバー
⓰起動輪
⓱操縦席
⓲砲塔旋回コントロールボックス
⓳主砲弾薬収納ラック
⓴転輪
㉑上部支援輪
㉒誘導輪

M4A3E8シャーマン中戦車

第二次大戦のアメリカ軍主力中戦車であったM4シャーマンは、大戦終結までに多様なバリエーションが製造された。M4A3E8はM4の最終型で1944年7月～1945年4月までに2617両が生産された。サスペンションは垂直懸架（VVSS）から水平懸架（HVSS）方式に変更され、主砲もより強力なM1A2を搭載している。T-34-85の85mm砲に対する防御力は低かったものの、搭載する52口径76.2mm戦車砲によってT-34-85を撃破することは可能であった。

〔データ〕
全長：7.54m
全幅：2.99m
全高：2.97m
重量：33.6t
エンジン：フォードGAA V型8気筒液冷ガソリン
装甲厚：12.7～107.95mm
武装：M1A2 76.2mm砲×1、M1919A4機銃×2、M2重機銃×1
乗員：5名

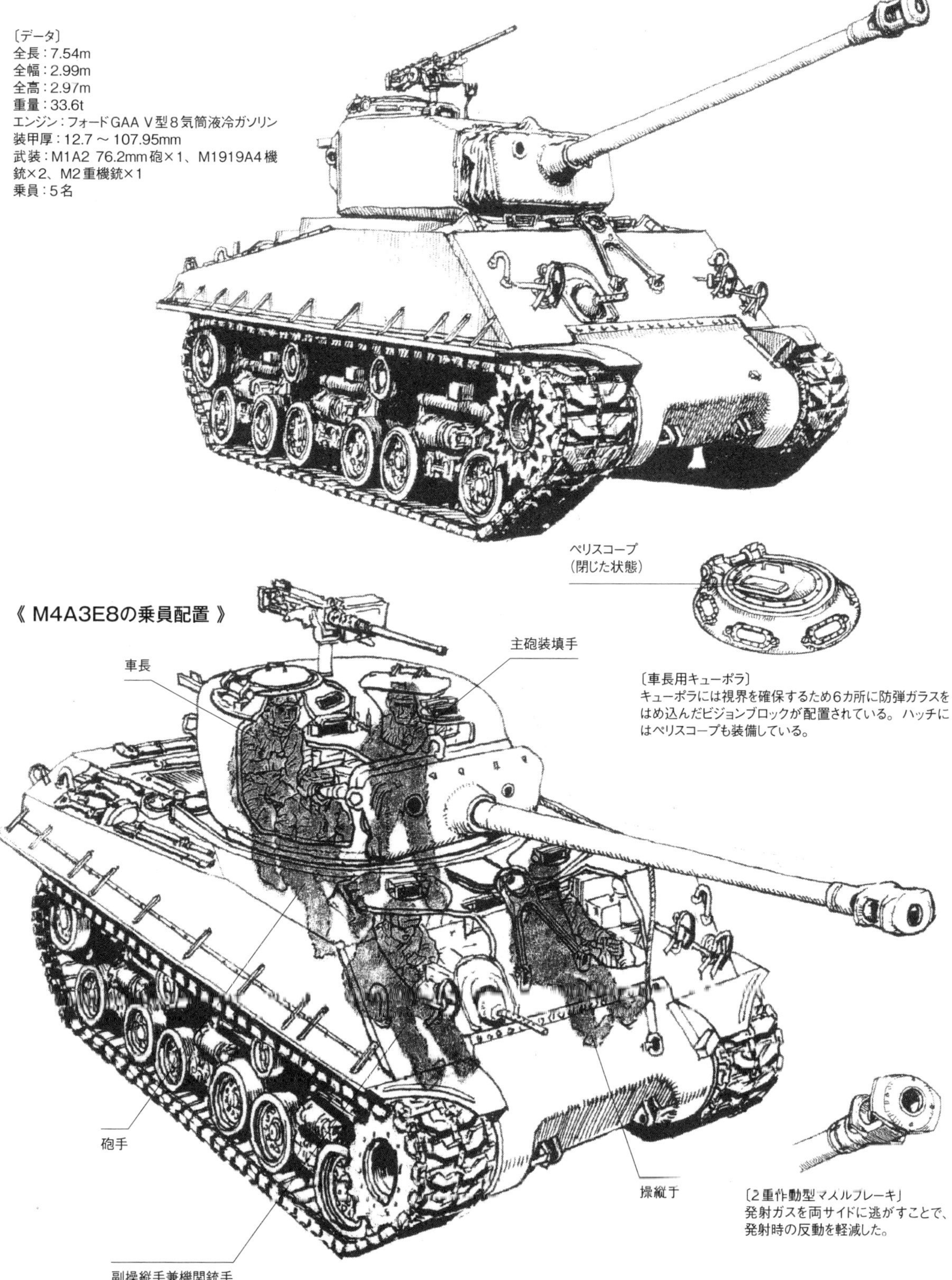
ペリスコープ
（閉じた状態）
《 M4A3E8の乗員配置 》
車長
主砲装填手
砲手
操縦手
副操縦手兼機関銃手

〔車長用キューポラ〕
キューポラには視界を確保するため6カ所に防弾ガラスをはめ込んだビジョンブロックが配置されている。ハッチにはペリスコープも装備している。

〔2重作動型マズルブレーキ〕
発射ガスを両サイドに逃がすことで、発射時の反動を軽減した。

《 M4A3E8の車体構造 》

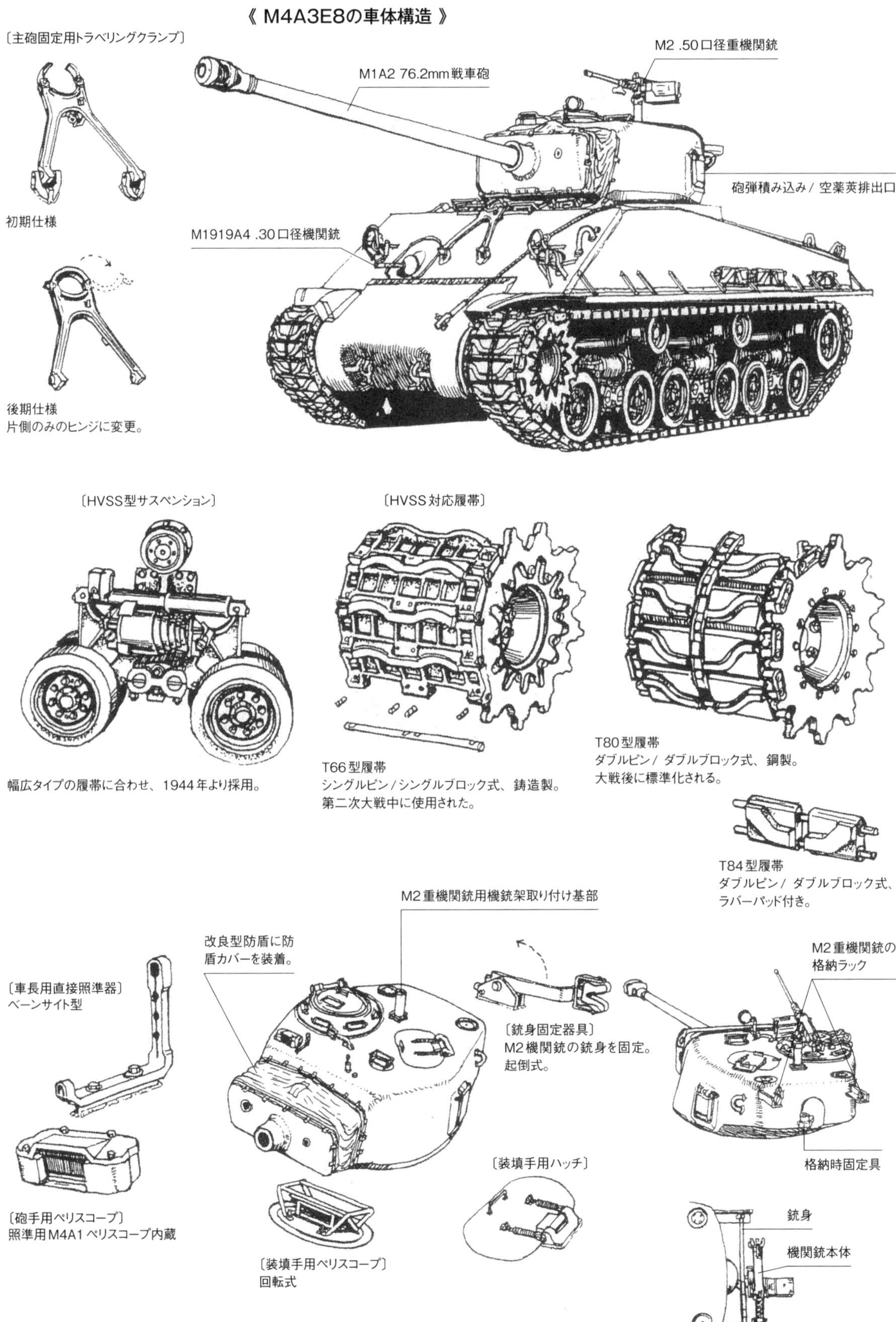

〔主砲固定用トラベリングクランプ〕
初期仕様
後期仕様
片側のみのヒンジに変更。
M2 .50口径重機関銃
M1A2 76.2mm戦車砲
砲弾積み込み／空薬莢排出口
M1919A4 .30口径機関銃
〔HVSS型サスペンション〕
幅広タイプの履帯に合わせ、1944年より採用。
〔HVSS対応履帯〕
T66型履帯
シングルピン／シングルブロック式、鋳造製。
第二次大戦中に使用された。
T80型履帯
ダブルピン／ダブルブロック式、鋼製。
大戦後に標準化される。
T84型履帯
ダブルピン／ダブルブロック式、
ラバーパッド付き。
M2重機関銃用機銃架取り付け基部
改良型防盾に防
盾カバーを装着。
〔車長用直接照準器〕
ベーンサイト型
〔銃身固定器具〕
M2機関銃の銃身を固定。
起倒式。
M2重機関銃の
格納ラック
格納時固定具
〔砲手用ペリスコープ〕
照準用M4A1 ペリスコープ内蔵
〔装填手用ハッチ〕
〔装填手用ペリスコープ〕
回転式
銃身
機関銃本体

M4のバリエーション

《 M4A3 105mm榴弾砲搭載型 》

M2 105mm榴弾砲を車載型に改良したM4 105mm榴弾砲を搭載。機甲部隊に所属する歩兵部隊の支援用に生産されたバリエーション。

《 M4A3火炎放射戦車 》

アメリカ軍の火炎放射戦車は、第二次大戦時に太平洋戦線で使用するため開発された。この105mm榴弾砲搭載型に搭載された火炎放射器はPOA-CWS-H5システムと呼ばれるタイプで、主砲の機能を生かしたまま、火炎放射器が使用できるように防盾に主砲と同軸で搭載していた。

《 M32A1B3戦車回収車 》

M4A3をベースに造られた特殊車両。戦場で破損、故障した車両の回収や不整地からの救出などに使用される。車内に装備されたウインチとクレーンアームを使用して砲塔やエンジンなどの重量物の吊り上げも可能だった。

《 砲塔機関銃のバリエーション 》

朝鮮戦争では共産軍の肉薄攻撃に対応するため、砲塔に装備する機関銃の取り付け位置を変更したり、増設するなどの改造が現地部隊において行なわれた。

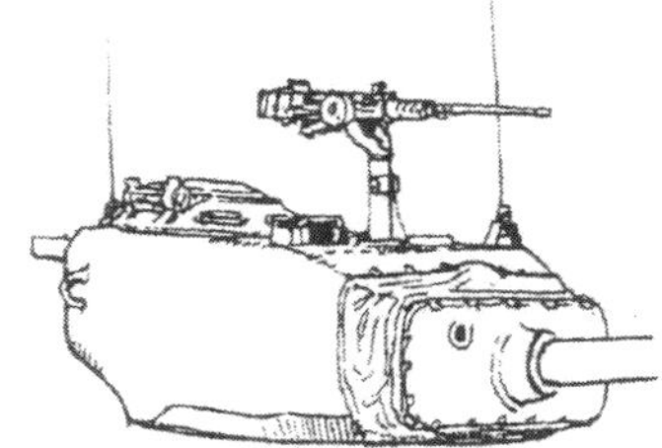

M2重機関銃の機銃架を前部に設置した例。

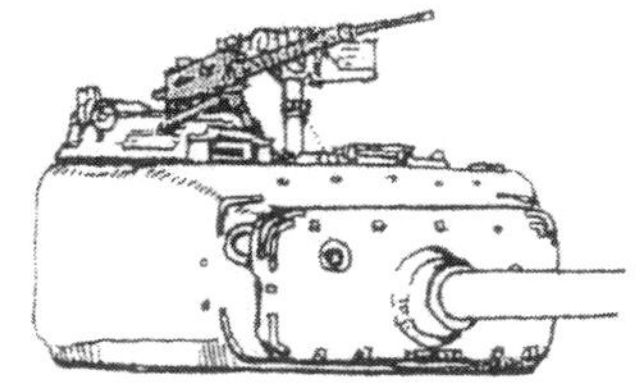

車長キューポラにM1919A4機関銃を増設した例。

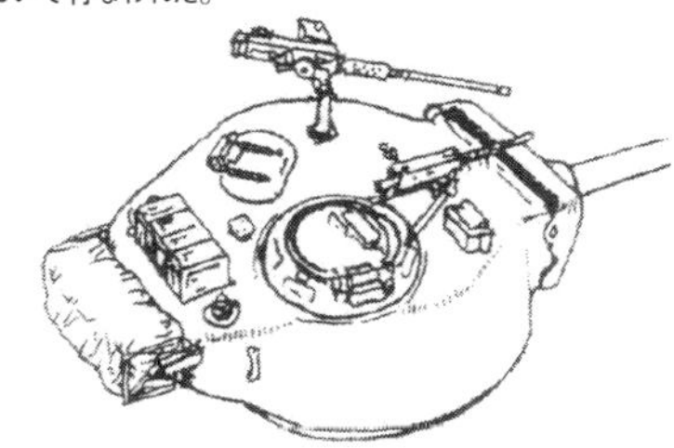

車長キューポラにM1919A4機関銃を増設し、さらにM2の機銃架を砲塔左側前部に移設した例。

《 M4ドーザーブレード装着型 》

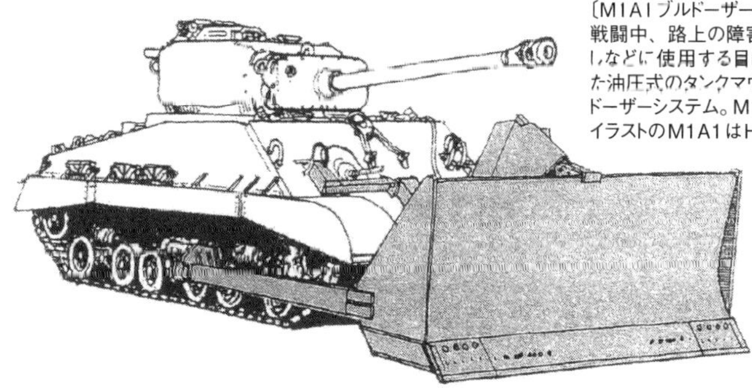

〔M1A1ブルドーザー〕
戦闘中、路上の障害物の排除や爆破孔の埋め戻しなどに使用する目的で、M4戦車用に開発された油圧式のタンクマウンティング（戦車車装式）ブルドーザーシステム。M1がVVSSサスペンション用で、イラストのM1A1はHVSSサスペンション用になる。

〔M2ブルドーザー〕
M1の改良モデル。

M26パーシング中戦車

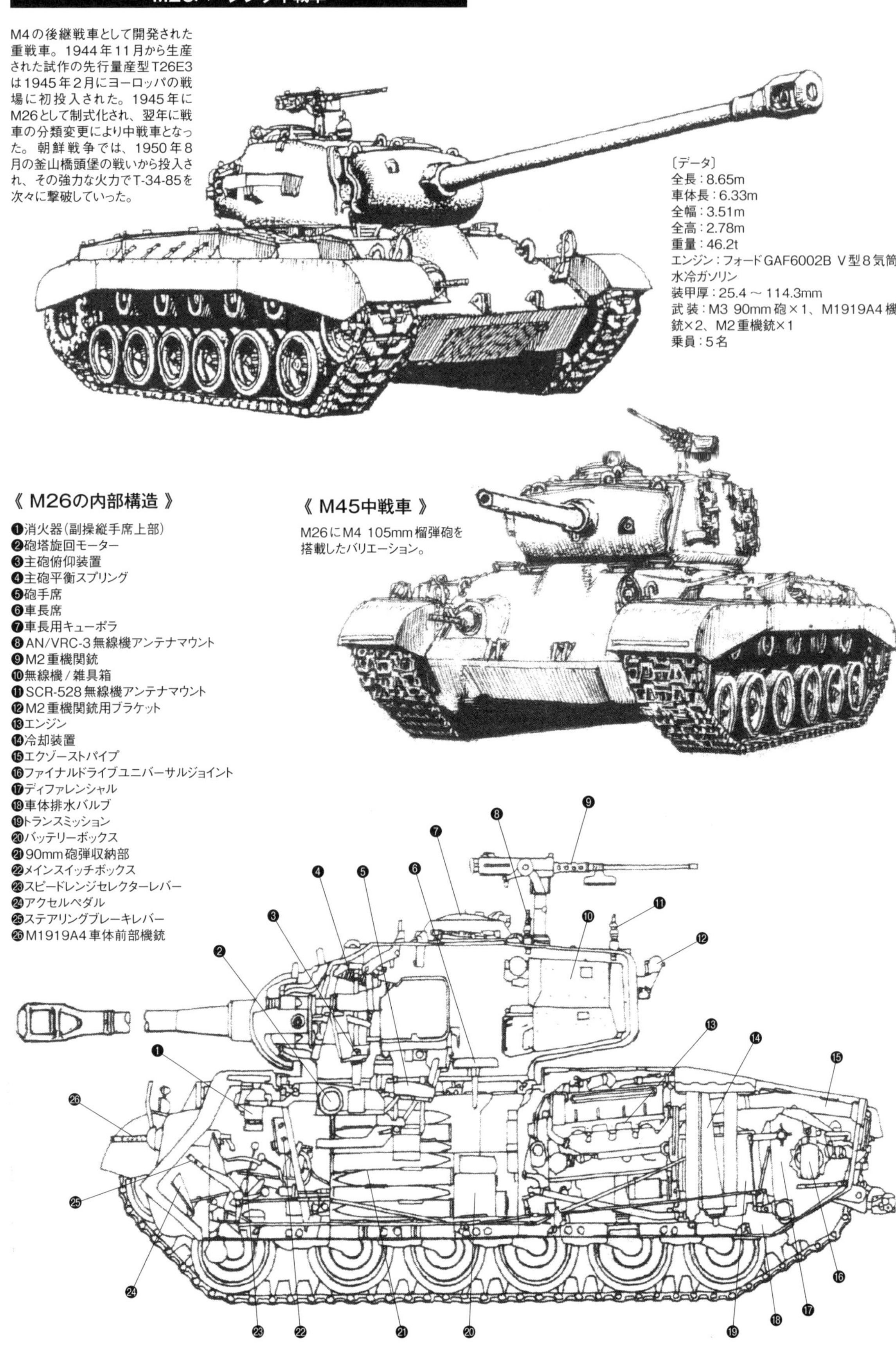

M4の後継戦車として開発された重戦車。1944年11月から生産された試作の先行量産型T26E3は1945年2月にヨーロッパの戦場に初投入された。1945年にM26として制式化され、翌年に戦車の分類変更により中戦車となった。朝鮮戦争では、1950年8月の釜山橋頭堡の戦いから投入され、その強力な火力でT-34-85を次々に撃破していった。

〔データ〕
全長：8.65m
車体長：6.33m
全幅：3.51m
全高：2.78m
重量：46.2t
エンジン：フォードGAF6002B V型8気筒水冷ガソリン
装甲厚：25.4～114.3mm
武装：M3 90mm砲×1、M1919A4機銃×2、M2重機銃×1
乗員：5名

《 M45中戦車 》

M26にM4 105mm榴弾砲を搭載したバリエーション。

《 M26の内部構造 》

❶消火器（副操縦手席上部）
❷砲塔旋回モーター
❸主砲俯仰装置
❹主砲平衡スプリング
❺砲手席
❻車長席
❼車長用キューポラ
❽AN/VRC-3無線機アンテナマウント
❾M2重機関銃
❿無線機/雑具箱
⓫SCR-528無線機アンテナマウント
⓬M2重機関銃用ブラケット
⓭エンジン
⓮冷却装置
⓯エクゾーストパイプ
⓰ファイナルドライブユニバーサルジョイント
⓱ディファレンシャル
⓲車体排水バルブ
⓳トランスミッション
⓴バッテリーボックス
㉑90mm砲弾収納部
㉒メインスイッチボックス
㉓スピードレンジセレクターレバー
㉔アクセルペダル
㉕ステアリングブレーキレバー
㉖M1919A4車体前部機銃

M46パットン中戦車

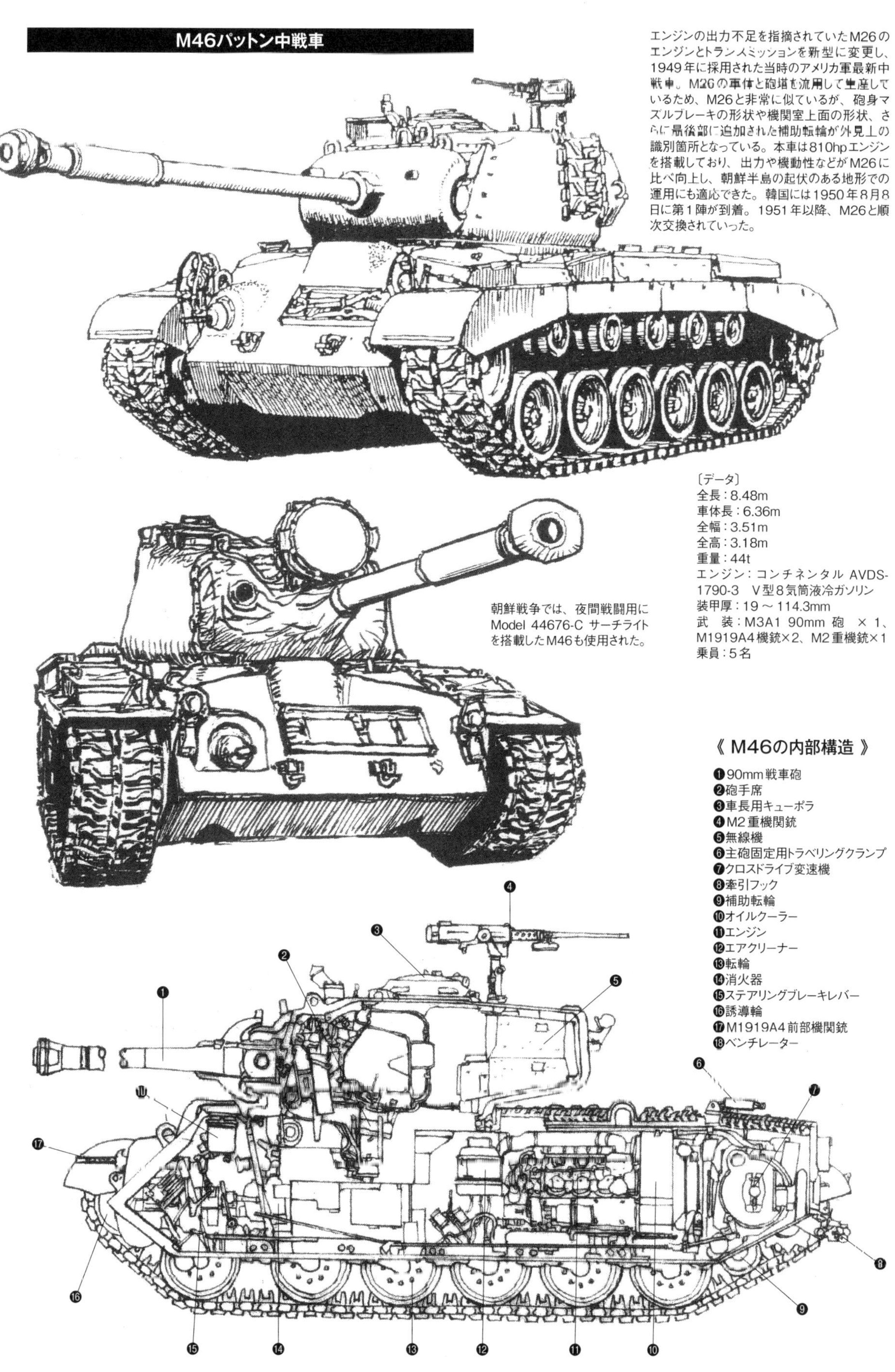

エンジンの出力不足を指摘されていたM26のエンジンとトランスミッションを新型に変更し、1949年に採用された当時のアメリカ軍最新中戦車。M26の車体と砲塔を流用して生産しているため、M26と非常に似ているが、砲身マズルブレーキの形状や機関室上面の形状、さらに最後部に追加された補助転輪が外見上の識別箇所となっている。本車は810hpエンジンを搭載しており、出力や機動性などがM26に比べ向上し、朝鮮半島の起伏のある地形での運用にも適応できた。韓国には1950年8月8日に第1陣が到着。1951年以降、M26と順次交換されていった。

〔データ〕
全長：8.48m
車体長：6.36m
全幅：3.51m
全高：3.18m
重量：44t
エンジン：コンチネンタル AVDS-1790-3　V型8気筒液冷ガソリン
装甲厚：19～114.3mm
武　装：M3A1 90mm 砲　×1、M1919A4機銃×2、M2重機銃×1
乗員：5名

朝鮮戦争では、夜間戦闘用にModel 44676-C サーチライトを搭載したM46も使用された。

《 M46の内部構造 》

❶90mm戦車砲
❷砲手席
❸車長用キューポラ
❹M2重機関銃
❺無線機
❻主砲固定用トラベリングクランプ
❼クロスドライブ変速機
❽牽引フック
❾補助転輪
❿オイルクーラー
⓫エンジン
⓬エアクリーナー
⓭転輪
⓮消火器
⓯ステアリングブレーキレバー
⓰誘導輪
⓱M1919A4前部機関銃
⓲ベンチレーター

アメリカ軍の自走砲

《 M19対空自走砲 》

機甲部隊の防空車両として開発された。M24軽戦車の車台を利用し、40mm連装機関砲を搭載している。第二次大戦中に採用されていたが、実戦投入は朝鮮戦争からとなった。

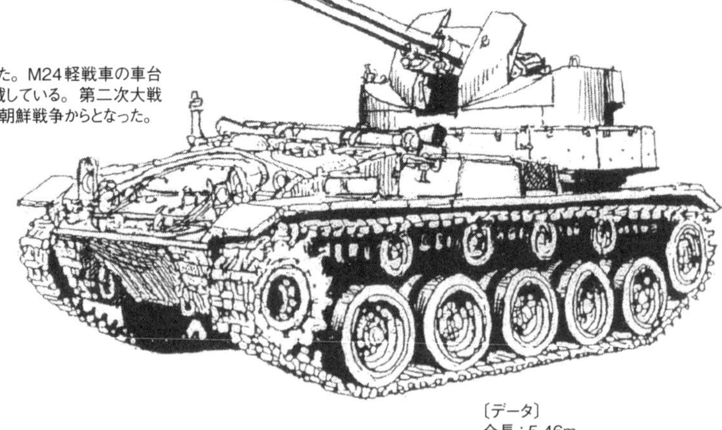

〔データ〕
全長：5.46m
車体長：6.36m
全幅：2.84m
全高：2.99m
重量：17.4t
エンジン：ツインキャデラックモデル44T42　V型8気筒液冷ガソリン
武装：ボフォースM2 40mm機関砲×2、M2重機銃×1
乗員：6名

《 M37 105mm自走榴弾砲 》

M7プリースト自走砲の後継車両として開発された自走榴弾砲。車台はM24軽戦車をベースにしている。第二次大戦には間に合わず、この車両も朝鮮戦争が初陣であった。

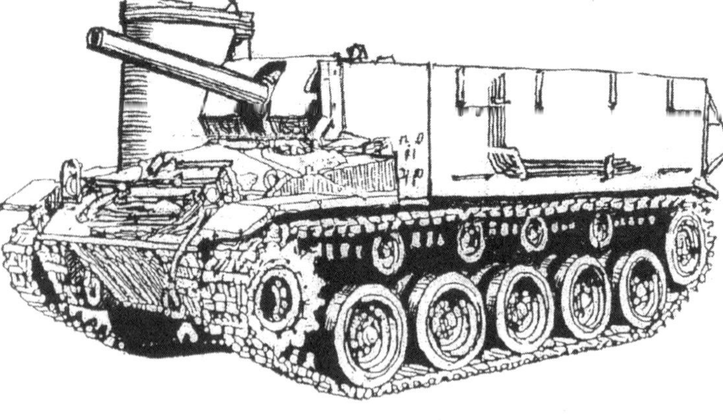

〔データ〕
全長：5.52m
全幅：3.0m
全高：2.23m
重量：18t
エンジン：ツインキャデラックモデル44T42　V型8気筒液冷ガソリン
武装：M4 105mm榴弾砲×1、M2重機銃×1
乗員：7名

《 M41 155mm自走榴弾砲 》

M37と同様にM24軽戦車の車台を利用しているが、エンジンを車体中央に配置することで、砲を後方に搭載している。本車も第二次大戦には間に合わず、朝鮮戦争が初陣となった。

〔データ〕
全長：5.8m
全幅：2.87m
全高：2.4m
重量：19.3t
エンジン：コンチネンタルR975-C4 9気筒空冷ガソリン
武装：M1 155mm榴弾砲×1、M2重機銃×1
乗員：7名

《 M39汎用装甲車 》

第二次大戦で使用されたM18ヘルキャット駆逐戦車の車台を利用した装甲車。本来はM5 3インチ対戦車砲の牽引車として開発されたが、大戦中は牽引車としてのみならず、指揮・偵察装甲車に改造し運用している。朝鮮戦争では最前線への兵員・物資輸送に活躍した。

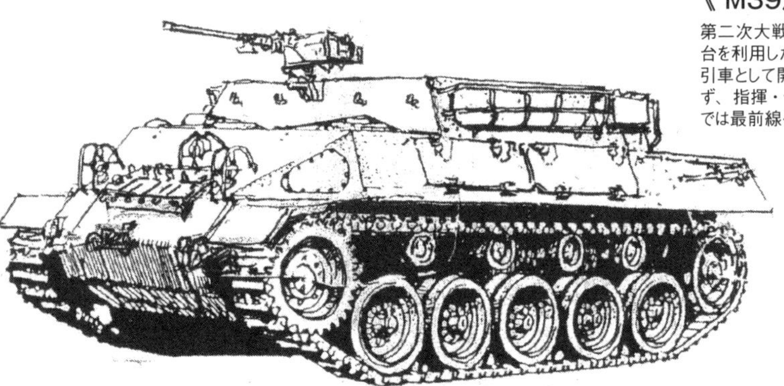

〔データ〕
全長：5.28m
全幅：2.87m
全高：2.03m
重量：15.17t
エンジン：ツインキャデラックモデル44T42 V型8気筒液冷ガソリン
装甲厚：4.8～12.7mm
武装：M2重機銃×1
乗員：3名

《 M40 155mm自走カノン砲 》

1945年3月にアメリカ軍が制式採用した自走カノン砲。M4A3の車体をベースにカノン砲を搭載するために車幅を広くするなど新たに設計し直された。サスペンションはM4A3E8と同じHVSS式を採用。第二次大戦末期のヨーロッパ戦線に投入されているが、実質的な実戦運用は朝鮮戦争が初めてだった。

〔データ〕
全長：9.1m
全幅：3.15m
全高：2.7m
重量：36.3t
エンジン：コンチネンタルR975 EC2 9気筒空冷ガソリン
武装：M2 155mmカノン砲×1
乗員：8名

《 M43 203mm自走榴弾砲 》

M40と同じ車台を利用して造られた自走榴弾砲。M12自走榴弾砲の後継車両として開発されていたため、当初約500両の生産を予定していたが、第二次大戦終結により減産され、M40からの改造を含めて生産数はわずか48両だった。1945年3月に制式化されたため、朝鮮戦争が初の実戦投入となった。

〔データ〕
全長：7.34m
全幅：3.15m
全高：3.27m
重量：37.6t
エンジン：コンチネンタルR975 EC2 9気筒空冷ガソリン
武装：M1 203mm榴弾砲×1
乗員：8名

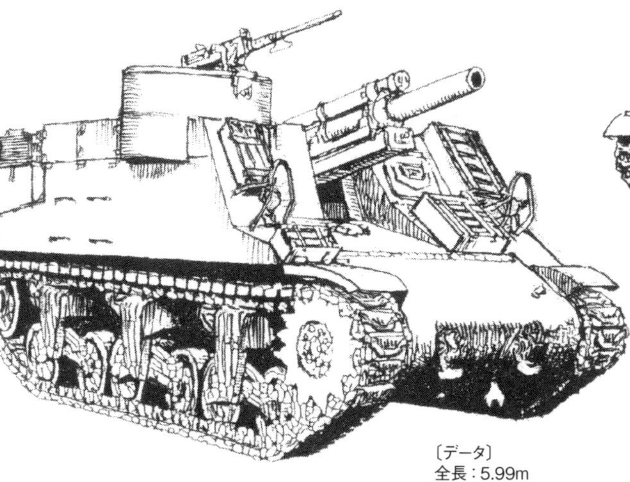

《M7B2プリースト自走砲 》

1943年に採用され、第二次大戦で活躍した105mm榴弾砲搭載自走砲。M7自走砲は当初、M3中戦車の車台を利用して製造されたが、後にM4の車台を用いたM7B1が造られた。M7B2は、朝鮮の山岳地帯での砲撃に対応するためにB1よりも主砲の設置位置を高くした改良型。この改造でそれまで35°だった最大仰角は65°に向上した。

〔データ〕
全長：5.99m
全幅：2.82m
全高：2.58m
重量：23t
エンジン：フォードGAA V型8気筒水冷ガソリン
武装:M1 105mm榴弾砲×1、M2重機関銃×1
乗員：7名

《M16自走対空機関銃 》

M3ハーフトラックをベースにキャビン部分を再設計し、M45 4連装対空マウントを搭載している。4連装M2重機関銃の威力からミートチョッパーの愛称でも呼ばれた。朝鮮戦争では本来の対空任務は少なく、地上目標の攻撃に使用されることが多かった。

〔データ〕
全長：6.5m
全幅：2.16m
全高：2.34m
重量：9t
エンジン：ホワイト160AX 6気筒水冷ガソリン
装甲厚：12mm
武装：M2重機関銃×4
乗員：5名

《M15A1自走対空機関砲 》

M3ハーフトラックの車体後部に37mm機関砲1門とM2重機関銃2挺を備えた旋回式砲塔を搭載。砲塔は上部と後部が開放式のオープントップ型となっている。M15A1は、機甲部隊などの対空砲大隊に配備されたが、M16と同様に朝鮮戦争では地上支援攻撃にも使用された。

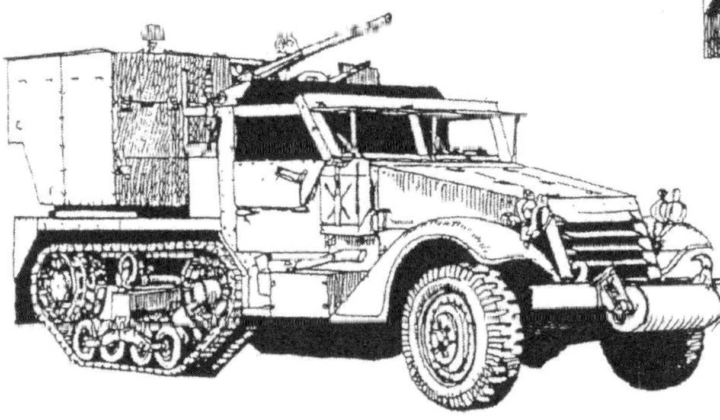

〔データ〕
全長：6.17m
全幅：2.24m
全高：2.39m
重量：9.1t
エンジン：ホワイト160AX 6気筒水冷ガソリン
装甲厚：12mm
武装：M1 37mm機関砲×1、M2重機関銃×2
乗員：7名

アメリカ軍の装甲車

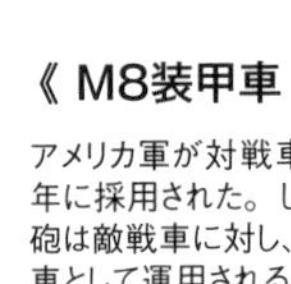

《 M8装甲車 》

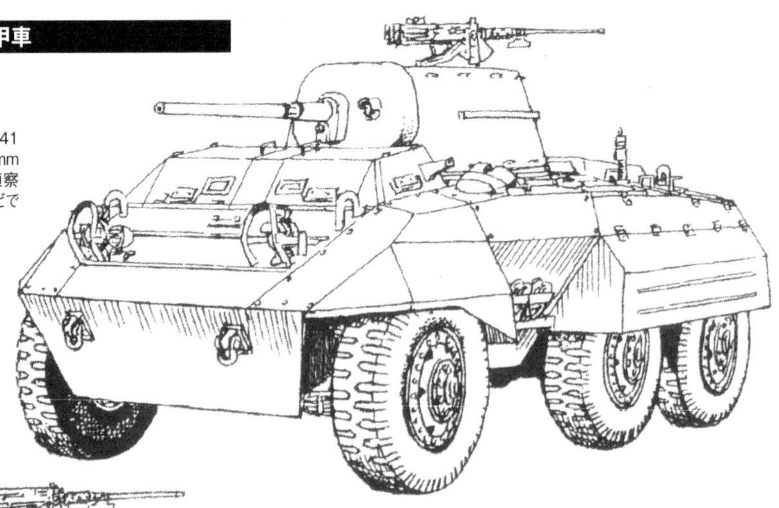

アメリカ軍が対戦車戦闘を目的に開発を始め、1941年に採用された。しかし、採用時には搭載する37mm砲は敵戦車に対し、威力不足と判断されたため、偵察車として運用される。第二次大戦後は、憲兵隊などで警備や警護車両として使用されていた。

〔データ〕
全長：5m
全幅：2.54m
全高：2.25m
重量：7.89t
エンジン：ヘラクレスJXD 6気筒水冷ガソリン
装甲厚：9.5 ～ 25.4mm
武装：M6 37mm砲×1、M1919A4機関銃×1、M2重機関銃×1
乗員：4名

《 M20装甲車 》

オープントップの兵員室を設けたM8装甲車のバリエーション。戦闘室には乗員以外に4名が搭乗できた。偵察や指揮・通信任務用と輸送用の2種類が造られている。

〔データ〕
全高：2.31m
重量：7.1t
エンジン：ヘラクレスJXD 6気筒水冷ガソリン
装甲厚：6 ～ 19mm
武装：M2重機関銃×1
乗員：2名（4名）

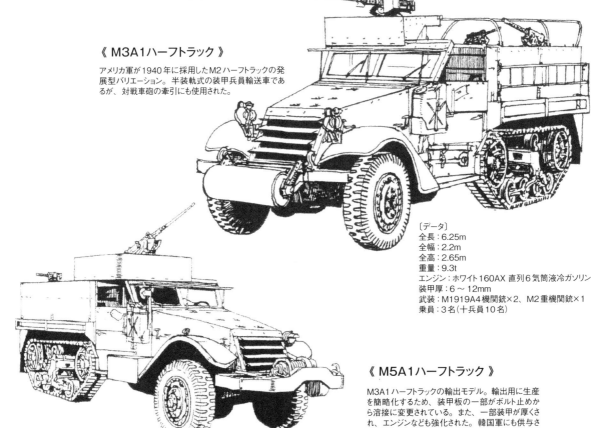

《 M3A1ハーフトラック 》

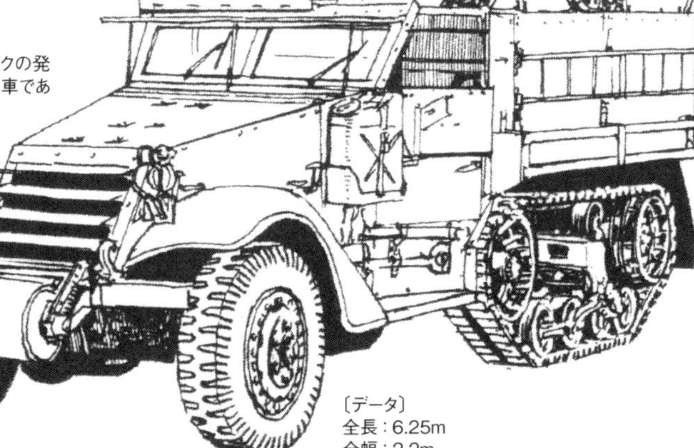

アメリカ軍が1940年に採用したM2ハーフトラックの発展型バリエーション。半装軌式の装甲兵員輸送車であるが、対戦車砲の牽引にも使用された。

〔データ〕
全長：6.25m
全幅：2.2m
全高：2.65m
重量：9.3t
エンジン：ホワイト160AX 直列6気筒液冷ガソリン
装甲厚：6 ～ 12mm
武装：M1919A4機関銃×2、M2重機関銃×1
乗員：3名（十兵員10名）

《 M5A1ハーフトラック 》

M3A1ハーフトラックの輸出モデル。輸出用に生産を簡略化するため、装甲板の一部がボルト止めから溶接に変更されている。また、一部装甲が厚くされ、エンジンなども強化された。韓国軍にも供与されている。

アメリカ軍のトラックなど

《 1/4tトラック 》

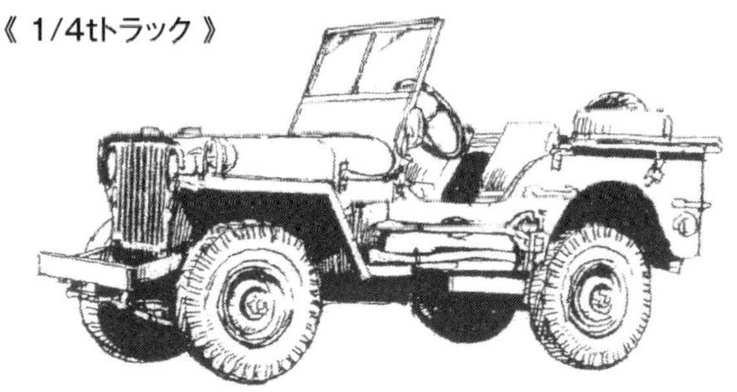

“ジープ”の愛称で有名な4輪駆動の小型トラック。偵察、連絡など多用途に使用された。ウィリスオーバーランド社製はMB、フォード社製はGPWと呼ばれる。

《 11/2t貨物トラック 》

アメリカ陸軍の要求によりGM社が製作したG506ベースの4輪駆動トラック。最大積載量約1t。

《 3/4t WC51トラック 》

“ビープ（Beep）”あるいは“ダッジウェポンキャリア”の愛称で呼ばれた4輪駆動トラック。兵員・物資輸送に使用された。最大積載量は約800kg。同型でウインチ搭載タイプのWC52もある。

《 11/2t WC62貨物トラック 》

ダッジWCシリーズの1.5t 6輪駆動トラック。最大積載量約1.5t。同型でウインチを搭載しないタイプがWC61。

《 GMC CCKW 353 2 1/2t貨物トラック 》

クローズキャブ型の2.5t 6輪駆動トラック。353はホイルベースが4.24mのロングホイールベース型で最大積載量は約2.2t。他に3.68mのショートホイールベース型の352も造られている。

《 CCKW 353オープンキャブ型 》

キャブはオープンタイプ、屋根とドアは取り外し可能なキャンバス製になった353のバリエーション。このタイプは、1944年から製造された。また、金属製の荷台は床とフレーム以外が木製に変更されている。最大積載量約2.2t。

《 M25戦車運搬車 》

“ドラゴン・ワゴン”の愛称で呼ばれた戦車運搬車。運搬・回収用のM26トラクターとM15トレーラーで構成されている。前線での使用要求により設計されたM26トラクターは、キャブ部分が9～19mm厚の装甲板で造られており、6輪駆動で約60tの牽引力があった。

アメリカ軍の水陸両用車両

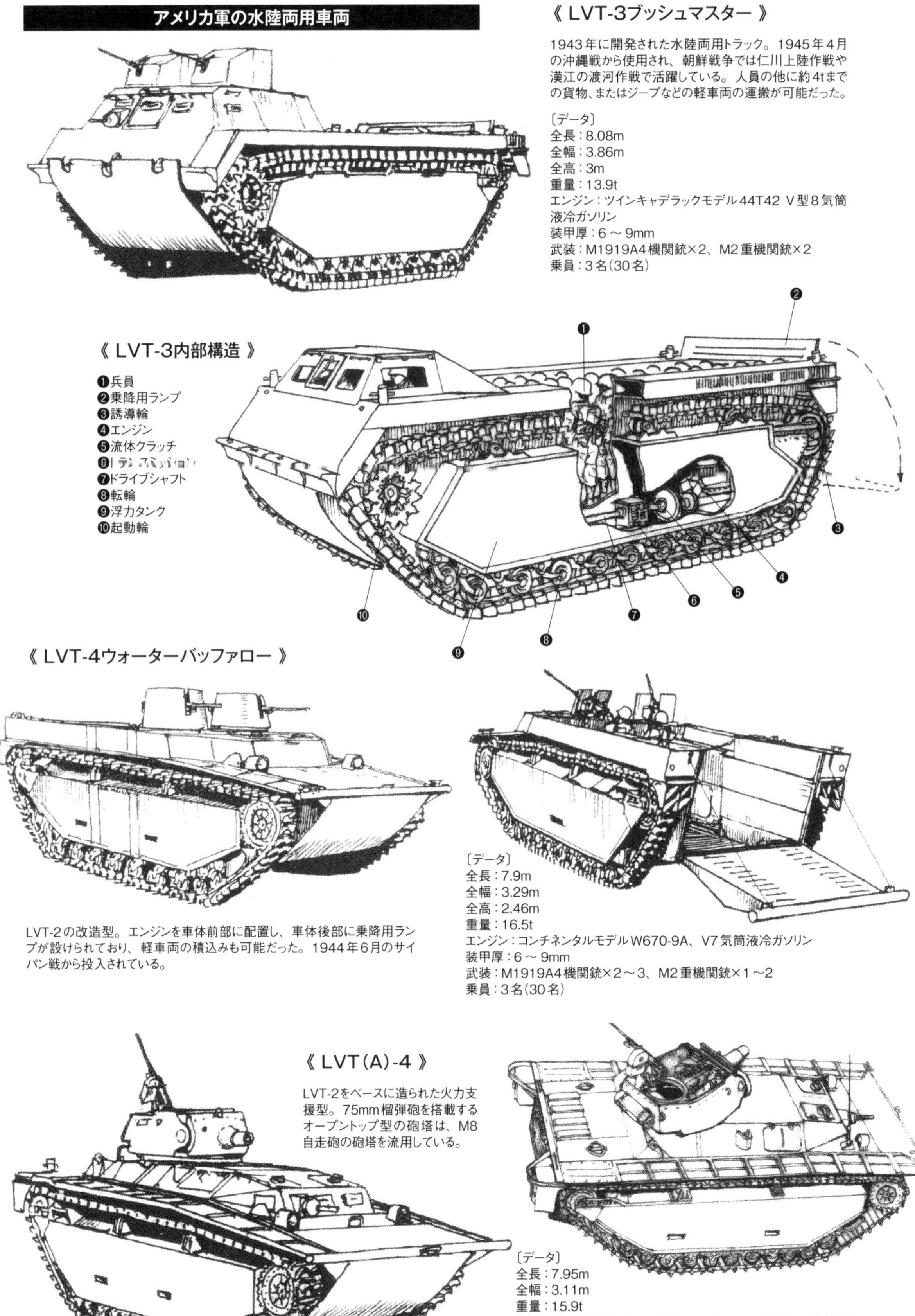

《 LVT-3ブッシュマスター 》

1943年に開発された水陸両用トラック。1945年4月の沖縄戦から使用され、朝鮮戦争では仁川上陸作戦や漢江の渡河作戦で活躍している。人員の他に約4tまでの貨物、またはジープなどの軽車両の運搬が可能だった。

〔データ〕
全長：8.08m
全幅：3.86m
全高：3m
重量：13.9t
エンジン：ツインキャデラックモデル44T42 V型8気筒液冷ガソリン
装甲厚：6～9mm
武装：M1919A4機関銃×2、M2重機関銃×2
乗員：3名(30名)

《 LVT-3内部構造 》

❶兵員
❷乗降用ランプ
❸誘導輪
❹エンジン
❺流体クラッチ
❻[illegible]
❼ドライブシャフト
❽転輪
❾浮力タンク
❿起動輪

《 LVT-4ウォーターバッファロー 》

LVT-2の改造型。エンジンを車体前部に配置し、車体後部に乗降用ランプが設けられており、軽車両の積込みも可能だった。1944年6月のサイパン戦から投入されている。

〔データ〕
全長：7.9m
全幅：3.29m
全高：2.46m
重量：16.5t
エンジン：コンチネンタルモデルW670-9A、V7気筒液冷ガソリン
装甲厚：6～9mm
武装：M1919A4機関銃×2～3、M2重機関銃×1～2
乗員：3名(30名)

《 LVT(A)-4 》

LVT-2をベースに造られた火力支援型。75mm榴弾砲を搭載するオープントップ型の砲塔は、M8自走砲の砲塔を流用している。

〔データ〕
全長：7.95m
全幅：3.11m
重量：15.9t
エンジン：コンチネンタルモデルW670-9A、V7気筒液冷ガソリン
装甲厚：6～51mm
武装：M3 75mm榴弾砲×1、M1919A4機関銃×1、M2重機関銃×1
乗員：5名

《 GMC DUKW 》

GMC CCKW 353トラックの機関部と駆動部をベースに開発された水陸両用トラック。陸上での最大速度は80km/h、水上ではスクリュー駆動で航行し、最高時速は10km/hだった。

〔データ〕
全長：9.45m
全幅：2.5m
全高：2.47m
重量：6.5t
最大積載量：2300kg
エンジン：GMCモデル27091 6気筒液冷ガソリン
武装：M2重機関銃×1
乗員：2名

水上航行用のスクリューとラダーは、車体後部の下部に取り付けられている。輸送力は地上で貨物2.5tまたは兵員25名、水上は貨物5tか兵員50名を搭載できた。海岸や河川の軟弱地で走行するためタイヤの空気圧を遠隔操作できる機能や水上航行用の排水ポンプも備えている。

《 GMC DUKWの配置図 》

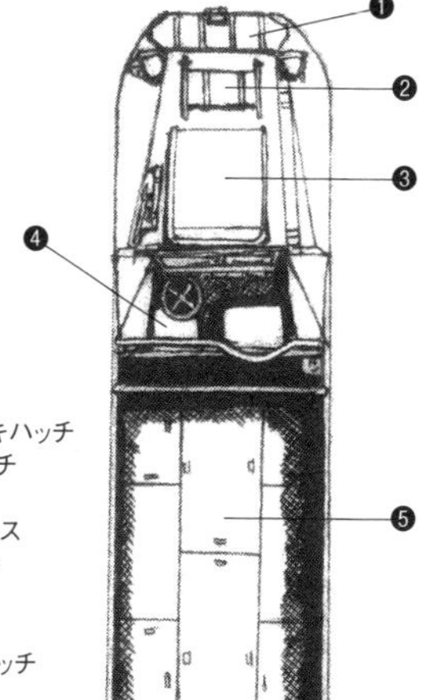
❶
❷
❸
❹
❺
❻
❼
❽
❾

❶波除板
❷フロントデッキハッチ
❸エンジンハッチ
❹運転席
❺カーゴスペース
❻スペアタイヤ
❼ウインチ
❽錨
❾リアデッキハッチ

《 M29Cウィーゼル 》

全長：3.2m
全幅：1.68m
全高：1.3m
重量：1.7t
最大積載量：500kg
エンジン：スチュードベーカー製 6-170 チャンピオン 6気筒液冷ガソリン
乗員：4名

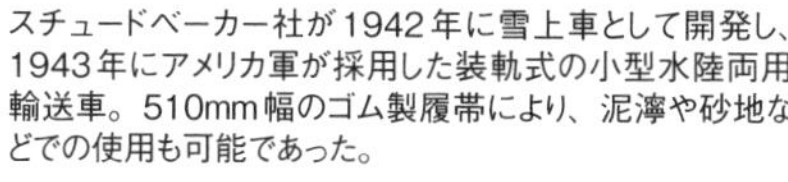

スチュードベーカー社が1942年に雪上車として開発し、1943年にアメリカ軍が採用した装軌式の小型水陸両用輸送車。510mm幅のゴム製履帯により、泥濘や砂地などでの使用も可能であった。

M29Cは、M29後期型の水上航行機能を高めたモデルで、車体前後にフロートを増設し、ラダーも追加されている。水陸両用であったが、小型で乾舷が低いため海上での運用はできなかった。

《 M29Cの内部構造 》

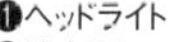

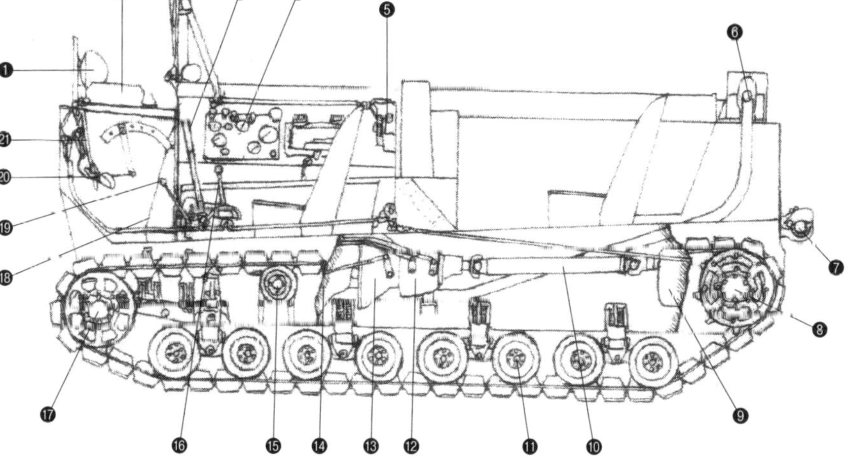

❶ヘッドライト
❷消火器
❸ステアリングレバー
❹計器盤
❺主電源スイッチ
❻排気マフラー
❼牽引フック
❽起動輪
❾アクスルユニット
❿ドライブシャフト
⓫転輪
⓬トランスミッション
⓭クラッチハウジング
⓮エンジン
⓯上部転輪
⓰トランスミッションレバー
⓱誘導輪
⓲ラジエーター
⓳アクスルシフトレバー
⓴クラッチペダル
㉑アクセルペダル

イギリス軍の戦車及び装軌式車両

朝鮮半島に派兵されたイギリス軍は、機甲部隊も伴っていた。1950年8月に最初の機甲部隊が釜山に上陸。次いで11月には最新型のセンチュリオン戦車を装備する1個機甲連隊が派遣されている。戦車以外の装甲車両はダイムラーの偵察車と装甲車、ユニバーサルキャリアであるが、いずれの車両もその優秀な性能を生かして各種任務で多用された。

《 センチュリオンMk.III巡航戦車 》

〔データ〕
全長：9.85m
車体長：7.82m
全幅：3.39m
全高：3.01m
重量：49t
エンジン：ロールスロイスミーティア
V型12気筒液冷ガソリン
装甲厚：25 ～ 152mm
武装：20ポンド(84mm)戦車砲×1、
M1919A4機銃×2、
乗員：4名

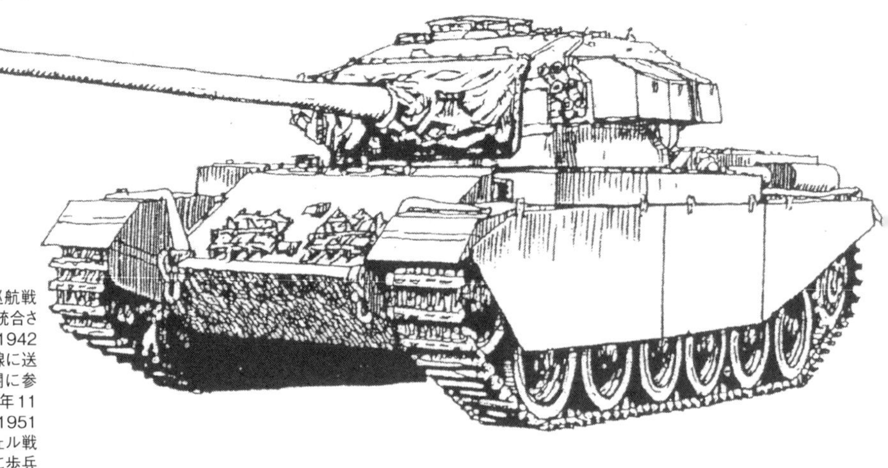

センチュリオンは、イギリス軍での区分では巡航戦車であるが、従来の巡航戦車と歩兵戦車を統合させた汎用戦車として開発されている。開発は1942年に始まったが、試作車両がヨーロッパ戦線に送られたのは1945年5月になったため、戦闘に参加することはなかった。朝鮮戦争では1950年11月、同戦車を装備した部隊が釜山に上陸。1951年2月11日には、敵に鹵獲されたクロムウェル戦車を撃破している。朝鮮半島の戦場では主に歩兵部隊の支援や陣地での防衛戦闘で活躍した。

《 センチュリオンARV Mk.II 》

センチュリオンの車台を利用した戦車回収車。ARVは、Armoured Recovery Vehicleの略になる。

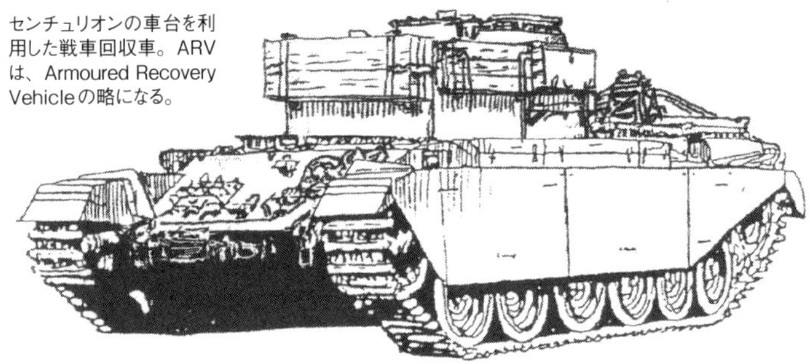

《 センチュリオンMk.IIIの内部構造 》

❶車長用キューポラ
❷砲手用ペリスコープ
❸俯仰ハンドル
❹旋回ハンドル
❺20ポンド砲
❻室内灯
❼速度計
❽回転計
❾ハンドブレーキレバー
❿アクセルペダル
⓫ブレーキペダル
⓬クラッチペダル
⓭ステアリングバー
⓮操縦席
⓯サスペンションユニット
⓰砲手席
⓱砲弾収納部
⓲燃料タンク
⓳オイルクーラー
⓴エアクリーナー
㉑冷却ファン
㉒メインブレーキ
㉓クラッチ
㉔ギアボックスブリーザー
㉕ステアリングブレーキ
㉖排気ルーバー
㉗エアクリーナー
㉘発電機
㉙吸気ルーバー
㉚エスケープハッチ
㉛車長席

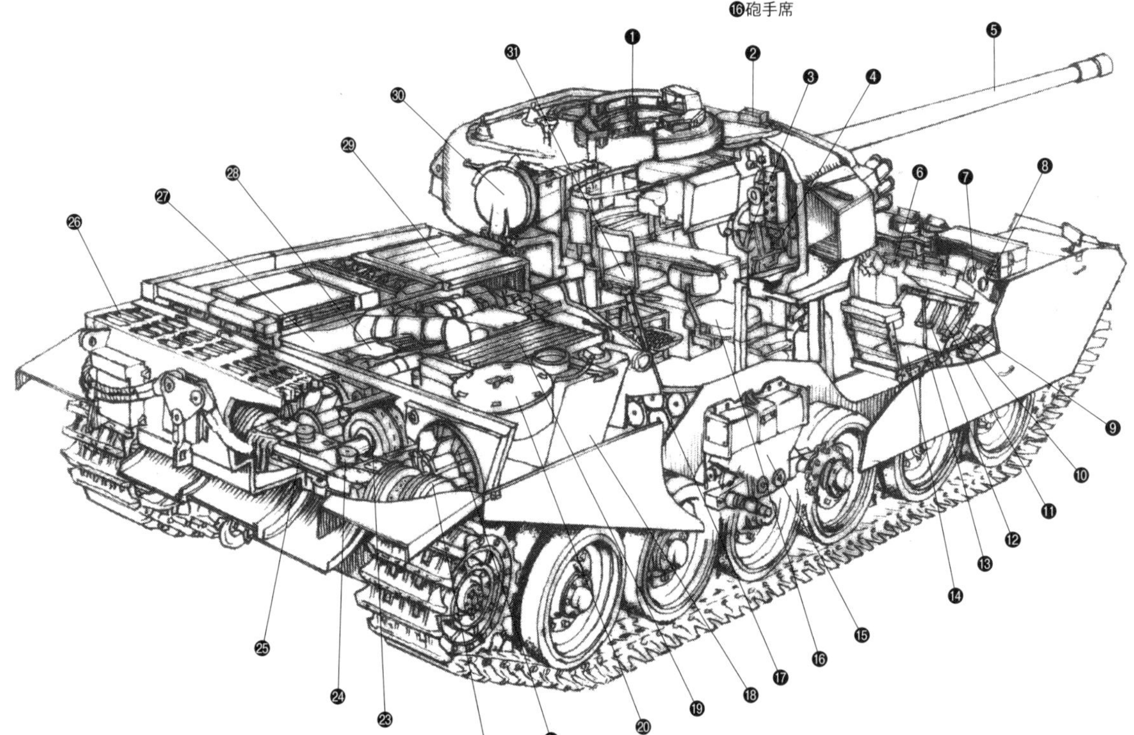

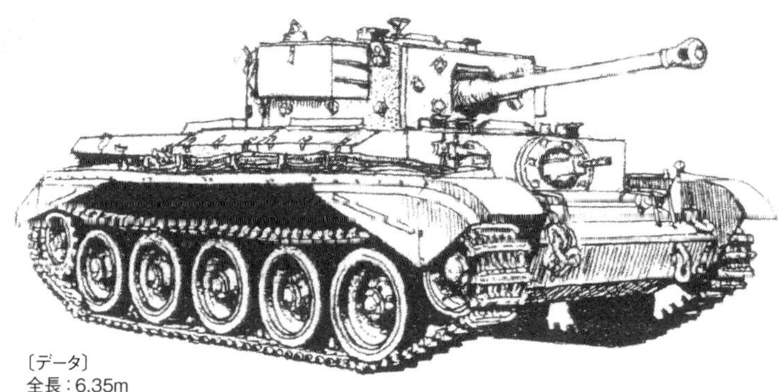

《 クロムウェルMk.IV 》

クルセーダ　巡航戦車の後継車両として開発され、1944年6月のノルマンディー戦から実戦投入された。Mk.IVは主砲をそれまでの6ポンド砲から75mm砲に換装したバリエーション。釜山橋頭堡の戦いで北朝鮮軍に鹵獲されたクロムウェルの1両が仁川の海岸砲台に流用された。その後の1950年9月、仁川に上陸した韓国海兵隊がこれを鹵獲し、ソウル奪回まで運用、さらにその後にイギリス軍が回収したというエピソードもある。

〔データ〕
全長：6.35m
全幅：2.91m
全高：2.49m
重量：27.5t
エンジン：ロールスロイスミーティア V型12気筒液冷ガソリン
装甲厚：12.7 ～ 76mm
武装：QF75mm戦車砲×1、ベサ機関銃×2、
乗員：5名

《 チャーチルMk.VIIクロコダイル 》

第7王立戦車連隊の1個中隊に配備されていた。本来は火炎放射戦車であったが、朝鮮戦争では火炎放射器装備を外して運用された。

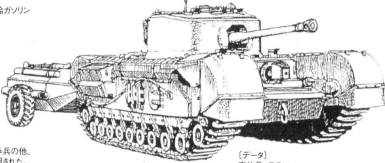

〔データ〕
車体長：7.7m
全幅：3.25m
全高：3.25m
重量：40.6t
エンジン：ベッドフォードツインシックス水平対向12気筒液冷ガソリン
装甲厚：25 ～ 152mm
武装：QF75 mm戦車砲×1、
ベサ機関銃×2、
乗員：5名

《 ユニバーサルキャリアMk.II 》

小型の装甲兵員輸送車。機械化部隊に配備され、歩兵の他、機関銃や迫撃砲の運搬、対戦車砲の牽引にも運用された。

〔データ〕
全長：3.65m
全幅：2.1m
全高：1.57m
重量：3.8t
エンジン：フォードV型8気筒液冷ガソリン
装甲厚：7 ～ 10mm
武装：ブレン軽機関銃×2
乗員：2 ～ 5名

《 チャーチル架橋戦車 》

Mk.IIIまたはMk.VIの車台をベースとし、車体上に長さ9.1mの戦車橋を搭載した架橋戦車。60tの荷重に対応する戦車橋は、油圧駆動アームを用いて架橋する。

《 セントーブルドーザー 》

クロムウェルのバリエーション、セントー巡航戦車の砲塔を撤去し、油圧作動のドーザーブレードを搭載したモデル。

イギリス軍及び英連邦軍の装輪車両

イギリス製の装甲車と非装甲車両は、イギリス軍の他に、カナダ、オーストラリア、ニュージーランドなどの英連邦軍も装備した。これらはイギリス製だけでなく、自国でのライセンス生産や国産の車両も含まれている。また、逆に英連邦国で生産された車両をイギリス軍も輸入し、使用していた。

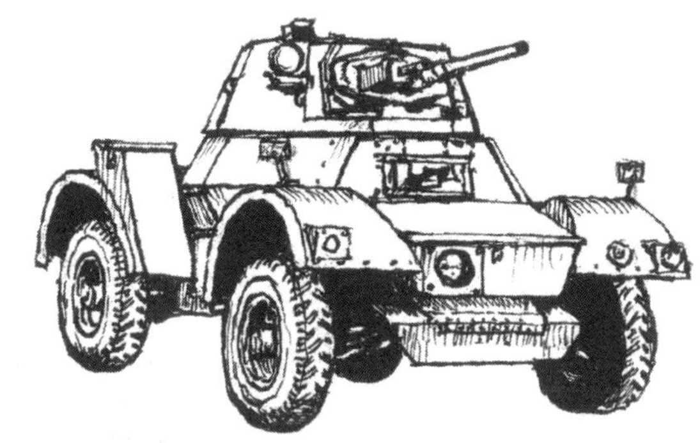

《 ダイムラーMk.II装甲車 》

ダイムラー偵察車と共に開発された4輪駆動装甲車。偵察部隊では偵察車とコンビを組んで運用されている。サスペンションに独立コイルスプリング方式を採用したことで、不整地走行時の信頼性は高く、路上での最高速度は80km/hであった。

〔データ〕
全長：4m
全幅：2.46m
全高：2.26m
重量：7.6t
エンジン：ダイムラー6気筒空冷ガソリン
装甲厚：7～16mm
武装：QF 2ポンド(40mm)戦車砲×1、ベサ機関銃×1、ブレン軽機関銃×1
乗員：3名

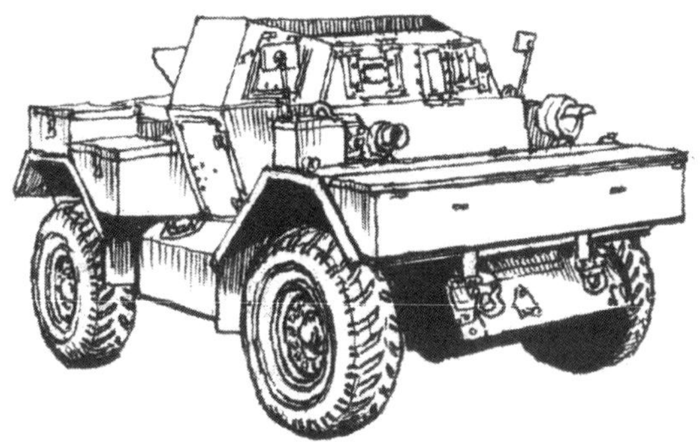

《 ダイムラーMk.II偵察車 》

機甲連隊の長距離偵察部隊や砲兵隊の連絡用などに使用された小型装甲偵察車。Mk.IIはMk.Iの4輪駆動、4輪操舵機能を廃し、前輪駆動式にした改良型。路上最大速度は89km/h。

〔データ〕
全長：3.18m
全幅：1.71m
全高：1.5m
重量：3t
エンジン：ダイムラー6気筒空冷ガソリン
装甲厚：正面30mm、側面12mm
武装：ブレン軽機関銃×1
乗員：2名

《 シボレーC15A 》

第二次大戦時、カナダのゼネラルモーターズ・シボレー・カナダ社とフォード・カナダ社で開発・生産されたCMP(Canadian Military Pattern)トラックシリーズの1種。4輪駆動で最大積載量は750kg。

《 シボレーC30 》

このトラックもカナダ製CMPトラックのバリエーション。4輪駆動で最大積載量は1.5t。

《 ベッドフォードQLD 》

イギリスのボクスホール社が生産したQLシリーズの兵員・貨物輸送汎用トラックのバリエーション。4駆動で最大積載量は3t。

《 CMP FAT F2 》

CMPシリーズの野砲牽引用トラクター。FATは"Field Artillery Tractor"の略。野砲を牽引して不整地を走行するため、タイヤサイズはトラックより大型になっている。QF 25ポンド砲は弾薬車と共に牽引した。乗員はドライバーを含めて6名。

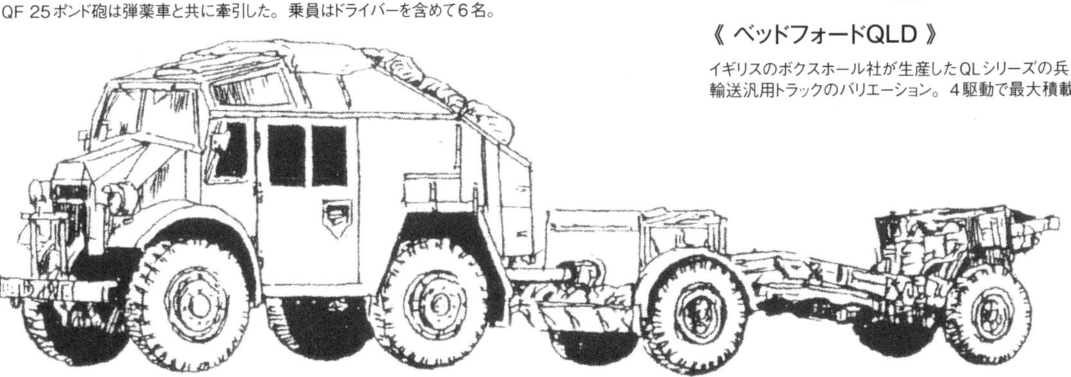

韓国軍の戦闘車両

韓国軍が開戦時から休戦までに使用していた車両は、アメリカ製で、戦車は1951年4月からM24軽戦車とM36駆逐戦車が供与された。

《 M24チャーフィー軽戦車 》

開戦後、韓国軍において戦車部隊を編成するためアメリカによって供与された。

《 M8装甲車 》

開戦時、韓国陸軍は同装甲車を機甲連隊に配備していた。北朝鮮軍のT-34-85に到底対抗できる性能ではなかったが、敵の攻撃を食い止めるために対戦車戦闘に投入され、1950年12月までに全車を失ったと言われている。

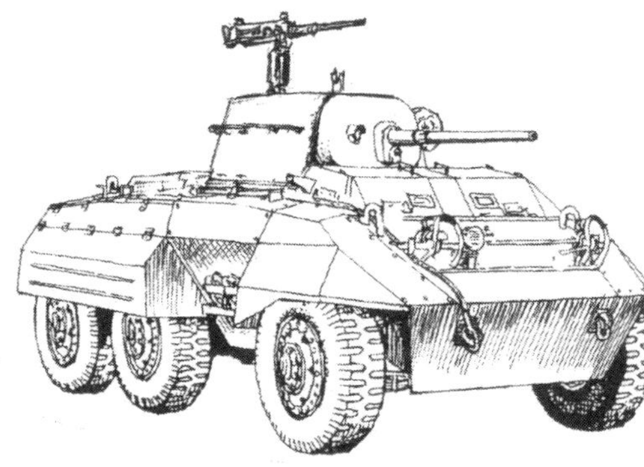

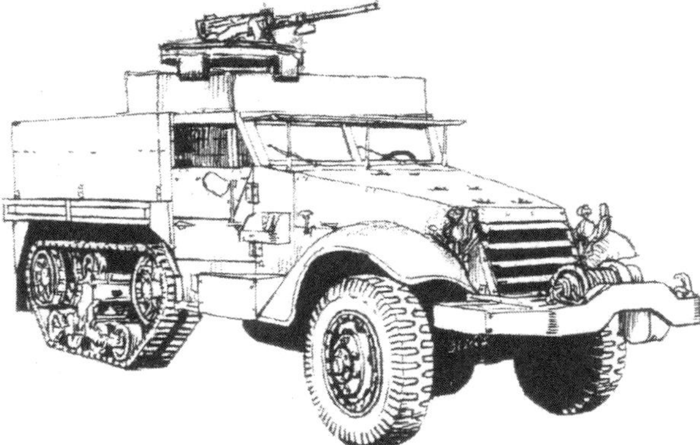

《 M3A1ハーフトラック 》

M8装甲車と共に機甲連隊が装備した。兵員輸送の他に、対戦車部隊にも配備されて対戦車砲の牽引に使用されている。

《 M36ジャクソン駆逐戦車 》

M24と共に供与された。M26と同じ90mm砲を搭載し、T-34-85を撃破できる火力を備えていたが、駆逐戦車のためM4戦車より装甲厚が薄く、防御力は劣っていた。供与された一部のM36は、車体前面に機関銃を装備していたが、これは東京の赤羽にあったアメリカ軍デポで改造された車両と言われている。

〔データ〕
全長：7.64m
車体長：5.97m
全幅：3.04m
全高：2.71m
重量：28.1t
エンジン：フォードGAA V型12気筒液冷ガソリン
装甲厚：9.5～76.2mm
武装：M3 90mm戦車砲×1、M2重機関銃×1
乗員：5名

《 M36の内部構造 》

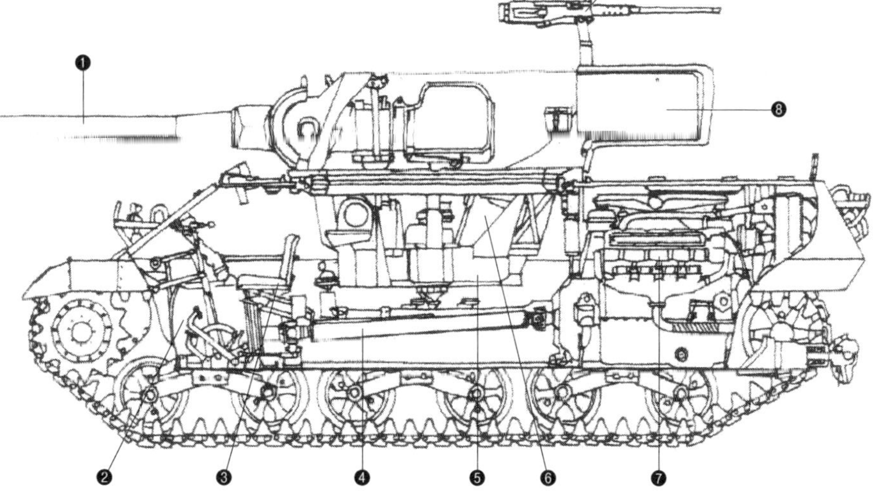

❶90mm戦車砲
❷トランスミッション
❸操縦席
❹ドライブシャフト
❺砲塔バスケット
❻戦闘室
❼エンジン
❽砲弾収納部
❾M2重機関銃

国連軍の軍装

アメリカ陸軍のユニフォームと装備

朝鮮戦争でアメリカ軍が使用したユニフォームと装備は、基本的に第二次大戦から引き続き使用したものと大戦中の改良型、そして大戦末期に採用されたモデルであった。ただし、1951年以降には防寒ユニフォームとボディアーマーなど大戦後に開発・採用された新型モデルの支給も始まった。

《 M1950ジャケット 》

イギリス軍の戦闘服を参考に1944年に採用されたM44フィールドジャケット（"アイゼンハワージャケット"、"アイクジャケット"とも呼ばれた）の改良モデル。制服と戦闘服を兼ねていたが、野戦では使われることはなかった。

《 M1944 HBTジャケット 》

作業・野戦用ユニフォーム。1949年、デザインはそのままにボタンを金属から樹脂製に変更されている。

《 HBTユニフォーム（夏季）》

夏季の一般的な野戦スタイル。HBTユニフォームはこの他に、M1943なども使用されている。

M1944 HBTジャケット

M1944 HBTトラウザース

コンバットブーツ

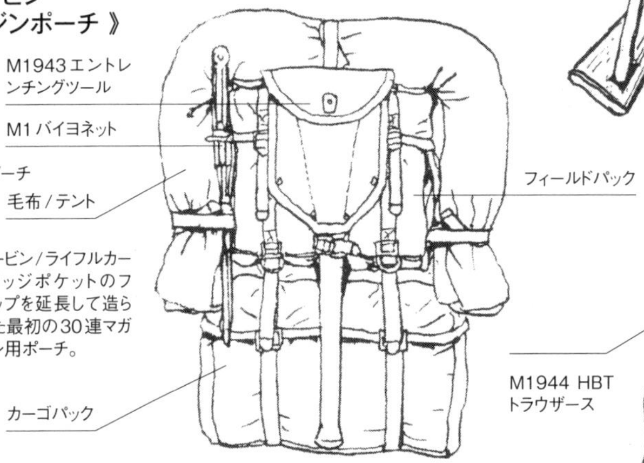

《 M1/2カービン マガジンポーチ 》

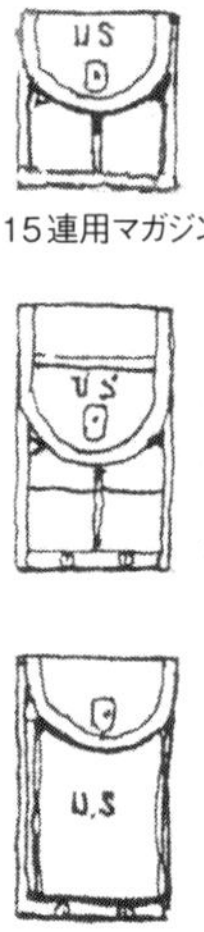

15連用マガジンポーチ

カービン/ライフルカートリッジポケットのフラップを延長して造られた最初の30連マガジン用ポーチ。

マガジン4本用ポーチ

《 M1945コンバット フィールドパック 》

M1943エントレンチングツール

M1バイヨネット

毛布/テント

フィールドパック

カーゴパック

《 ライフル兵の基本装備 》

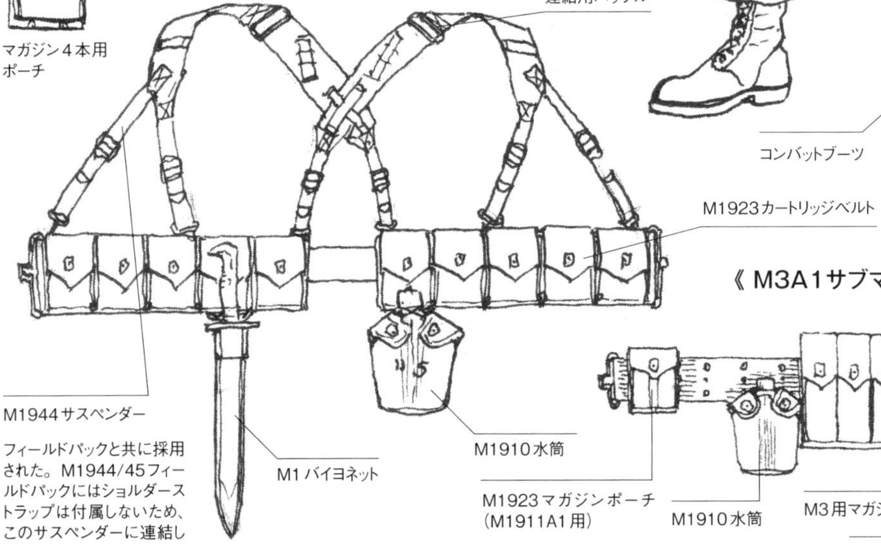

フィールドパック連結用バックル

M1923カートリッジベルト

M1944サスペンダー

フィールドパックと共に採用された。M1944/45フィールドパックにはショルダーストラップは付属しないため、このサスペンダーに連結して使用する。

M1バイヨネット

M1910水筒

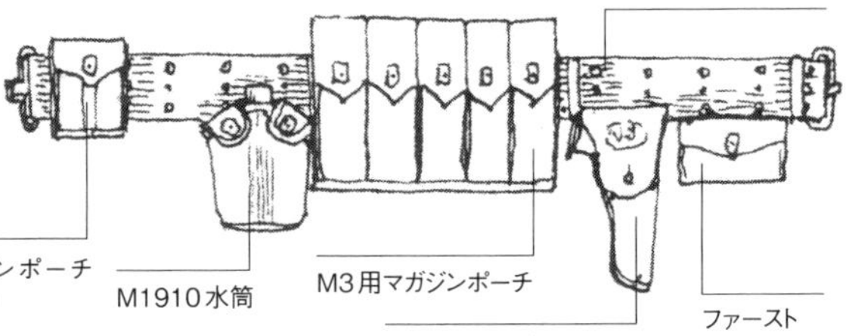

個人用戦闘装備の多くは、生地の色がオリーブドラブ色になっている。

《 M3A1サブマシンガン用の装備 》

M1936ピストルベルト

M1923マガジンポーチ（M1911A1用）

M1910水筒

M3用マガジンポーチ

M1916ヒップホルスター

ファーストエイドポーチ

《 各種ヘッドギア 》

〔M1951 フィールドキャップ〕

戦争後半から使用されたコットンポプリン生地の野戦帽。この他にM1943フィールドキャップやM1943HBTキャップも使用されている。

〔M1 ヘルメット〕

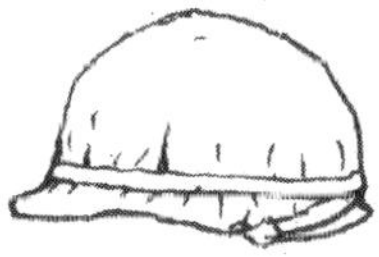

大戦末期から大戦後の生産品は、チンストラップなどの布地の色がカーキからオリーブドラブに変更されている。戦いが陣地戦に移行すると、将兵はヘルメットの反射を防ぐために土嚢袋などを利用してヘルメットをカバーした。

〔M1951 フィールドパイルキャップ〕

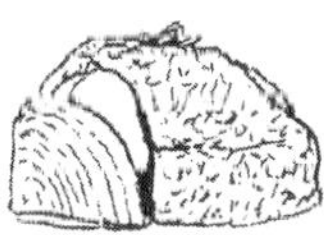

アルパカパイルを使用した寒冷地用の防寒帽。

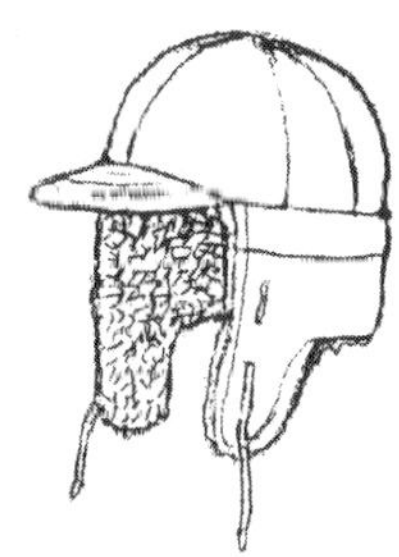

M1951 フィールドパイルキャップのつばと耳覆を下した状態。

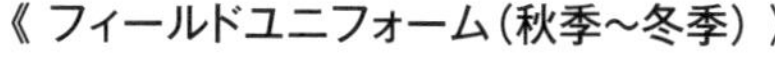

《 フィールドユニフォーム（秋季〜冬季）》

ユニフォームは、1951年、秋以降の一般的になった当時最新型のM1951フィールドジャケットと同トラウザース。季節によってHBTユニフォームなどの上からフィールドジャケットを着用する場合もあった。

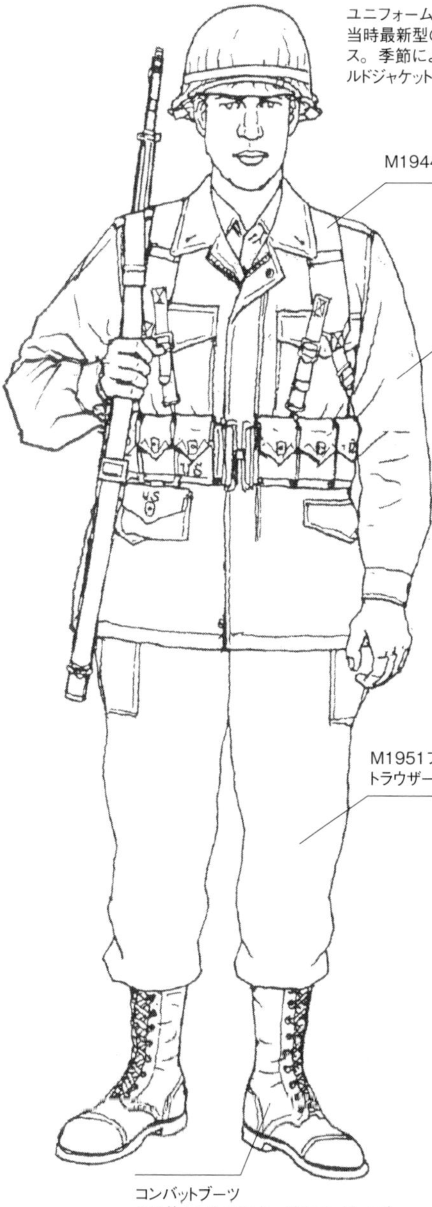

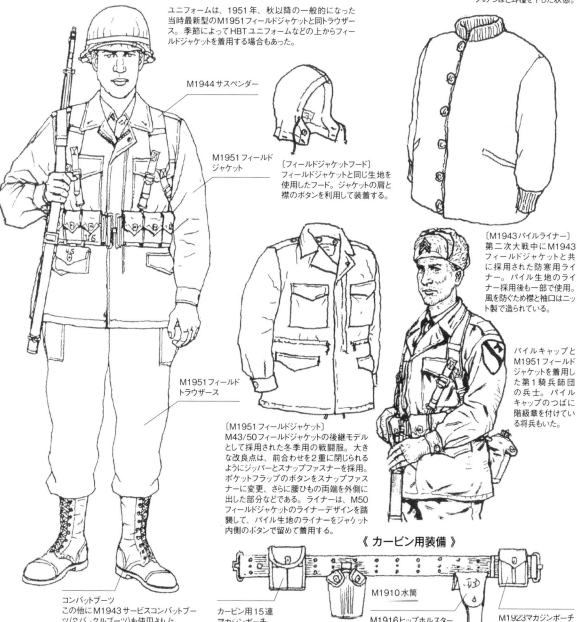

M1944 サスペンダー

M1951 フィールドジャケット

M1951 フィールドトラウザース

コンバットブーツ
この他にM1943サービスコンバットブーツ（2バックルブーツ）も使用された。

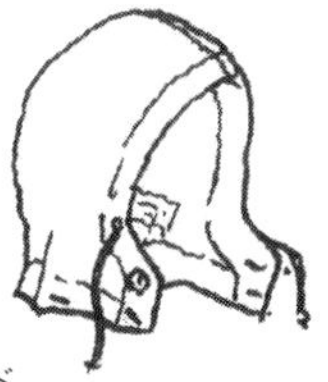

〔フィールドジャケットフード〕
フィールドジャケットと同じ生地を使用したフード。ジャケットの肩と襟のボタンを利用して装着する。

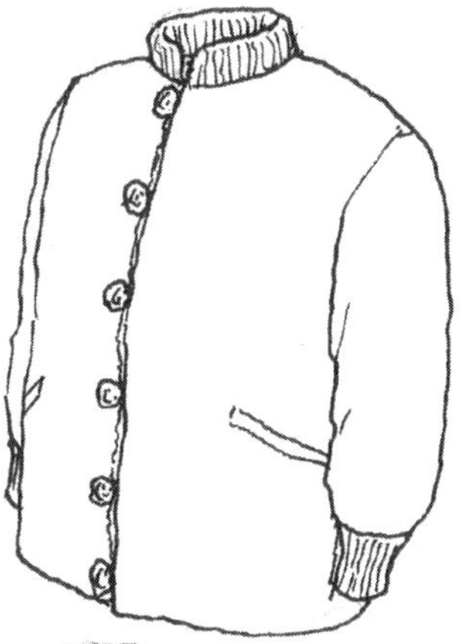

〔M1951 フィールドジャケット〕
M43/50フィールドジャケットの後継モデルとして採用された冬季用の戦闘服。大きな改良点は、前合わせを2重に閉じられるようにジッパーとスナップファスナーを採用。ポケットフラップのボタンをスナップファスナーに変更、さらに腰ひもの両端を外側に出した部分などである。ライナーは、M50フィールドジャケットのライナーデザインを踏襲して、パイル生地のライナーをジャケット内側のボタンで留めて着用する。

〔M1943 パイルライナー〕
第二次大戦中にM1943フィールドジャケットと共に採用された防寒用ライナー。パイル生地のライナー採用後も一部で使用。風を防ぐため襟と袖口はニット製で造られている。

パイルキャップとM1951フィールドジャケットを着用した第1騎兵師団の兵士。パイルキャップのつばに階級章を付けている将兵もいた。

《 カービン用装備 》

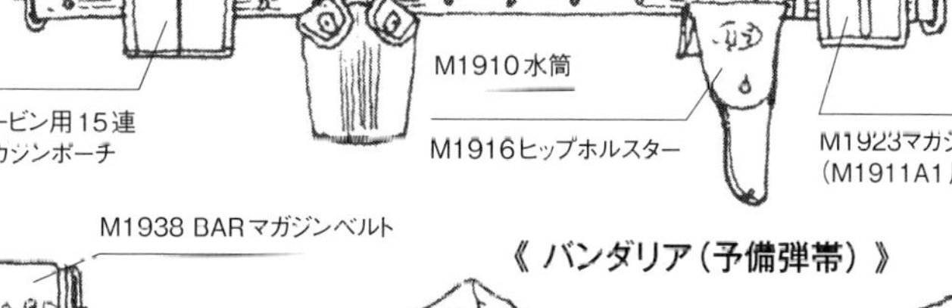

カービン用15連マガジンポーチ

M1910 水筒

M1916 ヒップホルスター

M1923マガジンポーチ（M1911A1用）

《 M1918A1 BAR用の装備 》

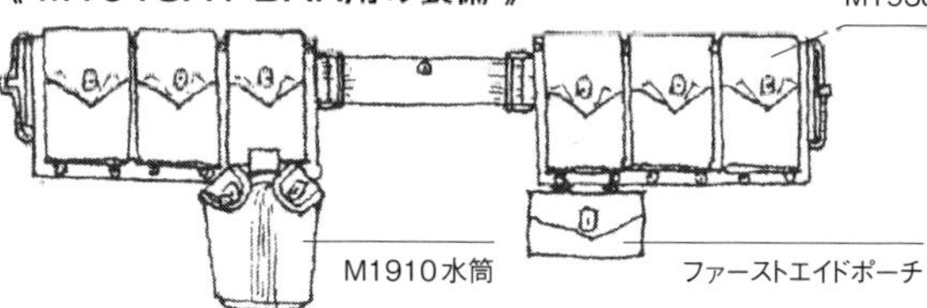

M1938 BARマガジンベルト
M1910 水筒
ファーストエイドポーチ

《 バンダリア（予備弾帯）》

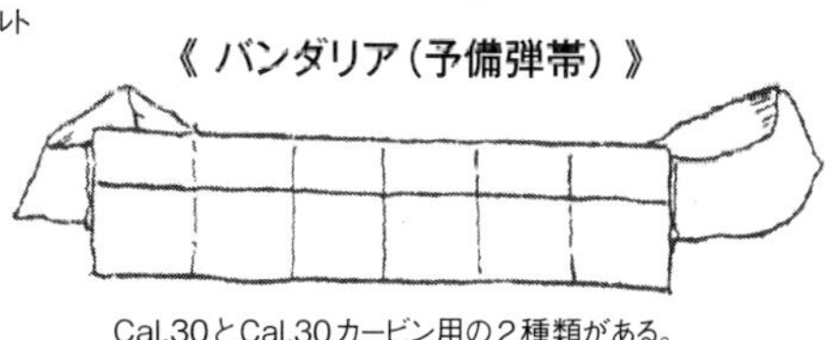

Cal.30とCal.30カービン用の2種類がある。

アメリカ軍空挺部隊の軍装

空挺部隊は、基本的に一般の歩兵部隊と同じユニフォームと装備を使用していた。ただし、第二次大戦でも行なわれたようにフィールドトラウザースのカーゴポケットの容量を大きくするなど、空挺部隊独自の改造が部隊で実施されている。

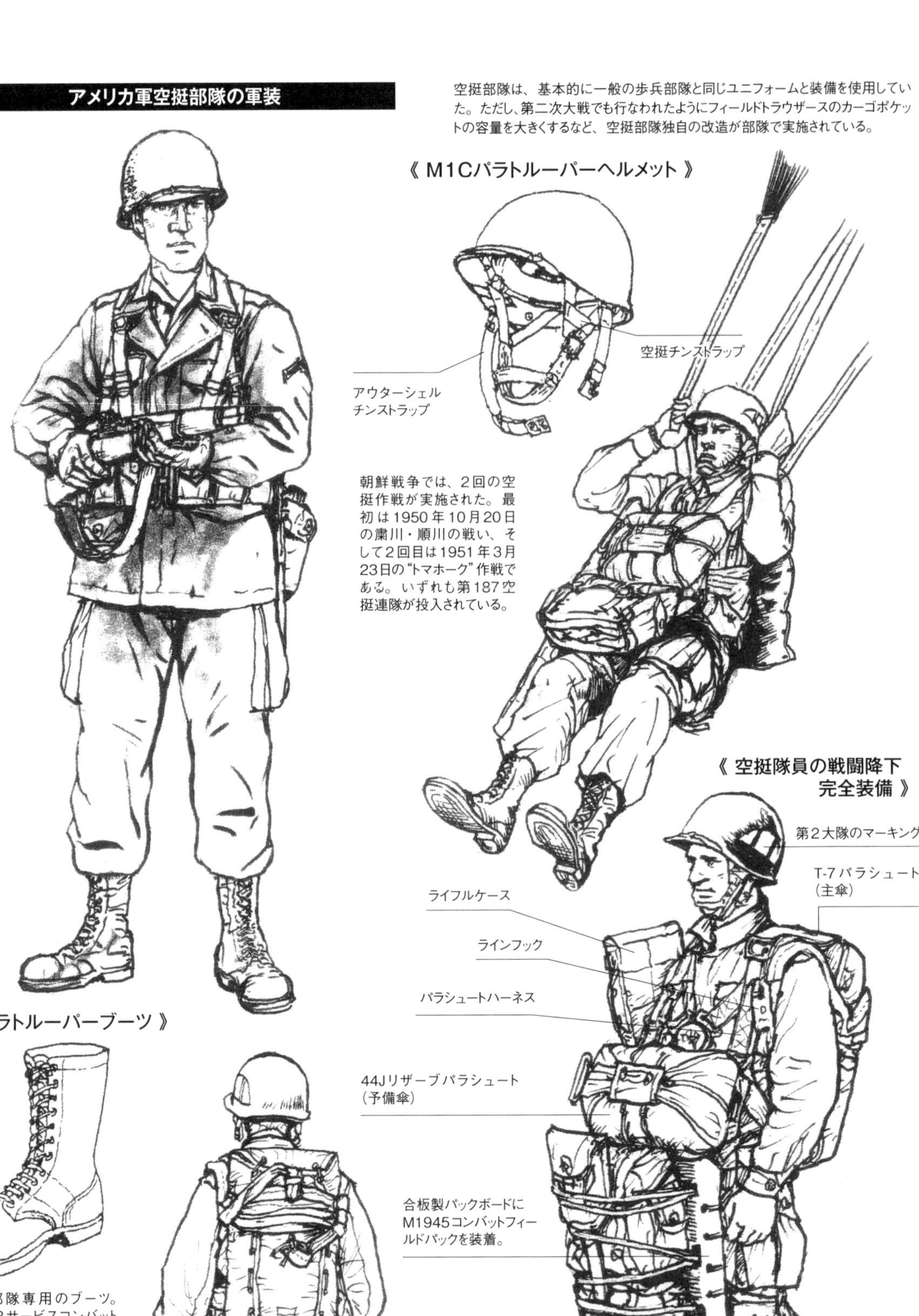

《 M1Cパラトルーパーヘルメット 》
空挺チンストラップ
アウターシェル
チンストラップ
《 空挺隊員の戦闘降下
完全装備 》
第2大隊のマーキング
T-7パラシュート
(主傘)
ライフルケース
ラインフック
パラシュートハーネス
44Jリザーブパラシュート
(予備傘)
合板製パックボードに
M1945コンバットフィー
ルドパックを装着。
《 パラトルーパーブーツ 》
《 T-7パラシュート 》

朝鮮戦争では、2回の空挺作戦が実施された。最初は1950年10月20日の粛川・順川の戦い、そして2回目は1951年3月23日の"トマホーク"作戦である。いずれも第187空挺連隊が投入されている。

空挺部隊専用のブーツ。M1943サービスコンバットブーツも併用された。

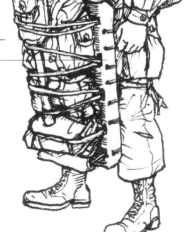

1944年3月に採用された空挺部隊用のパラシュート。主傘と予備傘、ハーネスで構成されている。

アメリカ軍の戦車兵

HBTカバーオールを着用した戦車兵。そのスタイルは第二次大戦とほとんど変わっていない。

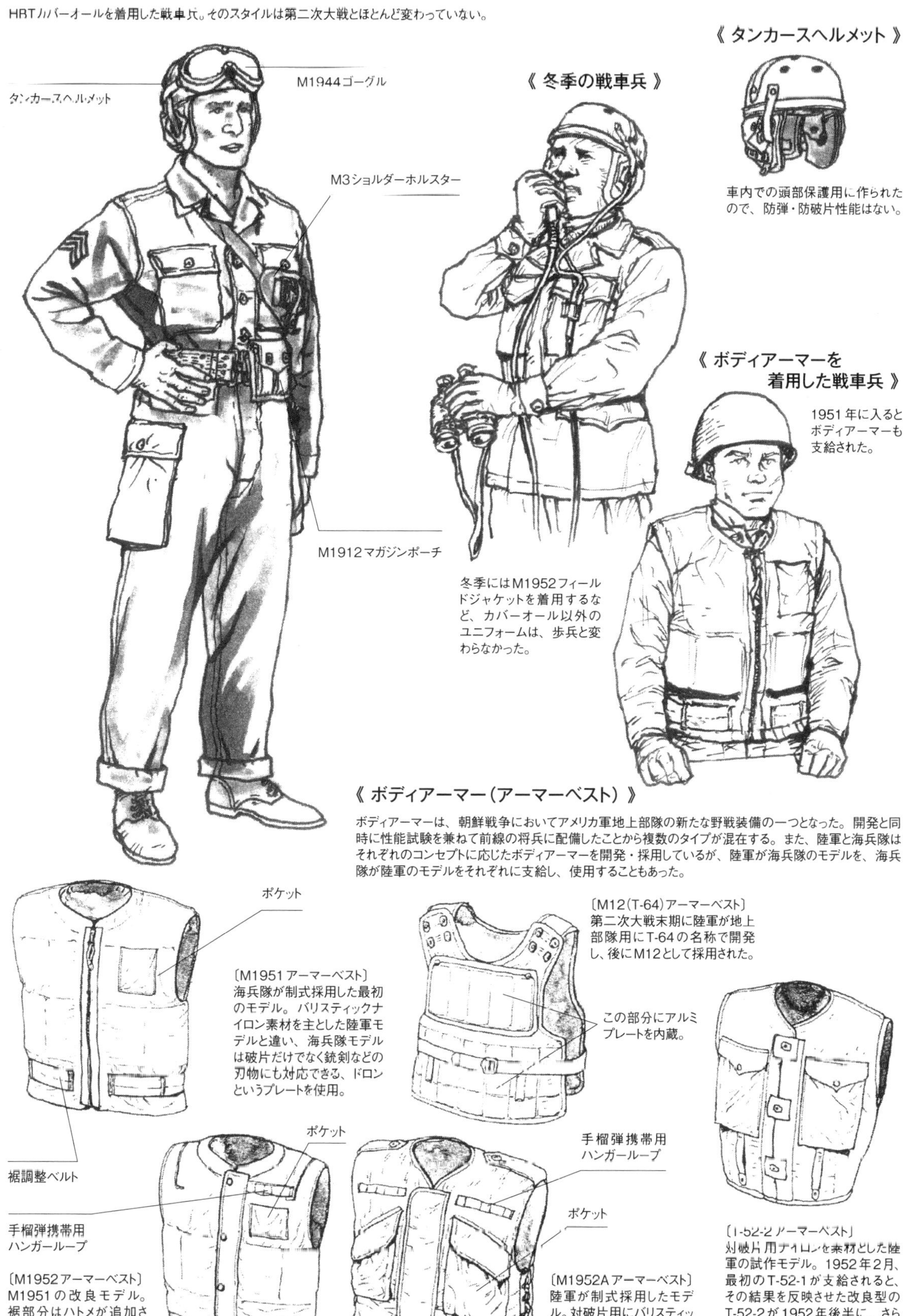

タンカースヘルメット
M1944ゴーグル
M3ショルダーホルスター
M1912マガジンポーチ
《 冬季の戦車兵 》
《 タンカースヘルメット 》
《 ボディアーマーを着用した戦車兵 》
ポケット
裾調整ベルト
この部分にアルミプレートを内蔵。
ポケット
手榴弾携帯用ハンガーループ
ハトメ
手榴弾携帯用ハンガーループ
ポケット

冬季にはM1952フィールドジャケットを着用するなど、カバーオール以外のユニフォームは、歩兵と変わらなかった。

車内での頭部保護用に作られたので、防弾・防破片性能はない。

1951年に入るとボディアーマーも支給された。

《 ボディアーマー（アーマーベスト） 》

ボディアーマーは、朝鮮戦争においてアメリカ軍地上部隊の新たな野戦装備の一つとなった。開発と同時に性能試験を兼ねて前線の将兵に配備したことから複数のタイプが混在する。また、陸軍と海兵隊はそれぞれのコンセプトに応じたボディアーマーを開発・採用しているが、陸軍が海兵隊のモデルを、海兵隊が陸軍のモデルをそれぞれに支給し、使用することもあった。

〔M12（T-64）アーマーベスト〕
第二次大戦末期に陸軍が地上部隊用にT-64の名称で開発し、後にM12として採用された。

〔M1951アーマーベスト〕
海兵隊が制式採用した最初のモデル。バリスティックナイロン素材を主とした陸軍モデルと違い、海兵隊モデルは破片だけでなく銃剣などの刃物にも対応できる、ドロンというプレートを使用。

〔M1952アーマーベスト〕
M1951の改良モデル。裾部分はハトメが追加され、ポーチなどを装着できるようになった。

〔M1952Aアーマーベスト〕
陸軍が制式採用したモデル。対破片用にバリスティックナイロンシートを11枚積層している。

〔T-52-2アーマーベスト〕
対破片用ナイロンを素材とした陸軍の試作モデル。1952年2月、最初のT-52-1が支給されると、その結果を反映させた改良型のT-52-2が1952年後半に、さらに1953年にはT-52-3が開発され、試験的に使用された。

アメリカ軍の冬季ユニフォーム

朝鮮半島の厳寒期の気温は、日中－20°～－25°、明け方には－25°～－45°まで下がることもあった。第二次大戦ヨーロッパ戦線の冬より過酷な戦場で戦うために、アメリカ軍は新旧合わせた防寒衣類を将兵に支給して対応した。

《 アメリカ軍のレイヤードクロージング（重ね着）》
コットンアンダーシャツ
ヘヴィーウール
ソックス
コットンドロワーズ
（ズボン下）
ライトウールソックス
フィールドウールシャツ
M1950フィールド
ウールトラウザーズ
ウールシャツとウールトラウザースは、通常勤務用のタイプとは異なる大戦後に採用されたオリーブドラブ色の寒冷地用。
パイルキャップ
〔パイルキャップ〕
ハイネックウールセーター
M1944シューパック
〔M1944シューパック〕
つま先と甲から踵部分が防水のためゴム製、くるぶしから上部が革で作られた防寒ブーツ。
フェルト製インソール
ウールマフラー
トラウザースサスペンダー
フィールドトラウザース
ミトンインナーウールグローブ
M1943パイルライナー
M1950フィールドジャケット
襟を立てて使用する場合は、風除けのタブで固定した。
〔M1950フィールドジャケット〕
M1943フィールドジャケットのマイナーチェンジモデル。ジャケット内側に専用ライナーを装着するボタンが付属する。

《 M1950フィールドジャケットを着用した兵士 》

第二次大戦のヨーロッパでは、フィールドジャケットとライナーを併用した防寒スタイルで対応できた。しかし、朝鮮半島の冬は甘くなく、本来は山岳部隊やスキー部隊、アラスカやアリューシャンなどの寒冷地で使用する防寒ユニフォームなどを支給して冬を乗り切ることになったのである。

《 M1947オーバーコートパーカータイプを着用した兵士 》

リバーシブルではないモデル。パイル製ライナーの本体部分は着脱式で、フード部分のライナーはパーカー側に固定されている。

《 オーバーコートパーカータイプ・リバーシブル 》

寒冷地用パーカー。フード付きのアルパカライナーと併用する。裏面は雪中用に白い生地で造られている。

フィールドジャケットフード

トリガーフィンガーミトンシェルを着用。

〔トリガーフィンガーミトンシェル〕
ウールグローブのアウターとして使用する。通常のミトンと違い、銃の引鉄を引けるように人差し指が独立している。

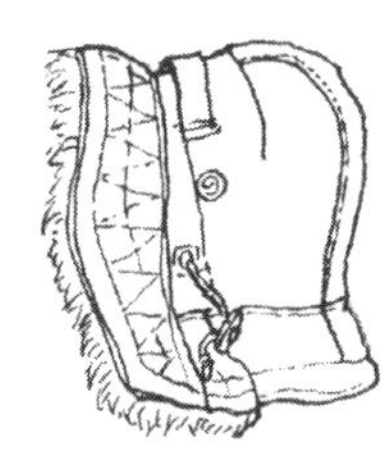

〔M1951パーカーフード〕
パーカーに付属するフードの内側に装着して使用する防寒用インナーフード。縁にはコヨーテの毛皮が付けられている。

《 リバーシブルスキーパーカーを着用した兵士 》

本来は山岳・スキー部隊用のユニフォーム。風除けを目的としたウインドブレーカのため、単体での防寒性能はない。

《 防寒ユニフォームの上に野戦装備を装着した兵士 》

寒さに耐えるため重ね着した将兵は、その重さにも耐えなければならなかった。

《 M1950フィールドオーバーパーカーとトラウザースを着用した兵士 》

フィールドジャケットやパーカーシェルなどの上から着用する雪中迷彩用白色のパーカー。

アメリカ軍の将軍

《 ダグラス・マッカーサー元帥 》

(1880年1月26日～1964年4月5日)

南西太平洋方面連合軍最高司令官として太平洋戦争を戦い、終戦後は連合国軍最高司令官に就任、日本の占領政策を進めた。朝鮮戦争が始まると、1950年7月8日、国連軍総司令官に任命され、国連軍を指揮することになる。

1945年8月30日、厚木飛行場に到着したマッカーサー元帥。コーンパイプとサングラスが彼のトレードマークとなった。

解任後、14年ぶりにアメリカに帰国したマッカーサーは、4月19日、アメリカ議会において「老兵は死なず、ただ消え去るのみ」で有名な演説を行ない、長い軍歴に幕を閉じた。

マッカーサーの前線視察スタイル。カーキユニフォームの上からA-2フライトジャケットを着用している。

中国軍の介入後、戦争の早期終結を望むトルーマン大統領に対して、マッカーサーは中国・朝鮮国境までの進撃を行なうなど、軍事面における政策で大統領との対立が表面化する。さらに満洲への核兵器使用を提案するなど、中国との全面戦争を示唆したことから、トルーマンの命により1951年4月10日、国連軍総司令官を解任された。

1950年9月14日、仁川沖の揚陸指揮艦マウント・マッキンリー艦上で指揮を執るマッカーサー元帥。

《 ウォルトン・ハリス・ウォーカー中将 》
（1889年12月3日～1950年12月23日）

第二次大戦では、第3機甲師団や第20軍団長などを歴任。1948年8月、第8軍司令官に就任した。朝鮮戦争が勃発すると、司令部を朝鮮半島に移し、釜山橋頭堡の戦いで指揮を執った。1950年12月23日、前線視察中に乗車していた車両の事故により殉職。死後、大将に進級している。

第20軍団部隊章

《 ジェームズ・アルワード・ヴァン・フリート中将 》
（1892年3月19日～1992年9月23日）

第二次大戦で第4、第90歩兵師団長などを務め、終戦時は第3軍団を指揮していた。朝鮮戦争では、リッジウェイ中将に替わり、1951年4月に第8軍司令官に就任した。

第8軍部隊章

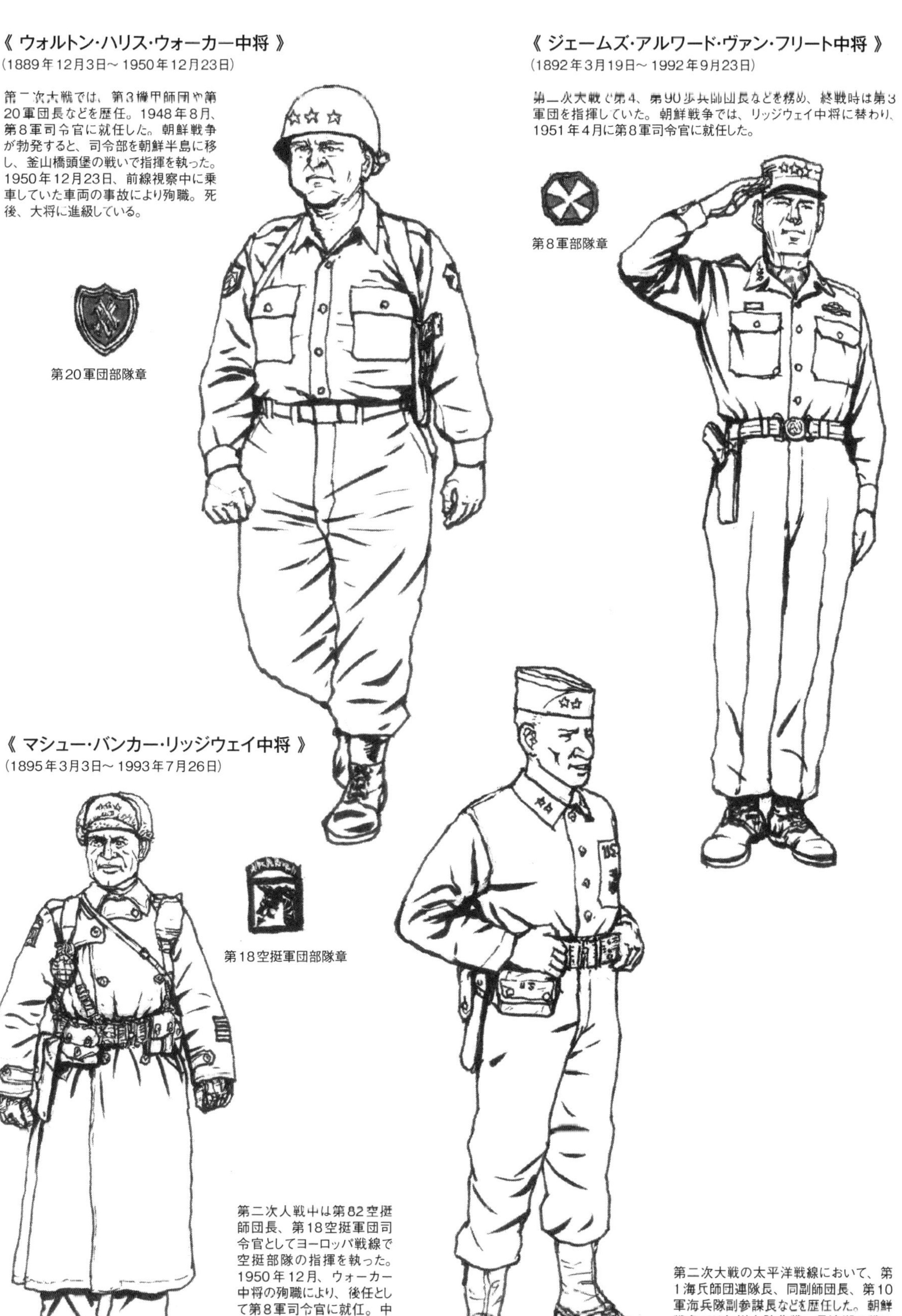

《 マシュー・バンカー・リッジウェイ中将 》
（1895年3月3日～1993年7月26日）

第18空挺軍団部隊章

第二次大戦中は第82空挺師団長、第18空挺軍団司令官としてヨーロッパ戦線で空挺部隊の指揮を執った。1950年12月、ウォーカー中将の殉職により、後任として第8軍司令官に就任。中国軍の攻勢を抑えると、翌年には国連軍の反攻作戦を指揮。その後、マッカーサーの後任として、1951年4月から1952年4月まで、国連軍総司令官を務めている。

第二次大戦の太平洋戦線において、第1海兵師団連隊長、同副師団長、第10軍海兵隊副参謀長などを歴任した。朝鮮戦争では仁川上陸作戦、長津湖の戦いで第1海兵師団を指揮している。

《 オリバー・プリンス・スミス大将 》
（1893年10月26日～1977年12月25日）

イギリス軍のユニフォームと装備

イギリス軍もアメリカ軍と同様に、スタイルは基本的に第二次大戦と同じであった。ただし、イギリス兵をイメージするウール製のバトルドレスは、大戦中に使用していたモデルを改良したP（Pattern）1949ドレスを使用している。個人戦闘装備はP1937（P37）装備だが、カーキ色の生地を目立たなくするため、グリーンに染めて使用していた。

《 スコットランド部隊の将校 》
双眼鏡ケース
ピストルホルスター
マップケース
《 イギリス陸軍歩兵の基本スタイル 》
No.4 Mk.Iライフル
P1949 バトルドレス
ウールジャケット
アムニッションポーチ
ハバーザック
スコップ
マグカップ
ポンチョ
ライトウェイト・レスピレーター
（ガスマスク）ケース
水筒
エントレンチングツール
P1949 バトルドレスウールトラウザース
《 P1950コンバットドレス 》
イヤーフラップ

〔Mk.IV ヘルメット〕
1944年から使用されたMk.III ヘルメットの改良型で、1945年から生産。

《 バトルジャーキンを着用した兵士 》

バトルジャーキンは、表が皮製、裏がウール生地の防寒用ベスト。

《 ボディアーマーを着用した兵士 》

イギリス軍の一部の部隊は、アメリカ軍からボディアーマーの支給を受けていた。

アメリカ軍のM1943フィールドジャケットを参考に、イギリス軍が1950年に採用した野戦用のコットン製ジャケット。トラウザースも共に採用されている。前合わせは、ボタンとファスナーを併用して開閉する。グローブをしたままでも開閉を容易にするためにボタンは大きく、すべて露出している。

〔P1950 コンバットキャップ〕
コンバットドレスと同じコットン生地で作られた野戦帽。耳を覆うためのフラップが付属する。

〔P1950 コンバットドレス用の着脱式フード〕
コンバットドレスの肩と襟に付属するボタンで装着。

《 P1950コンバットドレスを着用した兵士 》

P1950コンバットドレスは、冬季用戦闘服として1949年に開発が始まり、朝鮮戦争では、1951～1952年の冬季に使用されたが、数が少なく、最前線部隊に優先へ支給されたという。

《 ウインドプルーフ・カモフラージュスモックを着用した第1グロスターシャー連隊の兵士（1950年冬）》

このスモックはSAS部隊も使用したことからSASスモックとも呼ばれる。重ね着した上から着用できるため、迷彩効果だけでなく防寒用としても使用された。同じデザインで作られた雪中用のスノーカモフラージュスーツも一部の部隊が使用している。

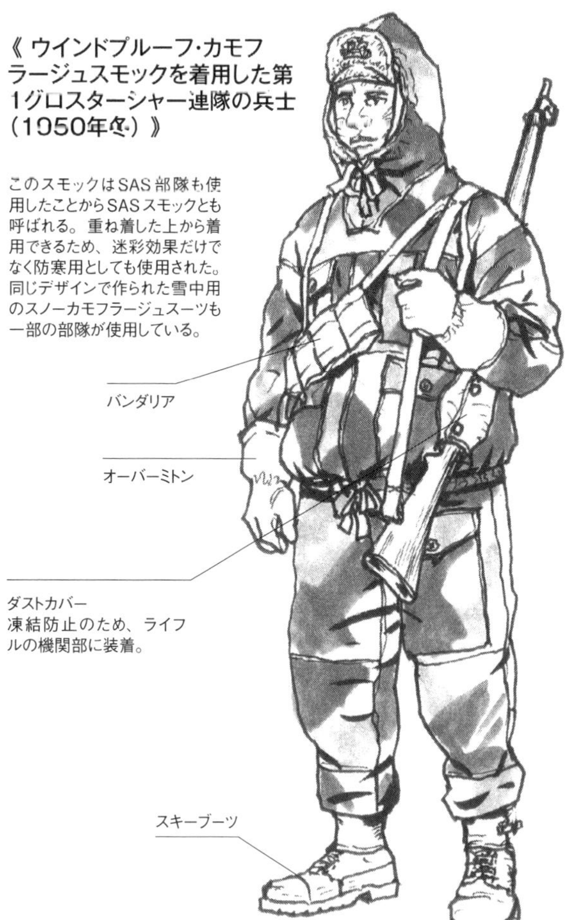
バンダリア
オーバーミトン
ダストカバー
凍結防止のため、ライフルの機関部に装着。
スキーブーツ

《 ウインドプルーフ・カモフラージュスモック 》

バトルドレスなど重ね着した上から着られるよう、サイズは大きく作られている。

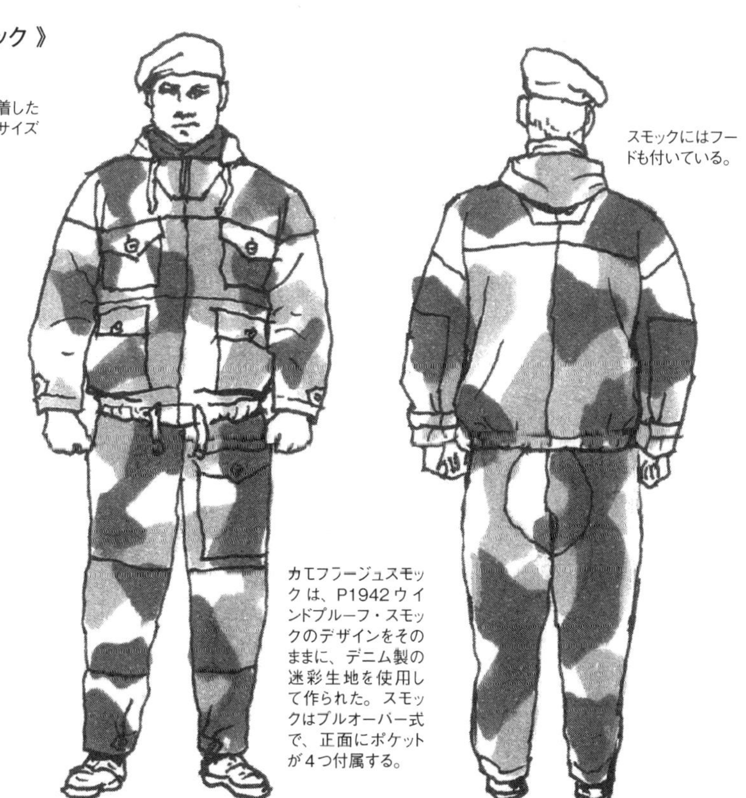

スモックにはフードも付いている。

カモフラージュスモックは、P1942ウインドプルーフ・スモックのデザインをそのままに、デニム製の迷彩生地を使用して作られた。スモックはプルオーバー式で、正面にポケットが4つ付属する。

イギリス軍の戦車兵

イギリス軍戦車兵は、専用のオーバーオールを使用しているが、これは第二次大戦中の1942年に採用された通称"ピクシースーツ"と呼ばれたオーバーオールである。

《 標準的な戦車兵 》

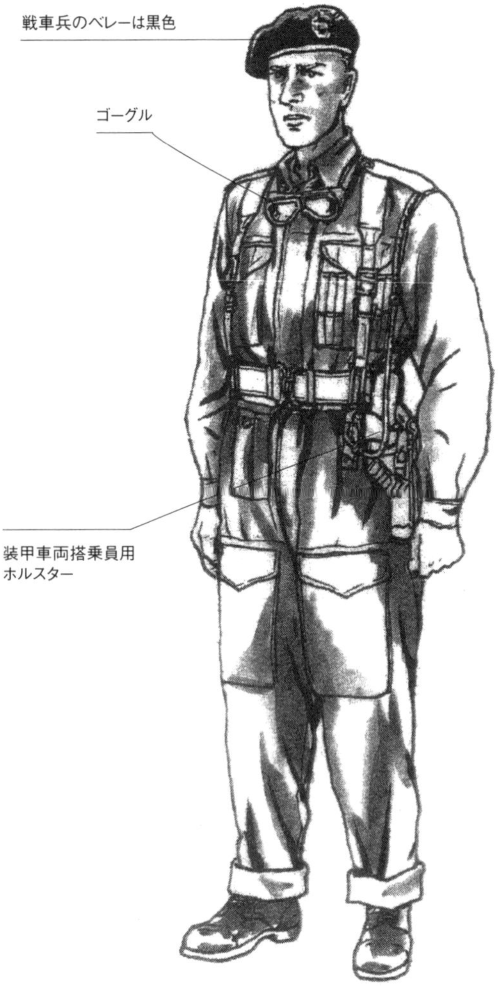

戦車兵のベレーは黒色

ゴーグル

装甲車両搭乗員用ホルスター

《 冬季の戦車兵 》

冬季には防寒用オーバーオールを使用。このタイプは1943年に採用された。前合わせの左右2カ所にジッパーがあり、襟から裾まで開閉するデザインで作られている。通常タイプのオーバーオールと同様に着脱式のフードも用意されていた。

フロントファスナー

第8アイルランド近衛騎兵連隊の徽章

英連邦軍の各国軍兵士

英連邦軍は現地で編成された第27、第28連邦歩兵旅団に所属した。各旅団には、イギリス軍8個大隊、オーストラリア軍3個大隊、カナダ軍1個連隊、ニュージーランド軍1個大隊が振り分けられて配属された。その後、2つの旅団は1951年7月に統合されて英連邦第1歩兵師団に改称している。

《 インド軍兵士 》

規模：空挺連隊所属の1個衛生部隊
所属：第27、第28連邦歩兵旅団
軍装：イギリス式
兵器：イギリス式

《 カナダ軍兵士 》

規模：1個旅団
所属：第27、第28連邦歩兵旅団
軍装：イギリス式
兵器：国産、イギリス式

《 オーストラリア軍兵士 》

規模：歩兵2個大隊(4400名)
所属：第27、第28連邦歩兵旅団
軍装：国産、イギリス式
兵器：国産、イギリス式

《 ニュージーランド軍兵士 》

規模：1個砲兵中隊(約500名)
所属：第27、第28連邦歩兵旅団
軍装：国産、イギリス式
兵器：イギリス式

その他の国連軍兵士

英連邦軍以外の国連軍は主にアメリカ軍に配属された。いずれの部隊もアメリカ軍と共同しながら、休戦まで各地で戦闘を行なっている。

《 フランス軍兵士 》

規模：1個歩兵大隊(約1400名)
所属：アメリカ第2歩兵師団
　　第23歩兵連隊
軍装：国産、アメリカ式
兵器：アメリカ式

《 オランダ軍兵士 》

規模：1個歩兵大隊(約640名)
所属：アメリカ第7歩兵師団第32歩兵連隊
軍装：国産、アメリカ式
兵器：アメリカ式

《 ベルギー軍兵士 》

規模：1個歩兵大隊(約800名)
所属：イギリス第29旅団、アメリカ第1騎兵師団、
　　第3歩兵師団
軍装：国産、アメリカ・イギリス式
兵器：国産、アメリカ式

《 トルコ軍兵士 》

規模：歩兵1個旅団(約6000名)
所属：アメリカ第2歩兵師団
軍装：アメリカ式
兵器：アメリカ式

《 タイ軍兵士 》

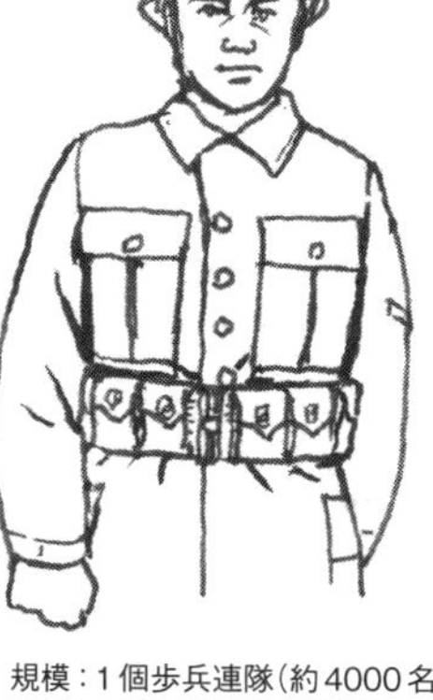

規模：1個歩兵連隊(約4000名)
所属：アメリカ第2歩兵師団
軍装：国産、アメリカ式
兵器：アメリカ式

《 フィリピン軍兵士 》

規模：1個歩兵大隊、1個戦車中隊(約5000名)
所属：アメリカ第1騎兵師団、第3、第25、第45歩兵師団
軍装：アメリカ式
兵器：アメリカ式

《 コロンビア軍兵士 》

規模：1個歩兵大隊(約1100名)
所属：アメリカ第24歩兵師団
軍装：アメリカ式
兵器：アメリカ式

《 エチオピア軍兵士 》

規模：1個近衛兵大隊(約1100名)
所属：アメリカ第7歩兵師団第32歩兵連隊
軍装：アメリカ式
兵器：アメリカ式

韓国軍のユニフォームと装備

韓国の陸上兵力は、主力の大韓民国陸軍と海兵隊である。陸軍は1946年1月15日に発足した南朝鮮国防警備隊を基に建国後、陸軍へと改編され、朝鮮戦争開戦時の兵力は9万8000人であった。ユニフォームと装備は、アメリカから供与されたが、野戦用ユニフォームの一部は、国産品も使用している。しかし、国産品は耐久性が低く、兵士たちはアメリカ製ユニフォームを好んだと言われている。

《 夏季の陸軍兵士 》

戦争当初は、コットン生地のカーキユニフォーム（夏季制服）、またはオリーブドラブの戦闘服（兼作業服）を使用している。国産のユニフォームは、いずれもアメリカ軍のものをコピーしたデザインで作られていた。

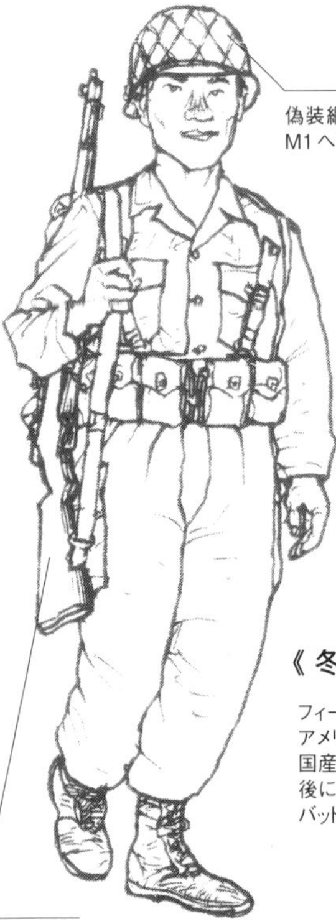

偽装網を装着したM1ヘルメット。

M1ライフル

一部の部隊ではヘルメットに階級章をペイントしていた。

M1945コンバットフィールドパック

フィールドジャケット

《 冬季野戦装備の陸軍兵士 》

フィールドジャケットはM43やM50などがアメリカから供与された。ブーツは当初、国産のゴム底ズック靴を使用していたが、後にアメリカ軍からM1943サービスコンバットブーツなどが支給されている。

《 防寒装備の兵士 》

厳寒期の防寒装備は、国産のキルティング製防寒衣類を使用していたが、アメリカ軍からパーカー類の支給も受けている。

オーバーコート
パーカータイプ

《 海兵隊員の兵士 》

ダックハンターカモフラージュカバーを被せたM1ヘルメット。

M1カービン

ジャケット左ポケットに描かれたハングル文字と部隊章。

韓国軍海兵隊は、アメリカ海兵隊を見本に1949年4月15日に創設。同年8月には2個大隊が編成された。朝鮮戦争が始まると兵員の増強が図られて、1950年9月1日に第1連隊、12月には第5独立大隊が創設されている。ユニフォームと装備は陸軍と同じになるが、ジャケットの左ポケットに海兵隊を表すハングル文字とKMCの英略字、さらに部隊章がステンシルで描かれている。

《 韓国陸軍の階級章 》

元士

兵長

中士

上兵

兵

下士

大尉

中尉

少尉

大佐

中佐

少佐

大将

中将

少将

准将

韓国軍の将軍

《 丁一権(チョン・イルグォン) 》

(1917年11月21日～1994年1月17日)

奉天軍官学校、日本陸軍士官学校を卒業。第二次大戦終戦時は満洲国軍将校だった。大戦後、南朝鮮国防警備隊の連隊長、総参謀長などを歴任。朝鮮戦争開戦後は1950年6月に陸軍参謀総長や陸海空軍総司令官などの職に就いて、軍を指揮した。休戦時の階級は中将。

《 白善燁(ペク・ソニョプ) 》

(1920年11月23日～2020年7月10日)

第二次大戦中は奉天士官学校を卒業後、満州国軍歩兵第28団で勤務。大戦後は1946年2月26日に南朝鮮国防警備隊に入隊し、連隊長や団司令部参謀長などを歴任。朝鮮戦争開戦時は第1師団長を務めていた。戦争初期のソウルの防衛戦や釜山橋頭堡の戦いにおいて第一線で指揮を執り、1950年10月には平壌への一番乗りを果たしている。その勇猛果敢な姿から"白将軍"や"ホワイティ"の愛称が付けられた。1951年以降は、軍団長、休戦会談韓国軍代表、参謀総長兼戒厳司令官などを歴任。1953年1月31日、韓国陸軍初の大将となった。

《 陸軍将校のユニフォーム 》

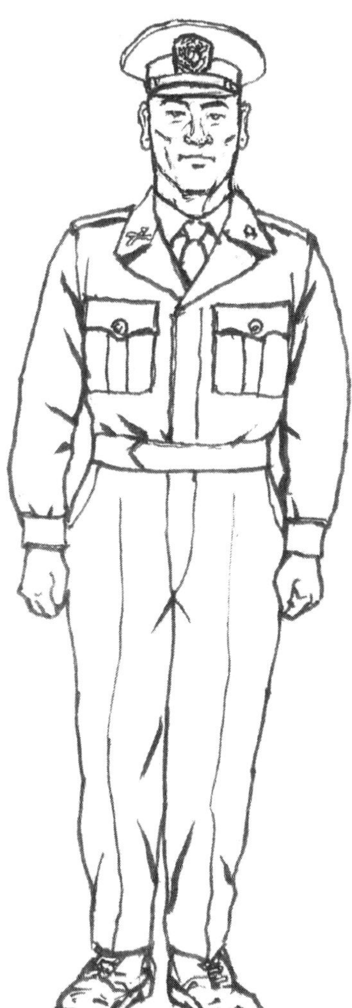

将校の常勤冬季制服。アメリカ軍から供与されたアイクジャケットとウールトラウザースを使用している。夏季は、コットン製のカーキシャツとトラウザースを使用した。

オリーブドラブ色の戦闘服にM41フィールドジャケットを着用したスタイル。

M43HBTジャケットとトラウザースを着用した最前線でのスタイル。HBTユニフォームは他にM49も使用している。

陣地構築

戦闘用掩体壕

掩体壕は、拠点防衛や移動中に野営を行なう際に作られる。地形や用途など1人用から、機関銃など使用する兵器に合わせて様々なタイプがある。

共産軍の攻撃は猛烈だ。
陣地はがっちりと造っておくんだ。

《 伏射用掩体 》

敵弾下における応急掩体。

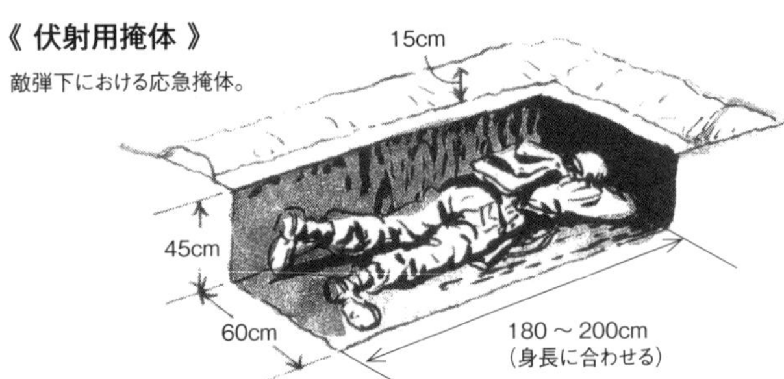
15cm
45cm
60cm
180 ~ 200cm
(身長に合わせる)

《 ファイティングホール(立射用掩体 1名用) 》

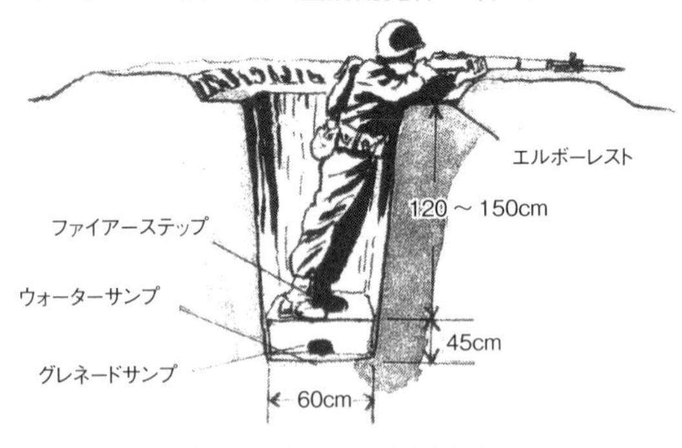
エルボーレスト
120 ~ 150cm
ファイアーステップ
ウォーターサンプ
45cm
グレネードサンプ
60cm

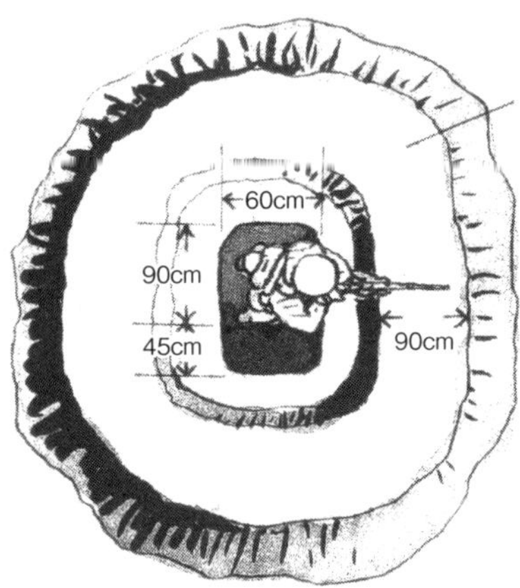
60cm
90cm
45cm
90cm

掘り出した土を用い、防護用に壕の正面や全周を蔽うように積土を造る。

《 トゥメン・ファイティングホール(2名用) 》

グレネードサンプ
120 ~ 150cm
60cm
90cm
45cm
45cm

構築は2人で行なうため、交互に休憩を取りながら作業ができる。また、警戒も交代が可能なので、長時間の戦闘配置に適している。

《 スパイダーホール 》

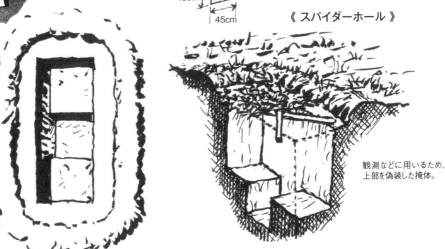

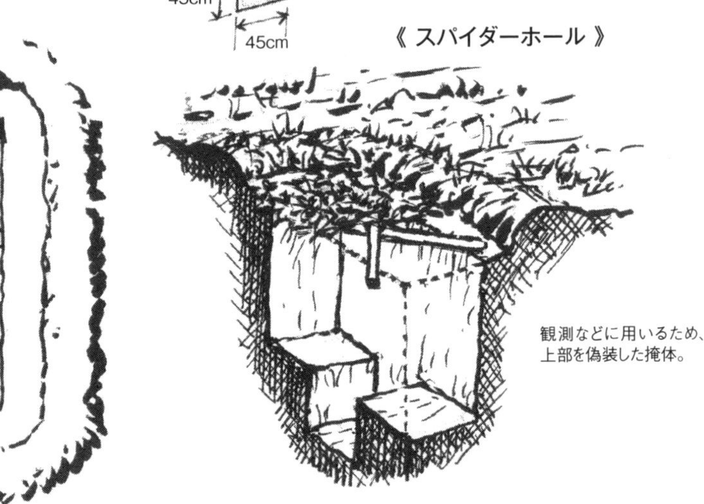

観測などに用いるため、上部を偽装した掩体。

機関銃掩体

《 オープンシャロウ型 》

偽装網

壕を深く掘らず、地面を平らにしたタイプ

《 オープンスタンディング型 》

２人用掩体の応用型で、機関銃のトライポッドを置く銃座を設けている。

《 フォックスホール型 》

機関銃を中心に、射手、弾薬手、指揮官用の掩体を個別に掘るタイプ。

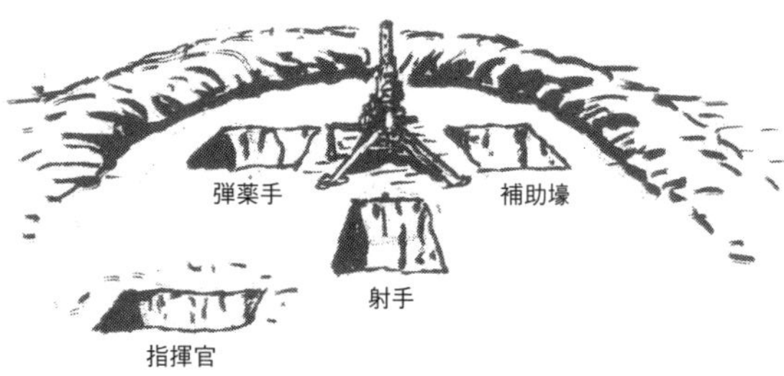
弾薬手
補助壕
射手
指揮官

《 V字型掩体を利用した機関銃掩体 》

地表をそのまま利用して銃座部分を造る。

《 60mm迫撃砲掩体 》

迫撃砲の左右に装填手と照準手の１人用掩体を設けている。

《 81mm迫撃砲掩体 》

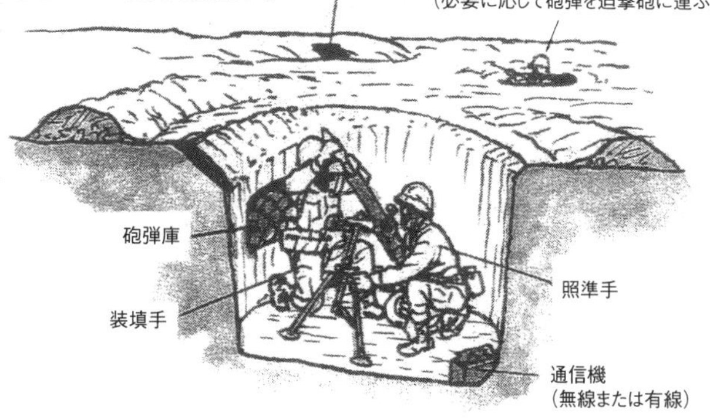
砲弾庫
弾薬手掩体
（必要に応じて砲弾を迫撃砲に運ぶ）
砲弾庫
照準手
装填手
通信機
（無線または有線）

《 強化型掩体 》

地面を掘るだけでなく、積土を含めた壕内側の胸壁部分を土嚢などで補強したタイプ。野戦陣地などに用いられる。

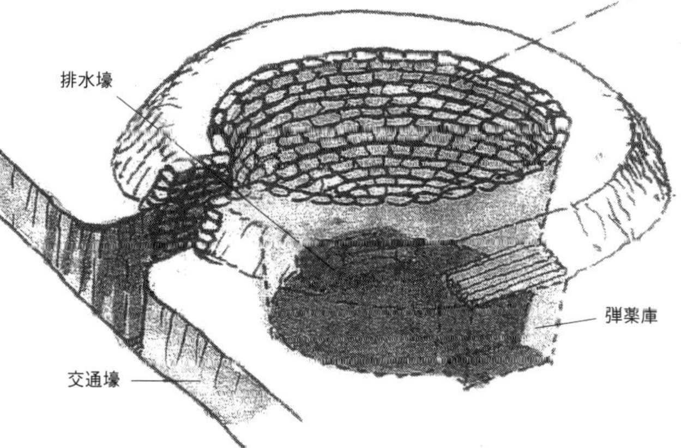
エイミングポイント
排水壕
弾薬庫
交通壕

《 81mm迫撃砲掩体の寸法 》

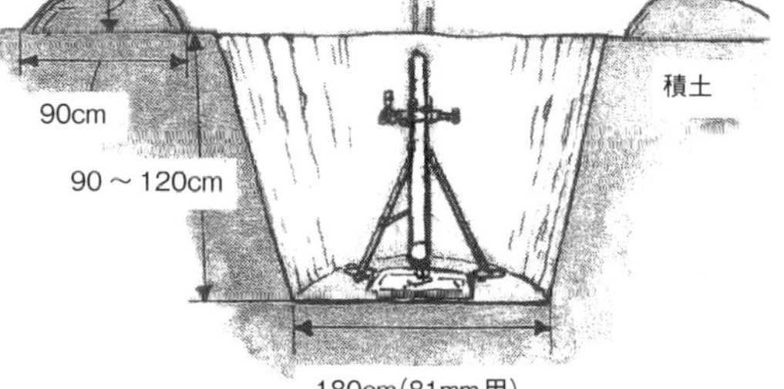
50cm
エイミングポスト（照準用規準支柱）
90cm
90 ～ 120cm
積土
180cm（81mm用）
244cm（4.2インチ用）

〔81mm用〕
開口部の直径：244cm
深さ：120cm
エイミングポイント：50m

〔4.2インチ用〕
開口部の直径：366cm
深さ：137cm
エイミングポイント：91m

鉄条網

戦争中盤以降、陣地戦に移行した戦いでは、鉄条網が陣地の防御用障害物として重要な設備になった。

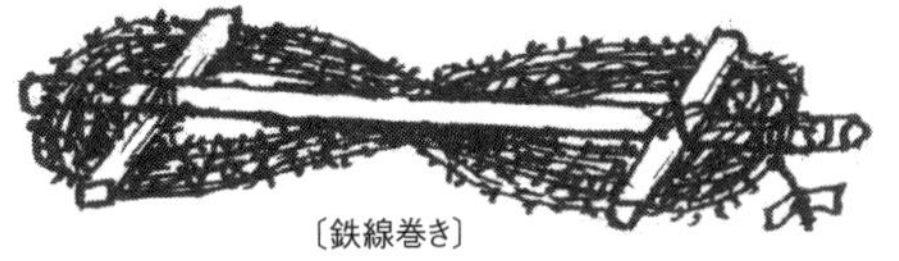

〔鉄線巻き〕
長さ約30m
線の端末には白布等で印を付けている。

有刺鉄線を設営する際には専用のグローブか厚手の皮グローブを使用する。

《 上穴結び 》

ねじ杭の最上部に結着する時に用いる。穴の上から下に通して巻き付けていく。

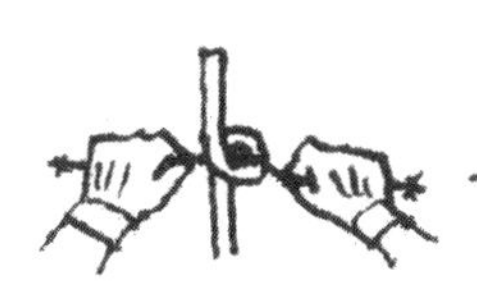

《 中穴結び 》

最上部以外の穴に結着する方法。上側から2回以上巻き付ける。

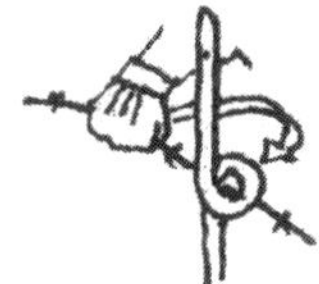
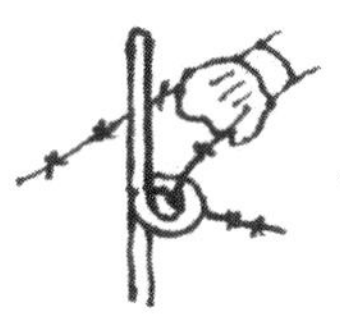
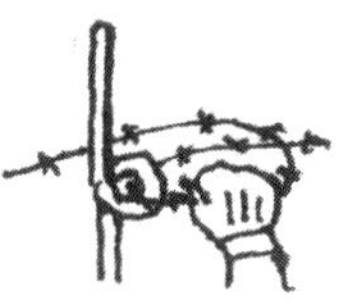

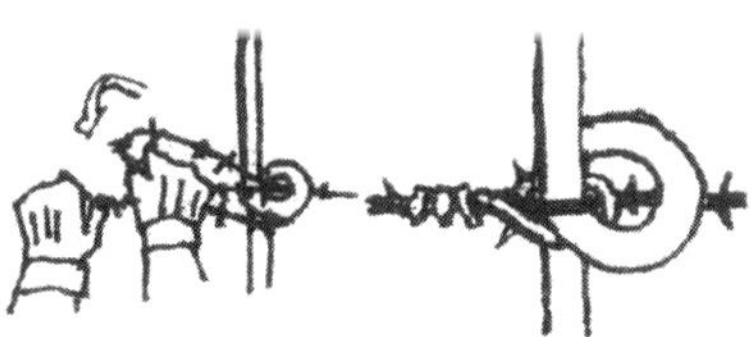

《 外ねじ結び 》

木杭の上部に巻き付ける方法。

《 巻止め結び 》

《 鉄線結び 》

《 エプロン結び 》

鉄線に他の鉄線を連結する方法。

《 杭の種類 》

鉄条網を効果的に設置するには杭が必要になる。施設用の杭は、専用のものが数種類あり、形状やサイズは設営する形によって使い分けた。

〔ねじ杭(スクリュー型)〕
最前線で杭を地面に打ち込む際、その音で敵に発見されるため、施設時にはなるべく音を立てず、かつハンマーを必要としない目的で、ねじ込み式の杭が開発された。

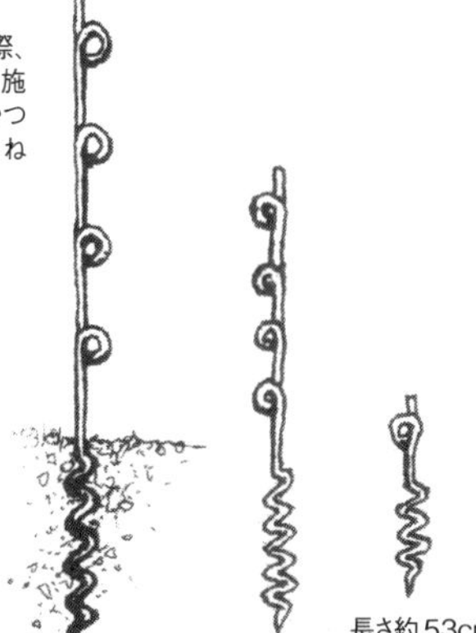

長さ約147cm

長さ約53cm

〔アングルアイロン型(L字杭)〕
金属製の杭で、鉄線を巻き付けるための切り欠きがある。

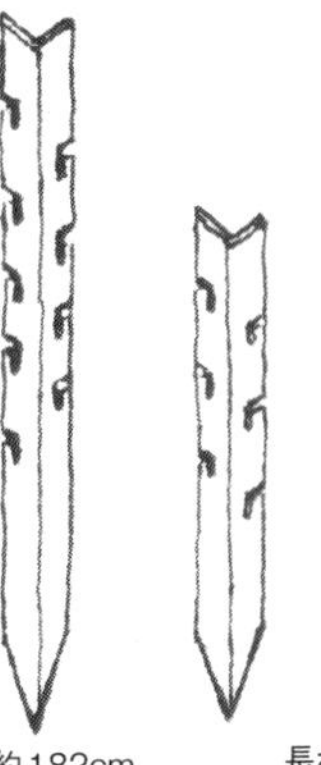

長さ約182cm

長さ約111cm

〔U字杭(金属製)〕

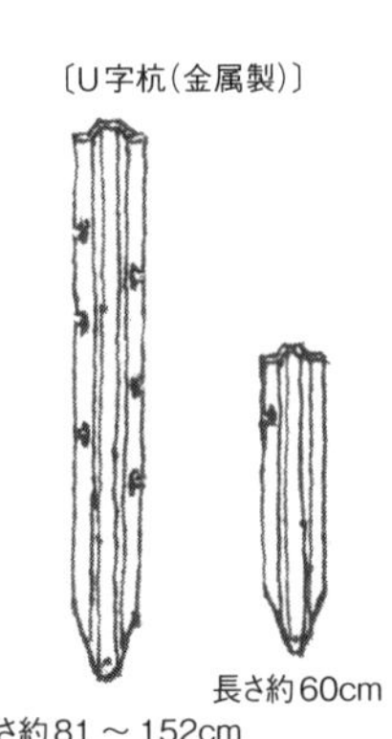

長さ約81 ～ 152cm

長さ約60cm

〔木杭〕

長さ約76cm
直径約6.3 ～ 7.6cm

長さ約167cm
直径約5 ～ 10cm

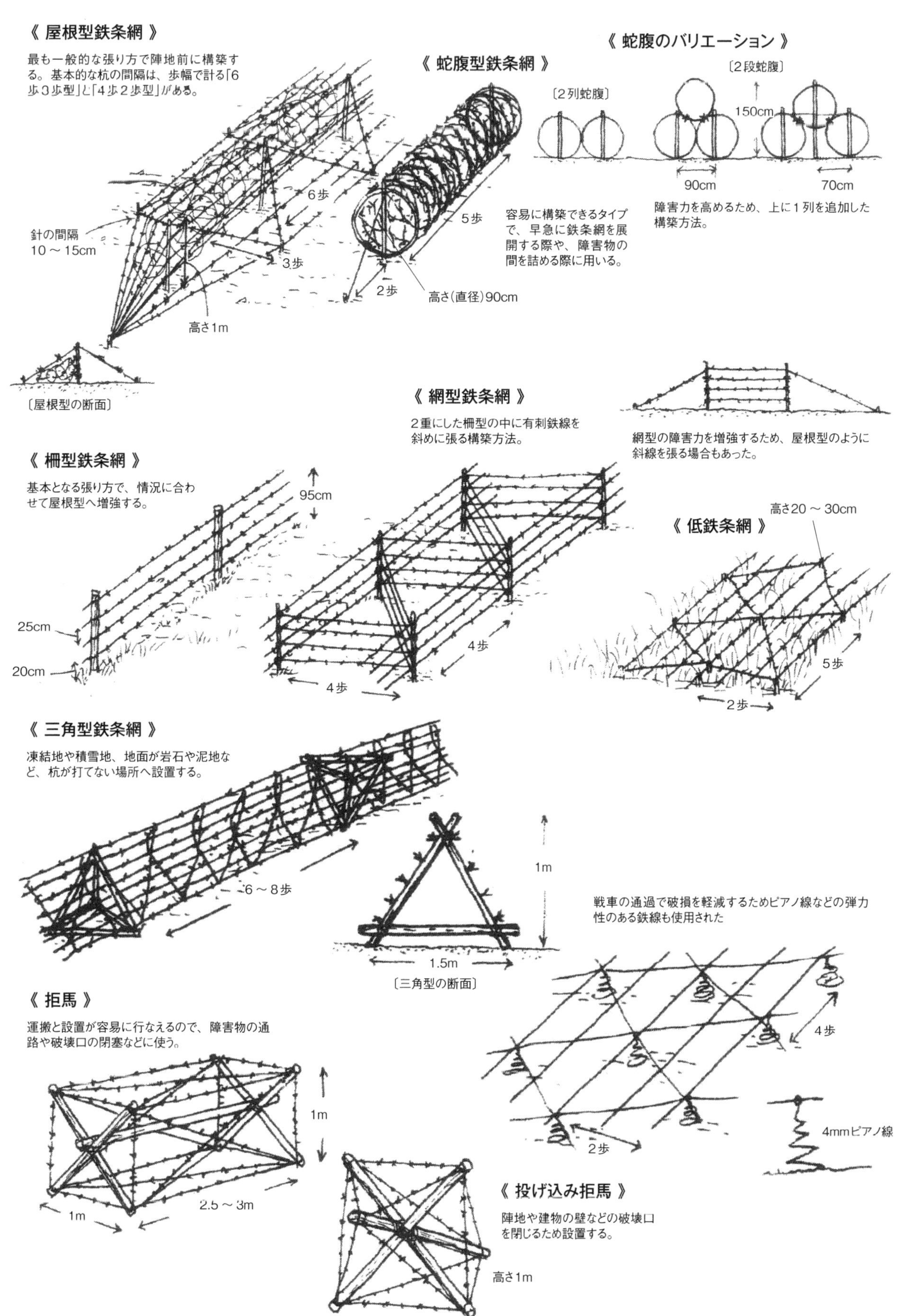
《 屋根型鉄条網 》
最も一般的な張り方で陣地前に構築する。基本的な杭の間隔は、歩幅で計る「6歩3歩型」と「4歩2歩型」がある。
6歩
針の間隔
10 ～ 15cm
3歩
高さ1m
〔屋根型の断面〕
《 蛇腹型鉄条網 》
5歩
2歩
高さ（直径）90cm
容易に構築できるタイプで、早急に鉄条網を展開する際や、障害物の間を詰める際に用いる。
《 蛇腹のバリエーション 》
〔2列蛇腹〕
〔2段蛇腹〕
150cm
90cm
70cm
障害力を高めるため、上に1列を追加した構築方法。
《 網型鉄条網 》
2重にした柵型の中に有刺鉄線を斜めに張る構築方法。
網型の障害力を増強するため、屋根型のように斜線を張る場合もあった。
《 柵型鉄条網 》
基本となる張り方で、情況に合わせて屋根型へ増強する。
95cm
25cm
20cm
4歩
4歩
《 低鉄条網 》
高さ20 ～ 30cm
5歩
2歩
《 三角型鉄条網 》
凍結地や積雪地、地面が岩石や泥地など、杭が打てない場所へ設置する。
6 ～ 8歩
1m
1.5m
〔三角型の断面〕
戦車の通過で破損を軽減するためピアノ線などの弾力性のある鉄線も使用された
4歩
2歩
4mmピアノ線
《 拒馬 》
運搬と設置が容易に行なえるので、障害物の通路や破壊口の閉塞などに使う。
1m
1m
2.5 ～ 3m
《 投げ込み拒馬 》
陣地や建物の壁などの破壊口を閉じるため設置する。
高さ1m

対戦車障害物

戦車を含む車両の交通を妨害するもので、道路以外にも敵車両の進撃が予想される地域に設置される。そのタイプは、障害となるもののない見通しの良い平地や斜面など幅広いエリアに用いられる壕型と、木や金属の杭、コンクリートブロックや自然石などを道路の要衝に設置する方法に分かれる。

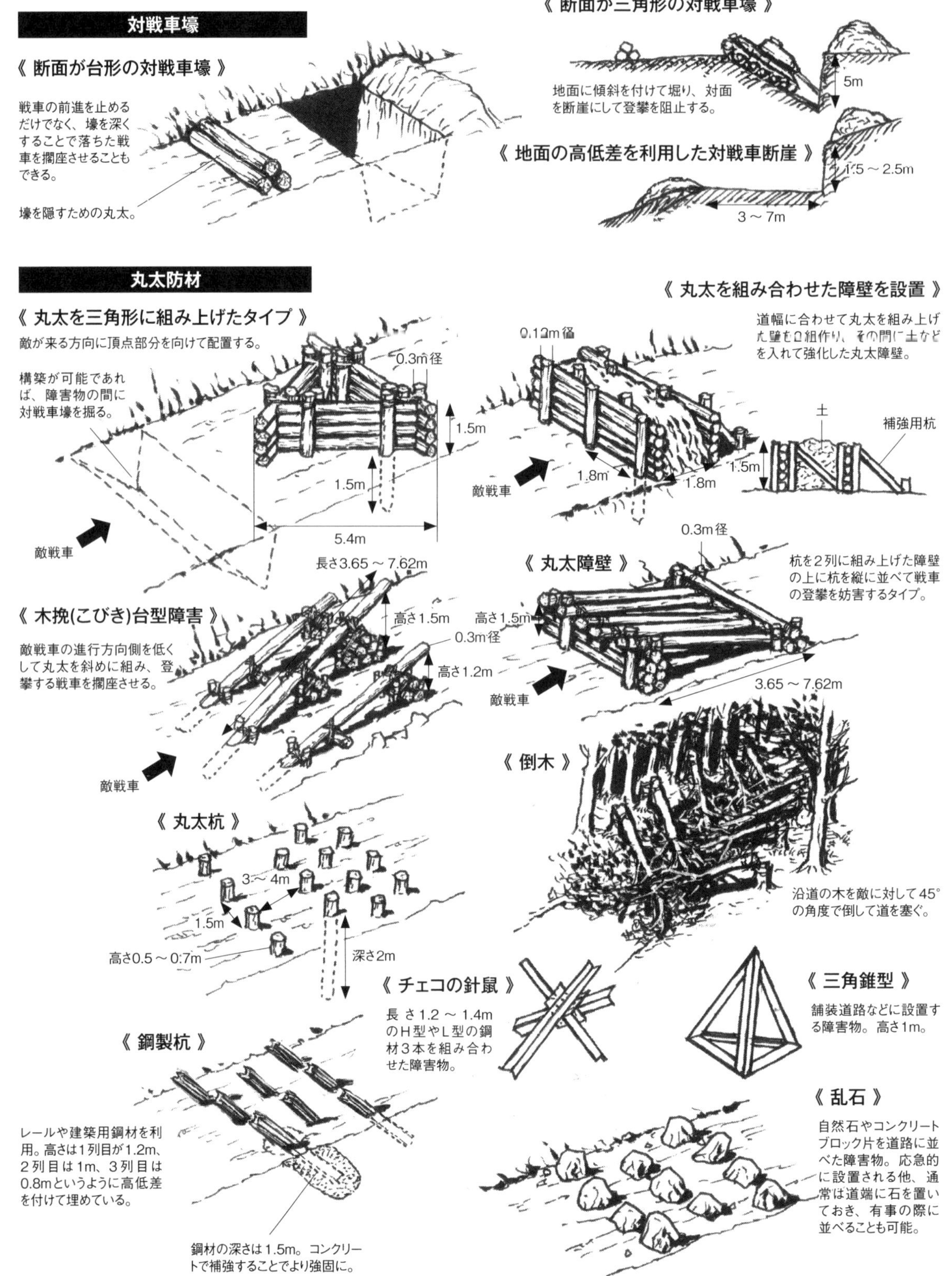

対戦車壕
《 断面が台形の対戦車壕 》
戦車の前進を止めるだけでなく、壕を深くすることで落ちた戦車を擱座させることもできる。
壕を隠すための丸太。
《 断面が三角形の対戦車壕 》
地面に傾斜を付けて掘り、対面を断崖にして登攀を阻止する。
5m
《 地面の高低差を利用した対戦車断崖 》
1.5 ~ 2.5m
3 ~ 7m
丸太防材
《 丸太を三角形に組み上げたタイプ 》
敵が来る方向に頂点部分を向けて配置する。
構築が可能であれば、障害物の間に対戦車壕を掘る。
0.3m径
1.5m
1.5m
5.4m
敵戦車
《 丸太を組み合わせた障壁を設置 》
道幅に合わせて丸太を組み上げた壁を2組作り、その間に土などを入れて強化した丸太障壁。
0.12m径
土
補強用杭
1.8m
1.8m
1.5m
敵戦車
《 木挽(こびき)台型障害 》
敵戦車の進行方向側を低くして丸太を斜めに組み、登攀する戦車を擱座させる。
長さ3.65 ~ 7.62m
高さ1.5m
0.3m径
高さ1.2m
敵戦車
《 丸太障壁 》
杭を2列に組み上げた障壁の上に杭を縦に並べて戦車の登攀を妨害するタイプ。
0.3m径
高さ1.5m
3.65 ~ 7.62m
敵戦車
《 倒木 》
沿道の木を敵に対して45°の角度で倒して道を塞ぐ。
《 丸太杭 》
3 ~ 4m
1.5m
高さ0.5 ~ 0.7m
深さ2m
《 チェコの針鼠 》
長さ1.2 ~ 1.4mのH型やL型の鋼材3本を組み合わせた障害物。
《 三角錐型 》
舗装道路などに設置する障害物。高さ1m。
《 鋼製杭 》
レールや建築用鋼材を利用。高さは1列目が1.2m、2列目は1m、3列目は0.8mというように高低差を付けて埋めている。
鋼材の深さは1.5m。コンクリートで補強することでより強固に。
《 乱石 》
自然石やコンクリートブロック片を道路に並べた障害物。応急的に設置される他、通常は道端に石を置いておき、有事の際に並べることも可能。

地雷

開戦当初、国連軍が北朝鮮軍のT-34 85に対抗できる兵器は、唯一対戦車地雷だけであった。ただし、開戦前に敷設されていた地雷がどれだけの効果をもたらしたのかは不明である。休戦までに国連軍が破壊した北朝鮮軍装甲車両は約300両で、その内5%が対戦車地雷の戦果と報告されている。

対戦車地雷

《 M15対戦車地雷 》

アメリカ軍が朝鮮戦争から使用した対戦車地雷。

安全栓

信管

〔データ〕
直径：333mm
全高：150mm
重量：14.3kg
炸薬：コンポジットB 10.3kg
起爆圧力：160 ～ 340kg

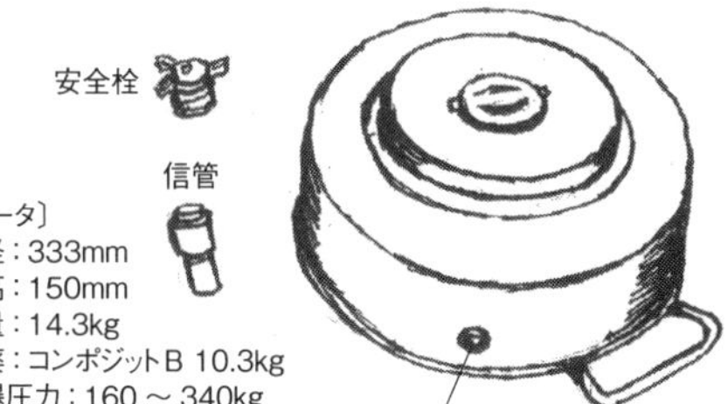

トラップ用側面信管取り付けホール

〔裏側〕

トラップ用側面信管取り付けホール

《 地面への設置 》

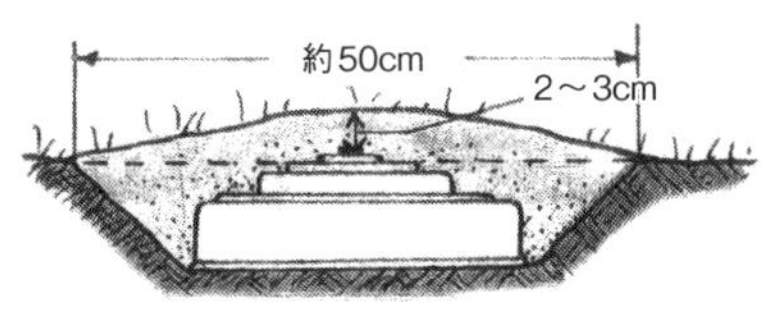

約50cm
2～3cm

設置する穴の底面は固める。深さは埋め戻した際、地雷中心部の上部の土が地面より2 ～ 3cm高くなるくらいが良い。

《 地雷の設置手順 》

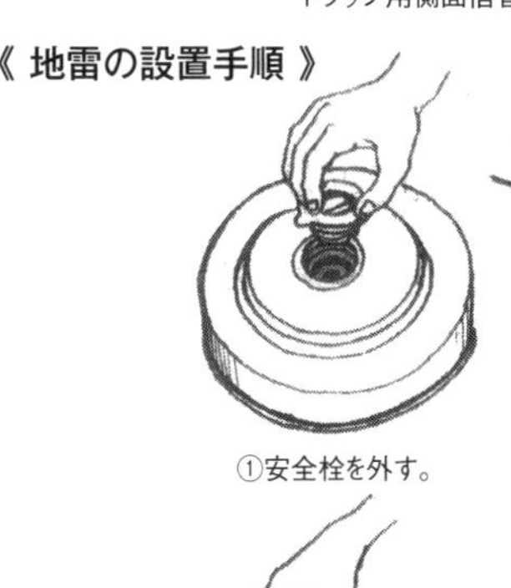

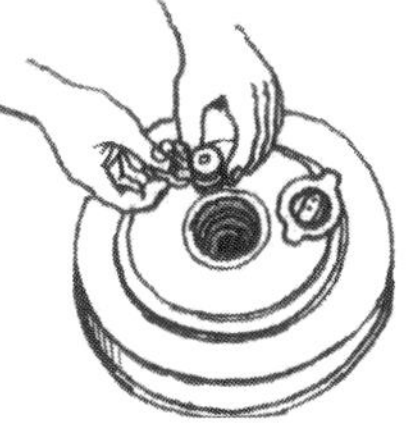

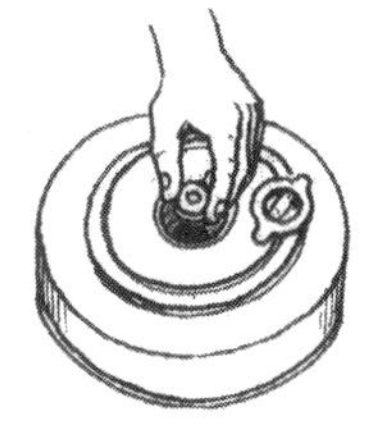

①安全栓を外す。

②M603信管のセフティピンを取る。

③信管を地雷に再セットする。

④安全栓のレバーがセフティの位置にあることを確認して閉める。

〔発火位置〕

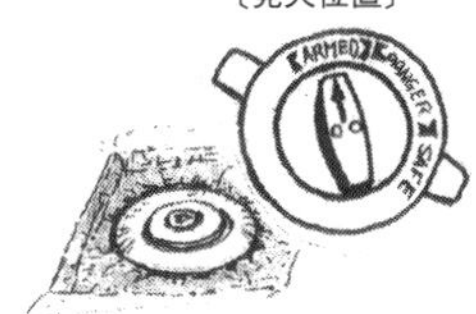

〔セフティ位置〕

⑤地雷を穴に入れ、セフティを発火位置に回し、埋め戻す。

《 地雷除去を阻止するためのトラップ 》

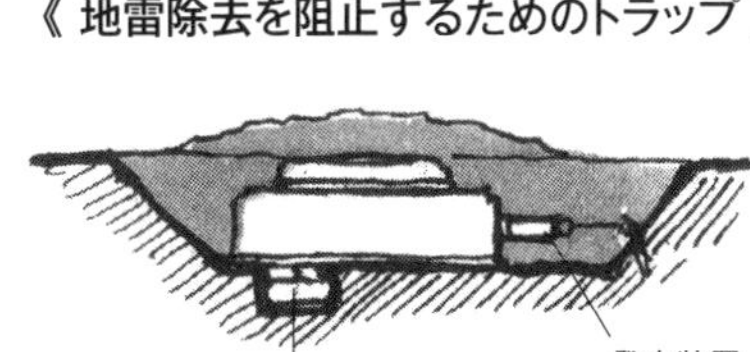

発火装置（圧力開放式）

発火装置（引っ張り式）

発火装置（引っ張り式）

対人地雷

《 M2A4（空中炸裂式）》

対人地雷は陣地戦で活用された。M2A4対人地雷のM6A1信管は、圧力式またはトリップワイヤー式の両方で作動が可能。発火するとチューブ内の地雷弾体が飛び出して2 ～ 3mの高さで炸裂する。致死範囲は半径約10m。

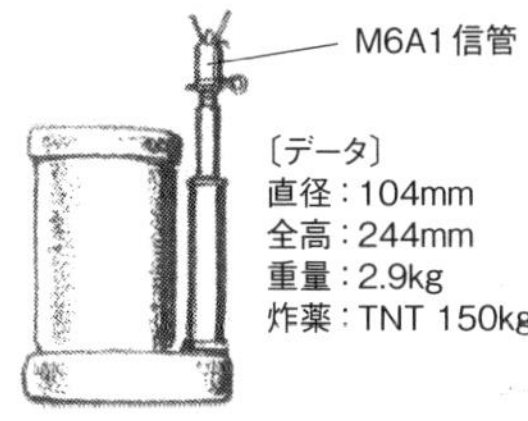

M6A1信管

〔データ〕
直径：104mm
全高：244mm
重量：2.9kg
炸薬：TNT 150kg

《 対人地雷の爆発 》

〔空中炸裂〕

〔地中炸裂〕

空中炸裂式は"跳躍地雷"と呼ばれ、数メートルの高さで爆発して破片を周囲に飛散させる。

《 地雷の配置方法 》

〔地雷原構成の基本単位〕

対人／対戦車地雷を組み合わせたグループ。

対人地雷のみのグループ。

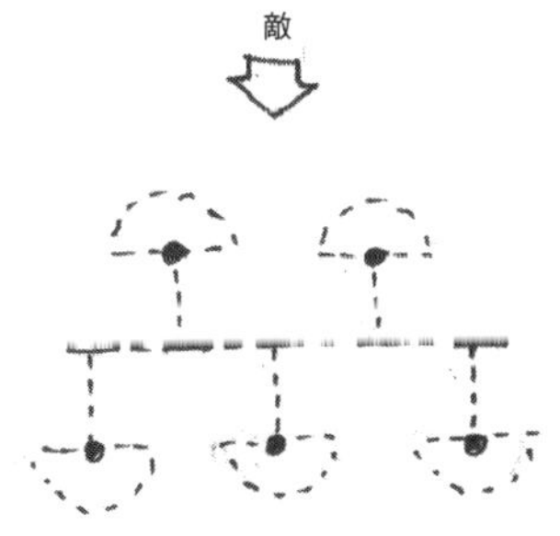

敵

2種類のグループを組み合わせ、地雷帯を構成していく。

〔地雷帯の構成〕

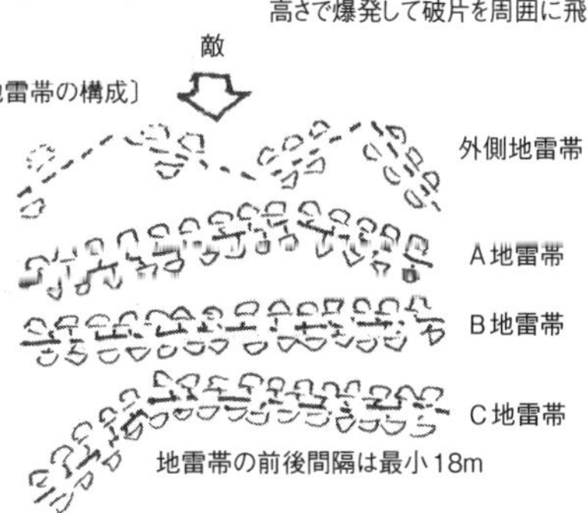

敵
外側地雷帯
A地雷帯
B地雷帯
C地雷帯

地雷帯の前後間隔は最小18m

ハンドシグナル

ハンドシグナル（手信号）は、敵が接近している場合や敵地において、声を出さずに意思の疎通を図るため必要なサインである。

戦場では大声を出せない場合が多いので、ハンドシグナルはしっかりと覚えておくように。

《 集合 》

《 注意（注目）》

《 リーダー集合 》

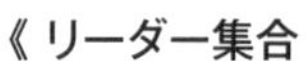

《 準備はいいか 》

《 分からない 》

《 前進 》

《 前進または、ついて来い 》

《 並足 》

《 駆け足 》

《 並べ 》

《 伏せろ 》

《 止まれ 》

《 そのまま 》

《 ゆっくり 》

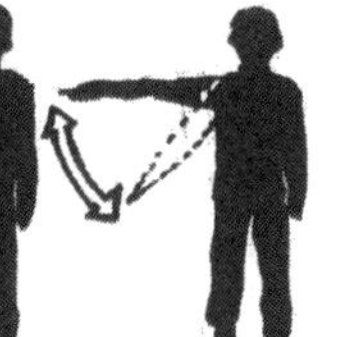

《 戻れ（回れ右）》

《 伏せろ 》

《 走れ 》

《 近寄れ 》

《 射撃開始 》

《 撃ち方止め 》

《 先の命令取り消し 》

《 敵発見 》

《 視界中に敵影なし 》

《 着剣 》

《 敵、またはその疑いあり 》

フォーメーションサイン

《 横隊 》

《 菱形 》

《 縦列 》

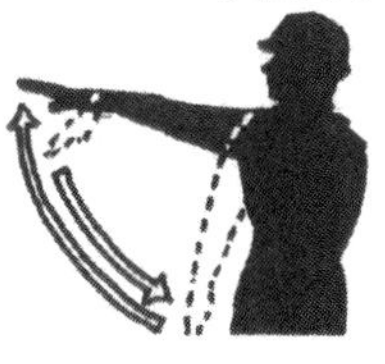

《 一列縦隊 》

《 傘型 》

共産軍の
兵器&軍装

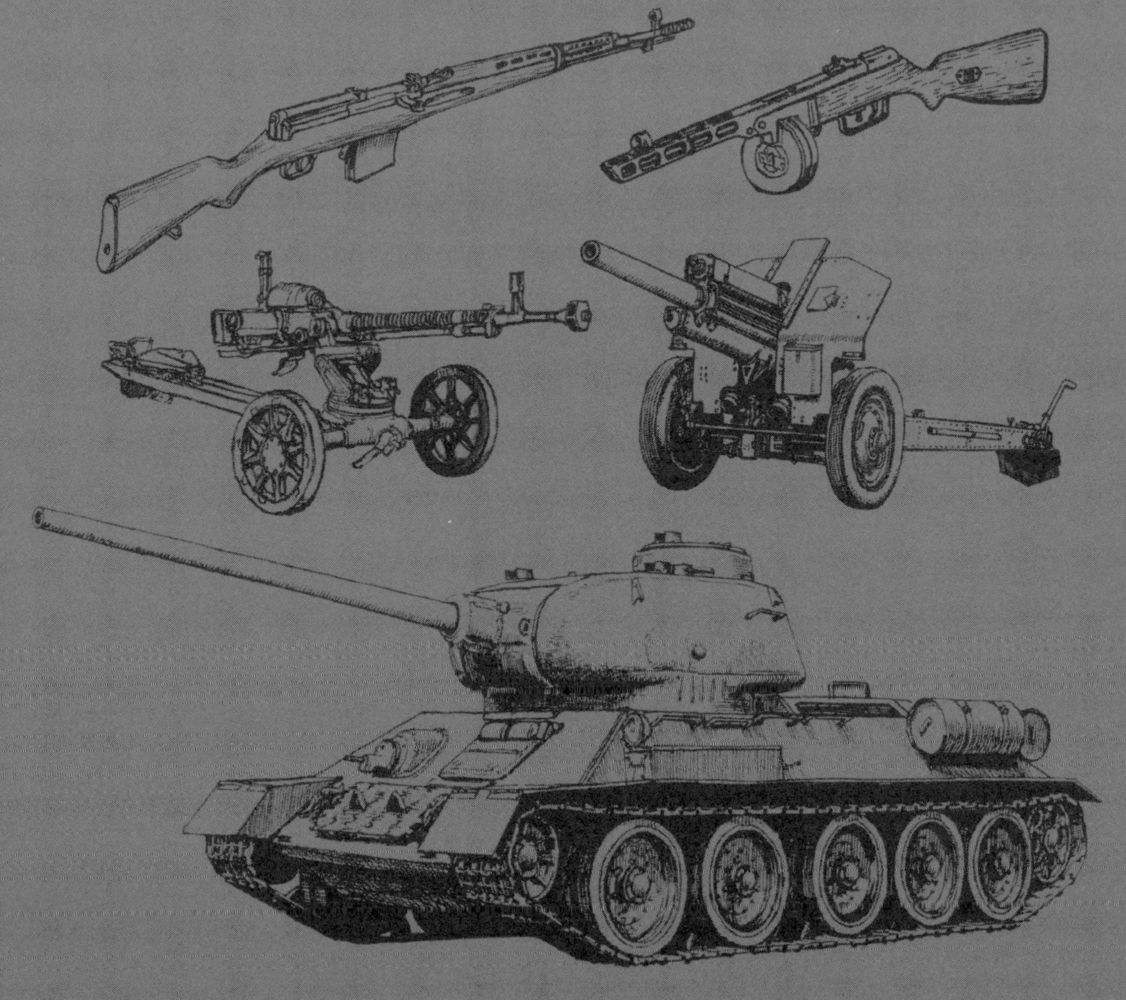

小火器

北朝鮮軍や中国軍が朝鮮戦争時に装備していた小火器は、ソ連製をメインに日本製やアメリカ製も含まれていた。また、中国軍は国民党政府が国内生産していた兵器も併せて使用している。

日本製小火器

第二次大戦終結までに日本軍から鹵獲、または大戦終結後、日本軍が武装解除された際に接収したものなどである。

《 八九式重擲弾筒 》
《 九七式手榴弾 》
《 十四年式拳銃 》
《 九四式拳銃 》
《 三八式歩兵銃 》
《 九六式軽機関銃 》
《 九九式小銃 》
《 九九式軽機関銃 》
《 三年式重機関銃 》
《 九二式重機関銃 》
《 M1ライフル 》
《 M1サブマシンガン 》
《 M3 サブマシンガン 》
《 M1カービン 》
《 M1918A2 オートマチックライフル 》
《 M2 60mm 迫撃砲 》
《 M1917A1機関銃 》
《 M1919A4機関銃 》
《 コルトM1911A1 》
《 M1919A6機関銃 》

アメリカ製小火器

中華民国へ輸出されたアメリカ製兵器を使用していた国民革命軍（以下、国民党軍）からの鹵獲・接収品が主な入手先になる。その他、第二次大戦中にアメリカからソ連に輸出され、大戦後にソ連が中国、北朝鮮に供与したものや朝鮮戦争開戦後に戦場で鹵獲した兵器も一部含まれていた。

ピストル

《 トカレフTT-1930/33 》

ソ連が1933年に制式化したTT-1930の改良モデル。主に将校や装甲車両の搭乗員などが護身用に装備した。

〔データ〕
口径：7.62mm
弾薬：7.62×25mm弾（トカレフ弾）
装弾数：ボックスマガジン8発
作動方式：セミオートマチック
全長：196mm
銃身長：115mm
重量：815g

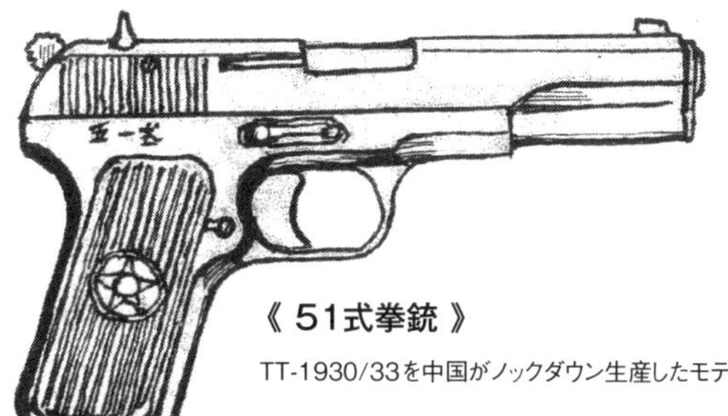

《 51式拳銃 》

TT-1930/33を中国がノックダウン生産したモデル。

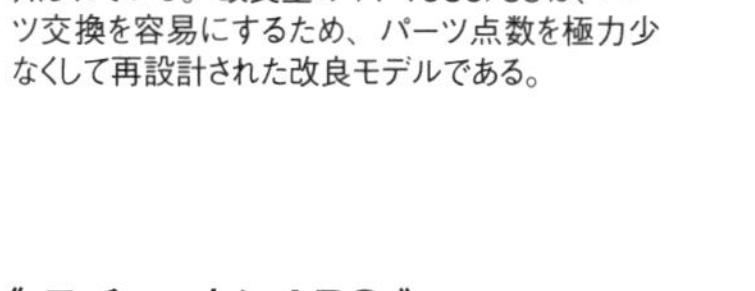

TT-1930は安全装置を持たないピストルとしても知られている。改良型のTT-1930/33は、パーツ交換を容易にするため、パーツ点数を極力少なくして再設計された改良モデルである。

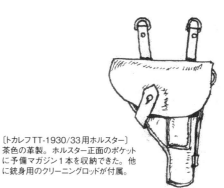

〔トカレフTT-1930/33用ホルスター〕
茶色の革製。ホルスター正面のポケットに予備マガジン1本を収納できた。他に銃身用のクリーニングロッドが付属。

《 スチェッキンAPS 》

ソ連軍が戦車搭乗員などの護身用として1951年に採用したマシンピストル。フルオート射撃が行なえるため、ホルスターを兼ねた着脱式のストックが付属する。

〔スチェッキンAPS用ストック〕
木製のストックは、ホルスターも兼ねている。

〔データ〕
口径：9mm
弾薬：9x18mmマカロフ弾
装弾数：ボックスマガジン20発
作動方式：セミ・フルオートマチック切り替え
全長：225mm
銃身長：140mm
重量：1220g
発射速度：600～750発/分

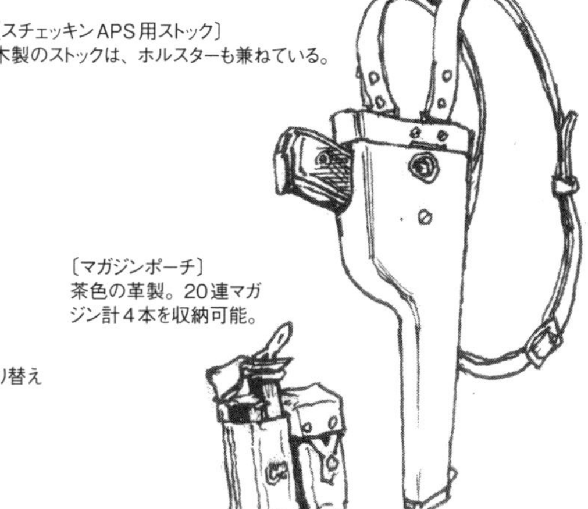

〔マガジンポーチ〕
茶色の革製。20連マガジン計4本を収納可能。

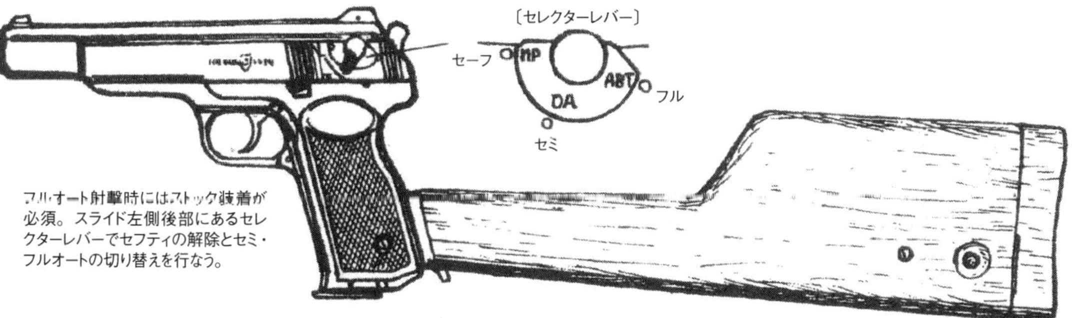
〔セレクターレバー〕
セーフ
フル
セミ
DA

フルオート射撃時にはストック装着が必須。スライド左側後部にあるセレクターレバーでセフティの解除とセミ・フルオートの切り替えを行なう。

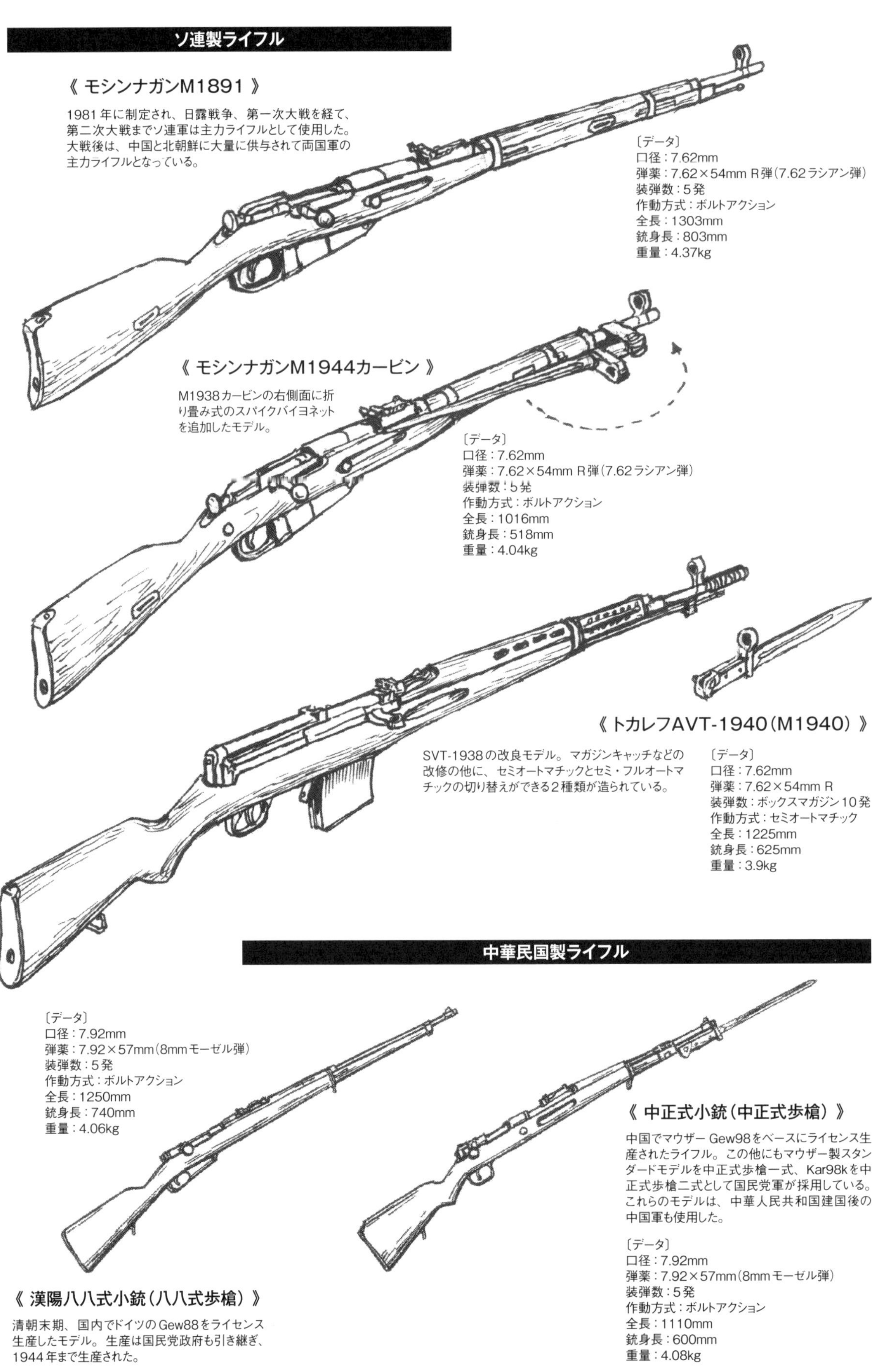

ソ連製ライフル

《 モシンナガンM1891 》

1981年に制定され、日露戦争、第一次大戦を経て、第二次大戦までソ連軍は主力ライフルとして使用した。大戦後は、中国と北朝鮮に大量に供与されて両国軍の主力ライフルとなっている。

〔データ〕
口径：7.62mm
弾薬：7.62×54mm R弾（7.62ラシアン弾）
装弾数：5発
作動方式：ボルトアクション
全長：1303mm
銃身長：803mm
重量：4.37kg

《 モシンナガンM1944カービン 》

M1938カービンの右側面に折り畳み式のスパイクバイヨネットを追加したモデル。

〔データ〕
口径：7.62mm
弾薬：7.62×54mm R弾（7.62ラシアン弾）
装弾数：5発
作動方式：ボルトアクション
全長：1016mm
銃身長：518mm
重量：4.04kg

《 トカレフAVT-1940（M1940） 》

SVT-1938の改良モデル。マガジンキャッチなどの改修の他に、セミオートマチックとセミ・フルオートマチックの切り替えができる2種類が造られている。

〔データ〕
口径：7.62mm
弾薬：7.62×54mm R
装弾数：ボックスマガジン10発
作動方式：セミオートマチック
全長：1225mm
銃身長：625mm
重量：3.9kg

中華民国製ライフル

《 漢陽八八式小銃（八八式歩槍） 》

清朝末期、国内でドイツのGew88をライセンス生産したモデル。生産は国民党政府も引き継ぎ、1944年まで生産された。

〔データ〕
口径：7.92mm
弾薬：7.92×57mm（8mmモーゼル弾）
装弾数：5発
作動方式：ボルトアクション
全長：1250mm
銃身長：740mm
重量：4.06kg

《 中正式小銃（中正式歩槍） 》

中国でマウザーGew98をベースにライセンス生産されたライフル。この他にもマウザー製スタンダードモデルを中正式歩槍一式、Kar98kを中正式歩槍二式として国民党軍が採用している。これらのモデルは、中華人民共和国建国後の中国軍も使用した。

〔データ〕
口径：7.92mm
弾薬：7.92×57mm（8mmモーゼル弾）
装弾数：5発
作動方式：ボルトアクション
全長：1110mm
銃身長：600mm
重量：4.08kg

バイヨネット(銃剣)

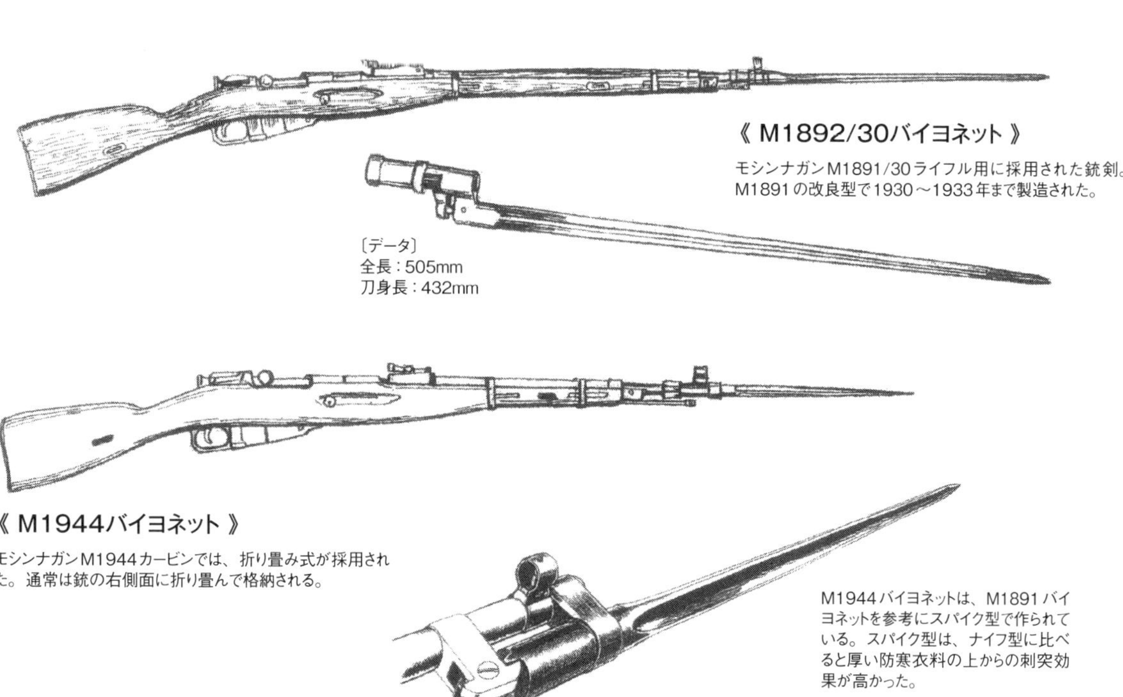

《 M1892/30バイヨネット 》

モシンナガンM1891/30ライフル用に採用された銃剣。M1891の改良型で1930〜1933年まで製造された。

〔データ〕
全長：505mm
刀身長：432mm

《 M1944バイヨネット 》

モシンナガンM1944カービンでは、折り畳み式が採用された。通常は銃の右側面に折り畳んで格納される。

M1944バイヨネットは、M1891バイヨネットを参考にスパイク型で作られている。スパイク型は、ナイフ型に比べると厚い防寒衣料の上からの刺突効果が高かった。

スナイパーライフル

《 モシンナガンM1891/30スナイパーライフル 》

スナイパーライフルは、生産された中から命中精度の高いライフルが選ばれた。スコープを搭載するため、ボルトハンドルは下方に曲げられている。

日本製/ドイツ製ライフル

《 三八式歩兵銃 》

日本陸軍が明治39年(1906年)に制式採用した小銃。中国の共産軍は、日中戦争中から鹵獲品として使用。第二次大戦後にソ連軍が日本軍から接収したものなどを北朝鮮軍も使用している。

〔データ〕
口径：6.5mm
弾薬：6.5×50mm SR(三八式銃実包)
装弾数：5発
作動方式：ボルトアクション
全長：1275mm
銃身長792mm
重量：3.9kg

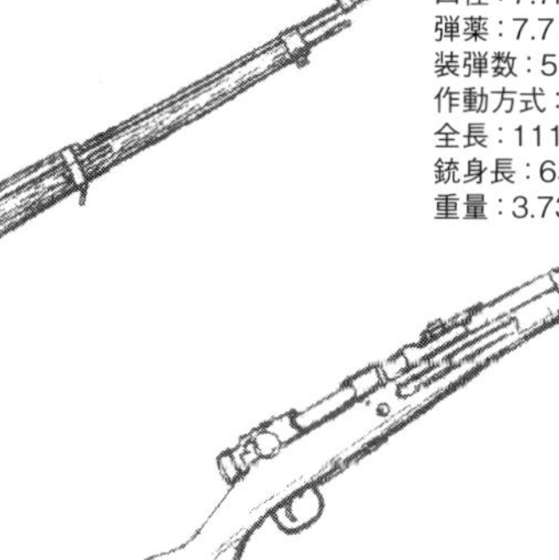

《 九九式短小銃 》

九九式小銃を短銃身に改良したモデル。昭和16年から生産が開始された。共産軍は三八式歩兵銃と同様な経緯で入手し、使用した。

〔データ〕
口径：7.7mm
弾薬：7.7×58mm(九九式普通実包)
装弾数：5発
作動方式：ボルトアクション
全長：1118mm
銃身長：655mm
重量：3.73kg

《 Kar98k 》

1935年6月、ドイツ軍が制式採用したライフル。第二次大戦から終戦後、ソ連がドイツから鹵獲・接収したものを共産軍に供給した。

〔データ〕
口径：7.92mm
弾薬：7.92×57mm
作動方式：ボルトアクション
装弾数：5発
全長：1100mm
銃身長：600mm
重量：4.85kg

サブマシンガン

《 PPSh-41 》

第二次大戦時ソ連軍の代表的サブマシンガン。ゲオルグ・シュパーギンが1940年に設計、1941年にソ連軍に制式採用された。プレス加工と電気溶接を多用し、分解・組み立てが容易な構造で設計されている。

〔データ〕
口径：7.62mm
弾薬：7.62×25mmトカレフ弾
装弾数：ボックスマガジン35発、ドラムマガジン71発
作動方式：セミ・フルオートマチック切り替え
全長：840mm
銃身長：270mm
重量：3.63kg
発射速度：700発/分

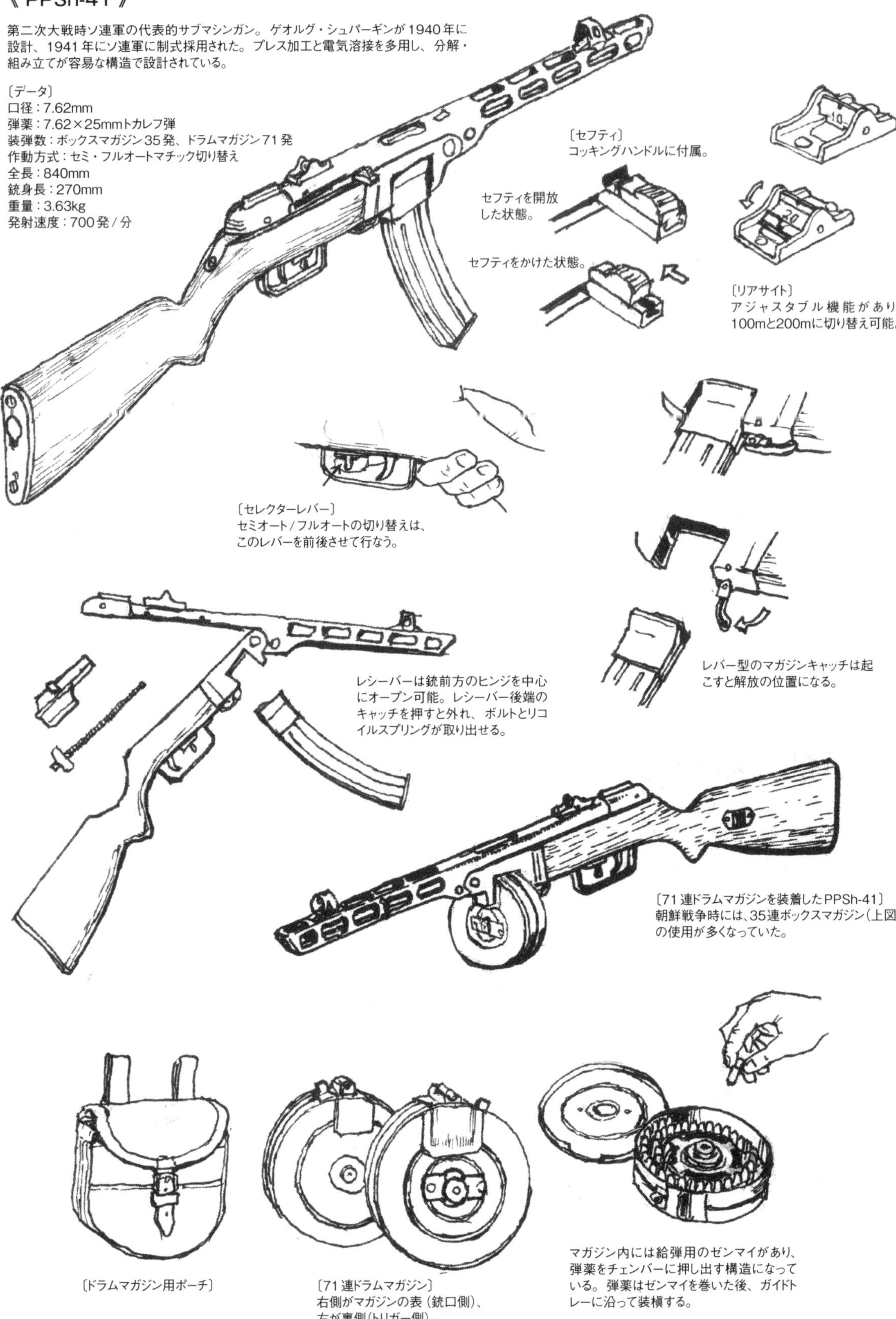

〔セフティ〕
コッキングハンドルに付属。

セフティを開放した状態。

セフティをかけた状態。

〔リアサイト〕
アジャスタブル機能があり、100mと200mに切り替え可能。

〔セレクターレバー〕
セミオート/フルオートの切り替えは、このレバーを前後させて行なう。

レバー型のマガジンキャッチは起こすと解放の位置になる。

レシーバーは銃前方のヒンジを中心にオープン可能。レシーバー後端のキャッチを押すと外れ、ボルトとリコイルスプリングが取り出せる。

〔71連ドラムマガジンを装着したPPSh-41〕
朝鮮戦争時には、35連ボックスマガジン（上図）の使用が多くなっていた。

〔ドラムマガジン用ポーチ〕

〔71連ドラムマガジン〕
右側がマガジンの表（銃口側）、左が裏側（トリガー側）。

マガジン内には給弾用のゼンマイがあり、弾薬をチェンバーに押し出す構造になっている。弾薬はゼンマイを巻いた後、ガイドトレーに沿って装填する。

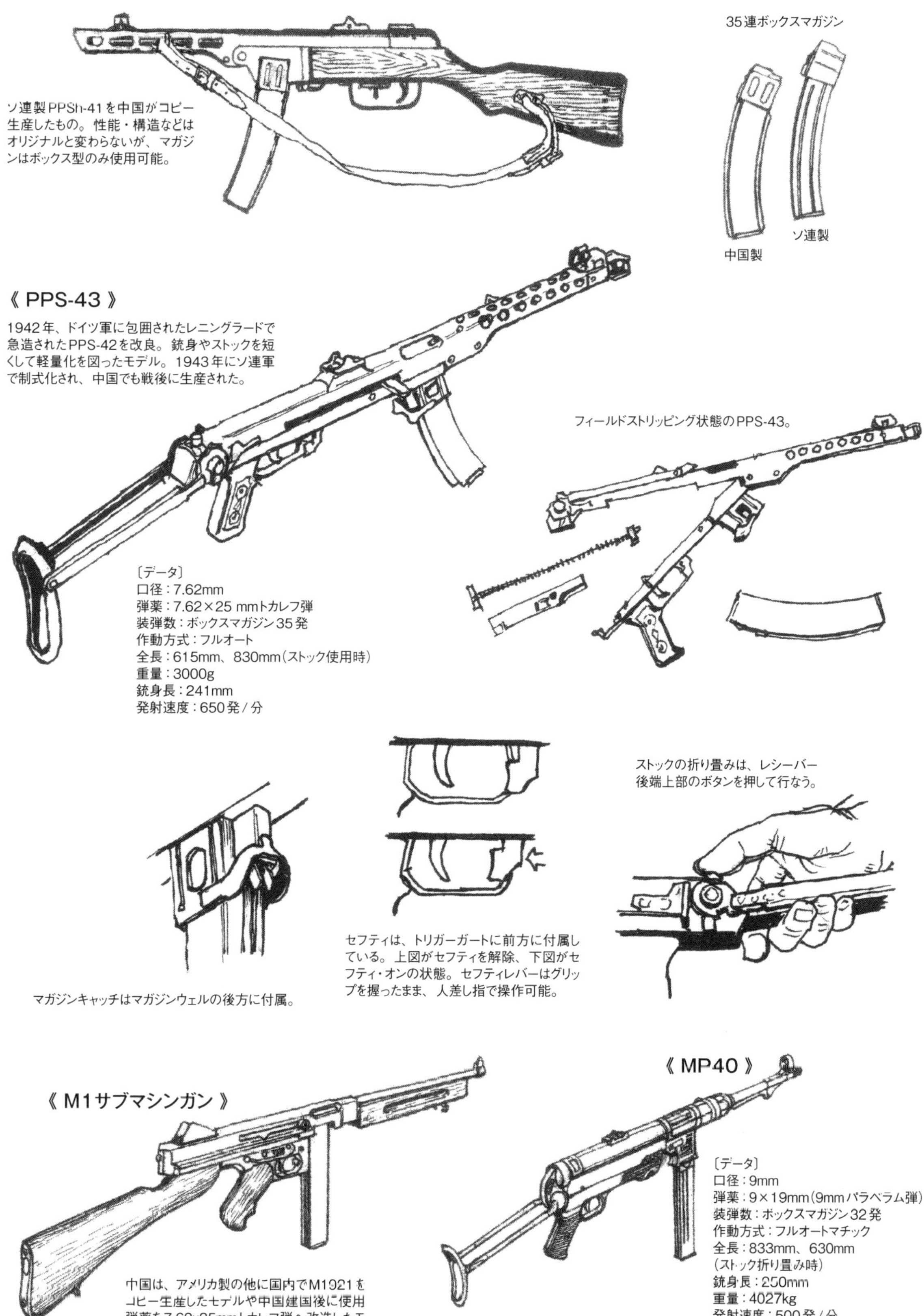

《 50年式短機関銃 》

ソ連製PPSh-41を中国がコピー生産したもの。性能・構造などはオリジナルと変わらないが、マガジンはボックス型のみ使用可能。

35連ボックスマガジン

中国製

ソ連製

《 PPS-43 》

1942年、ドイツ軍に包囲されたレニングラードで急造されたPPS-42を改良。銃身やストックを短くして軽量化を図ったモデル。1943年にソ連軍で制式化され、中国でも戦後に生産された。

〔データ〕
口径：7.62mm
弾薬：7.62×25 mmトカレフ弾
装弾数：ボックスマガジン35発
作動方式：フルオート
全長：615mm、830mm（ストック使用時）
重量：3000g
銃身長：241mm
発射速度：650発/分

フィールドストリッピング状態のPPS-43。

マガジンキャッチはマガジンウェルの後方に付属。

セフティは、トリガーガートに前方に付属している。上図がセフティを解除、下図がセフティ・オンの状態。セフティレバーはグリップを握ったまま、人差し指で操作可能。

ストックの折り畳みは、レシーバー後端上部のボタンを押して行なう。

《 M1サブマシンガン 》

中国は、アメリカ製の他に国内でM1921をコピー生産したモデルや中国建国後に使用弾薬を7.62x25mmトカレフ弾へ改造したモデルを使用している。

《 MP40 》

ソ連が大戦中にドイツから鹵獲したものを共産軍が使用した。

〔データ〕
口径：9mm
弾薬：9×19mm（9mmパラベラム弾）
装弾数：ボックスマガジン32発
作動方式：フルオートマチック
全長：833mm、630mm（ストック折り畳み時）
銃身長：250mm
重量：4027kg
発射速度：500発/分

《 DP-1928軽機関銃（デグチャレフ軽機関銃）》

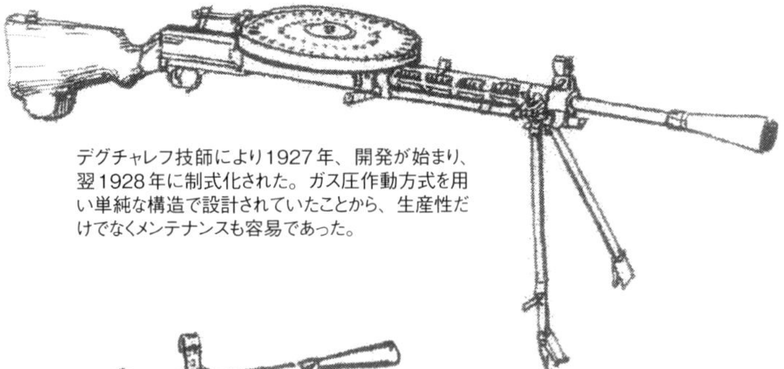

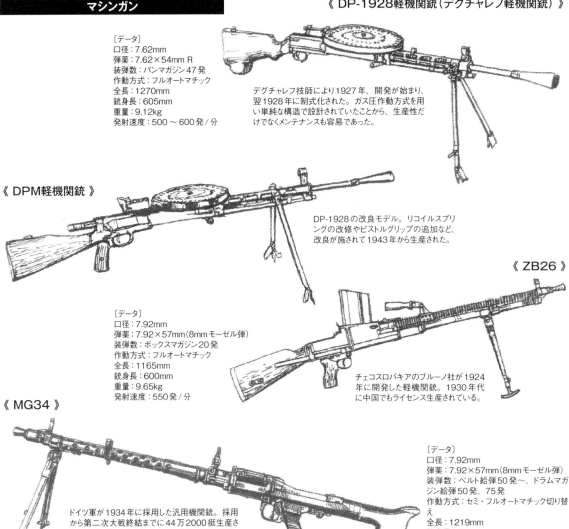

〔データ〕
口径：7.62mm
弾薬：7.62×54mm R
装弾数：パンマガジン47発
作動方式：フルオートマチック
全長：1270mm
銃身長：605mm
重量：9.12kg
発射速度：500 ～ 600発 / 分

デグチャレフ技師により1927年、開発が始まり、翌1928年に制式化された。ガス圧作動方式を用い単純な構造で設計されていたことから、生産性だけでなくメンテナンスも容易であった。

《 DPM軽機関銃 》

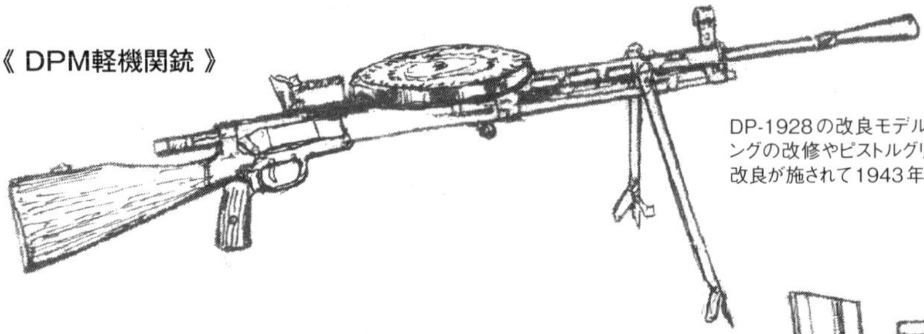

DP-1928の改良モデル。リコイルスプリングの改修やピストルグリップの追加など、改良が施されて1943年から生産された。

《 ZB26 》

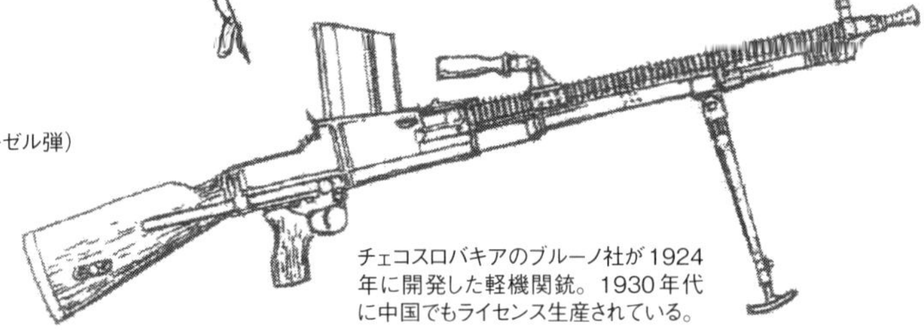

〔データ〕
口径：7.92mm
弾薬：7.92×57mm（8mmモーゼル弾）
装弾数：ボックスマガジン20発
作動方式：フルオートマチック
全長：1165mm
銃身長：600mm
重量：9.65kg
発射速度：550発 / 分

チェコスロバキアのブルーノ社が1924年に開発した軽機関銃。1930年代に中国でもライセンス生産されている。

《 MG34 》

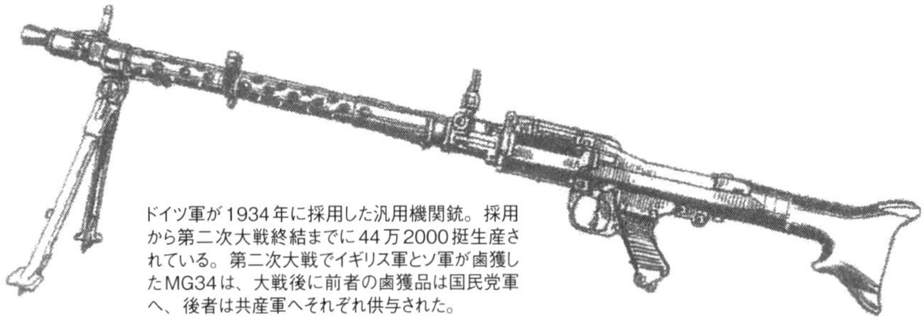

ドイツ軍が1934年に採用した汎用機関銃。採用から第二次大戦終結までに44万2000挺生産されている。第二次大戦でイギリス軍とソ軍が鹵獲したMG34は、大戦後に前者の鹵獲品は国民党軍へ、後者は共産軍へそれぞれ供与された。

〔データ〕
口径：7.92mm
弾薬：7.92×57mm（8mmモーゼル弾）
装弾数：ベルト給弾50発～、ドラムマガジン給弾50発、75発
作動方式：セミ・フルオートマチック切り替え
全長：1219mm
銃身長：627mm
重量：12.1kg
発射速度：800 ～ 900発 / 分

《 九九式軽機関銃 》

九九式小銃と同じ九九式普通実包を使用する軽機関銃。昭和14年（1939年）に採用された。外見や構造など九六式と変わらないが、口径が7.7mmになったことで威力が増した。

〔データ〕
口径：7.7mm
弾薬：7.7×58mm（九九式普通実包）
装弾数：箱型弾倉30発
作動方式：フルオートマチック
全長：1190mm
銃身長：550mm
重量：11.4kg
発射速度：800発 / 分

《 九二式重機関銃 》

三年式をベースに火力を高めるため7.7mm弾を使用する機関銃として開発された。放熱筒などの外見はベースとなった三年式と類似したデザインで作られている。

〔データ〕
口径：7.7mm
弾薬：7.7×58mm（九九式普通実包）
装弾数：保弾板30発
作動方式：フルオートマチック
全長：1155mm
銃身長：726mm
重量：27.6kg（銃本体）、55.3kg（三脚含む）
発射速度：450発 / 分

《 M1910重機関銃 》

後期型のマイナーチェンジモデル。ウォータージャケット上部に大型の冷却水注入口が設けられているのが特徴。

〔データ〕
口径：7.62mm
銃身長：720mm
弾薬：7.62×54mm R
装弾数：ベルト給弾250発
全長：1100mm
重量：64.3kg(銃架含む)
発射速度：550発／分

〔弾薬箱〕
1連250発の給弾ベルトを収納。

《 三十節式重機関銃 》

M1917機関銃を中華民国時代にライセンス生産したモデル。弾薬は7.92x57mmモーゼル弾を使用するよう改良されている。

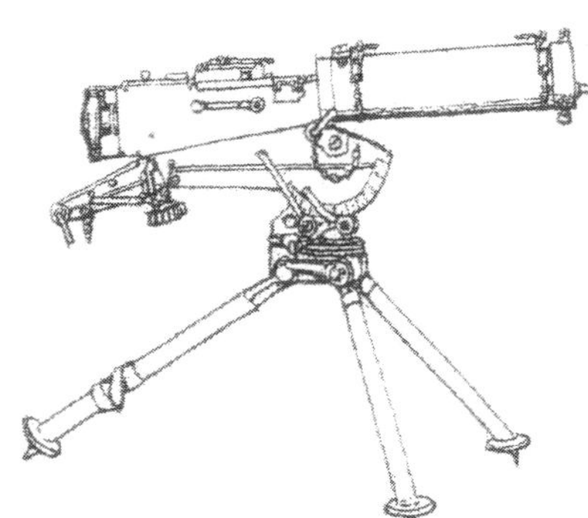

《 二四年式重機関銃 》

中国国内で、ドイツのMG08を改良し、ライセンス生産した水冷式重機関銃。1935年に制式化された。

〔データ〕
口径：7.92mm
銃身長：721.22mm
弾薬：7.92×57mm(8mモーゼル弾)
装弾数：ベルト給弾250発
全長：1197mm
重量：49kg(銃架含む)
発射速度：770～870発／分

《 SG-43重機関銃 》

MP1910重機関銃の後継モデルとして採用された空冷式重機関銃。1943年にゴリューノフにより開発された。車輪付きのM1943マウントに搭載して使用。

〔データ〕
口径：7.62mm
弾薬：7.62×54mm R弾
装弾数：金属ベルト給弾250発
作動方式：フルオートマチック
全長：1150mm
銃身長：508mm
重量：13.8kg(本体のみ)、40.7kg(車輪付き銃架含む)
発射速度：500～700発／分

《 SGM重機関銃 》

SG-43の改良モデル。基本構造はSG-43とほぼ同じであるが、銃身の冷却効果を高めるための溝が切られている。

〔データ〕
口径：7.62mm
弾薬：7.62×54mm R弾
装弾数：金属ベルト給弾250発
作動方式：フルオートマチック
全長：1120mm
銃身長：720mm
重量：36.6kg(車輪付き銃架含む)
発射速度：600～700発／分

《 DShK38重機関銃 》

1930年に開発されたDK重機関銃を改良し、1938年に採用。改良に際しては、デグチャレフとシュパーギンが再設計に携わっている。車輪付きマウントに搭載して歩兵部隊で運用された他、戦車などにも対空用として搭載された。

〔データ〕
口径：12.7mm
弾薬：12.7×108mm
装弾数：ベルト給弾50発
作動方式：ガス圧式
全長：1625mm
銃身長：1000mm
重量：34kg(銃本体)、157kg(車輪付き銃架込み)
発射速度：550～600発／分

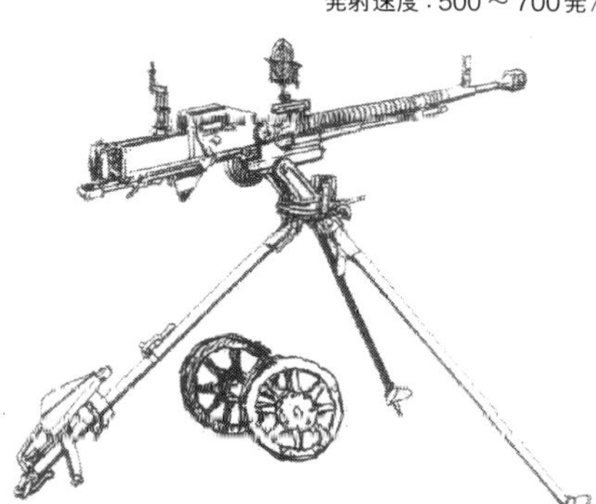

車輪付きマウントは地上射撃だけでなく、車輪を外して対空射撃用の3脚にもなった。

《 RG-33手榴弾 》

対人用柄付き手榴弾。RG1914/30に替り、1933年から生産が開始された。攻撃・防御の両方に使用できるよう、弾頭部分には着脱式の破片スリーブが付属する。

〔データ〕
全長：190mm
直径：45mm、54mm（破片スリーブ装着時）
重量：500g、750g（破片スリーブ装着時）
炸薬：TNT 85g

《 F1手榴弾 》

フランス軍のF1手榴弾をベースに、ソ連で1941年から製造された破片型手榴弾。有効殺傷範囲は半径20～30m。

〔データ〕
全長：117mm
直径：55mm
重量：600g
炸薬：TNT 60g

《 F1の内部構造 》

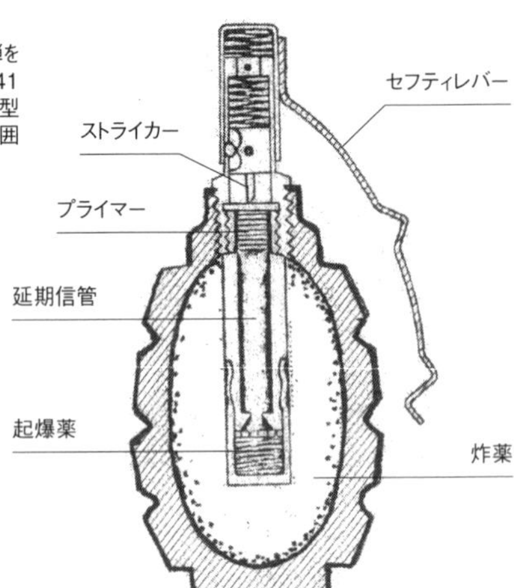
セフティレバー
ストライカー
プライマー
延期信管
起爆薬
炸薬

《 RKG-3対戦車手榴弾 》

ソ連軍が1950年に採用した当時最新型の対戦車手榴弾。220mm厚の均質圧延鋼装甲（RHA）を貫通する威力を持っている。

〔データ〕
全長：362mm
直径：70mm
重量：1.07kg
炸薬：TNT/RDX 567g

《 RPG-43対戦車手榴弾 》

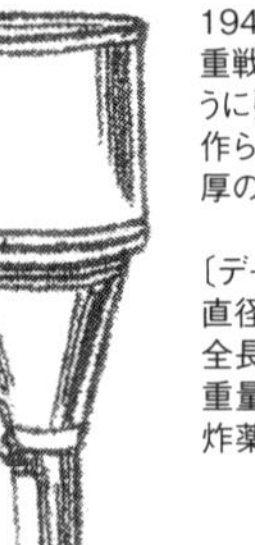

1943年に採用。中戦車、重戦車の装甲を破壊できるように弾頭は、成形炸薬弾で作られている。最大75mm厚の装甲板を破壊できた。

〔データ〕
直径：95mm
全長：300mm
重量：1.2kg
炸薬：TNT 610g

《 RG-42手榴弾 》

〔データ〕
全長：130mm
直径：55mm
重量：420g
炸薬：TNT 200g

RG-33の後継モデルとして、第二次大戦中の1942年に制式化された攻撃型手榴弾。信管はF1と同じUZGRM信管を使用している。

《 RG-1914/30（M1914/30）手榴弾 》

〔データ〕
全長：235mm
直径：45mm
重量：590g
炸薬：TNT 320g

第一次大戦で使用された攻撃型手榴弾RG-14の改良モデル。炸薬がピクリン酸からTNTに変更されている。また、防御用に破片スリーブも用意された。

《 木柄手榴弾の内部構造 》

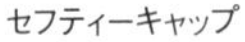

《 木柄手榴弾 》

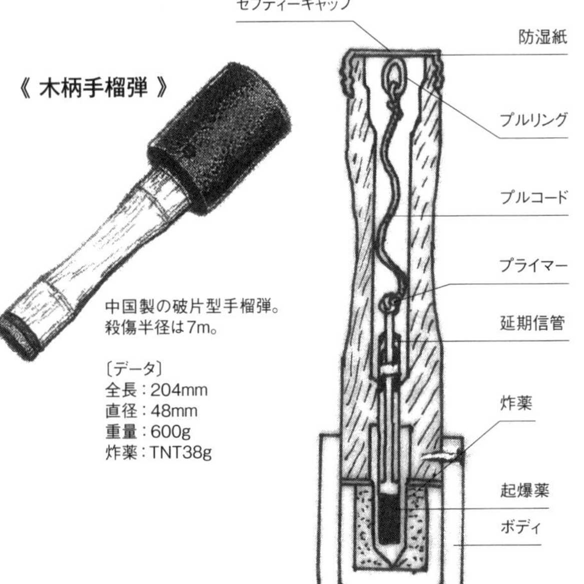
セフティーキャップ
防湿紙
プルリング
プルコード
プライマー
延期信管
炸薬
起爆薬
ボディ

中国製の破片型手榴弾。殺傷半径は7m。

〔データ〕
全長：204mm
直径：48mm
重量：600g
炸薬：TNT38g

《 木柄手榴弾の投擲方法 》

①セフティキャップを開けて、防湿紙を破る。

②プルリングを取り出す。

③右手の小指にリングをはめる。

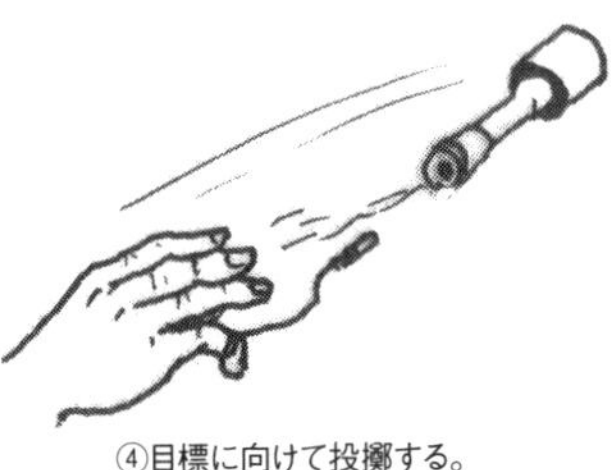

④目標に向けて投擲する。

木柄手榴弾の投擲スタイル

《 徒手で立った姿勢からの投擲動作 》

《 移動しながらの投擲動作 》

《 銃を携帯時の投擲動作 》

《 執銃時、移動しながらの投擲動作 》

《 片膝を立てた姿勢での投擲動作 》

《 伏せた状態から、片膝を着いての投擲動作 》

《 壕内からの投擲 》

壕内では動きが制限される場合があるため、体を反らせて手榴弾を握った右手を後方に振りかぶり、目標に投擲する。

《 木柄手榴弾の握り方 》

①初めに、人差し指の付け根が柄の中央に位置するように握る。

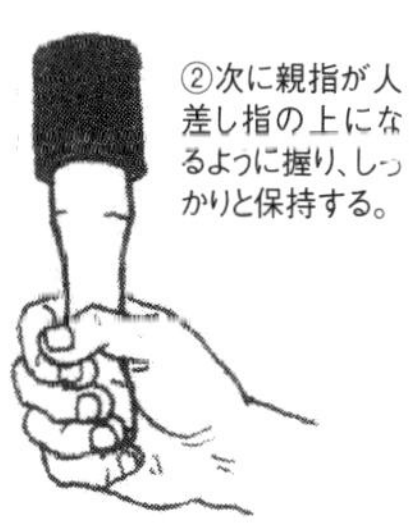

②次に親指が人差し指の上になるように握り、しっかりと保持する。

火砲

迫撃砲

《 RM-38（M1938）50mm軽迫撃砲 》

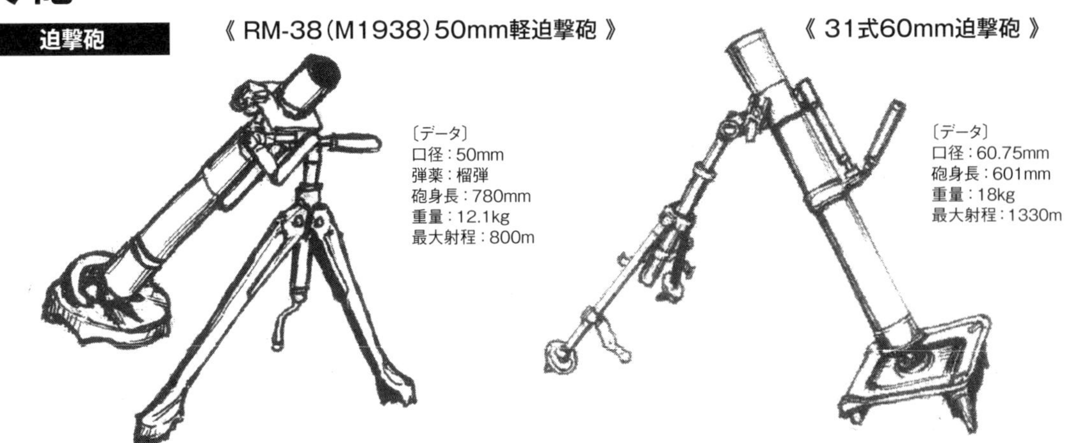

〔データ〕
口径：50mm
弾薬：榴弾
砲身長：780mm
重量：12.1kg
最大射程：800m

1938年にソ連軍が採用した中隊規模で使用する迫撃砲。バリエーションにRM-39とRM-40があり、朝鮮戦争でも共産軍が使用した。

《 31式60mm迫撃砲 》

〔データ〕
口径：60.75mm
砲身長：601mm
重量：18kg
最大射程：1330m

第二次大戦前から大戦中にかけて中国で生産された迫撃砲。アメリカ製のM2 60mm迫撃砲をベースに開発された。小型で携帯しやすく、山岳戦で多用されている。

《 BM-37（M1937）82mm迫撃砲 》

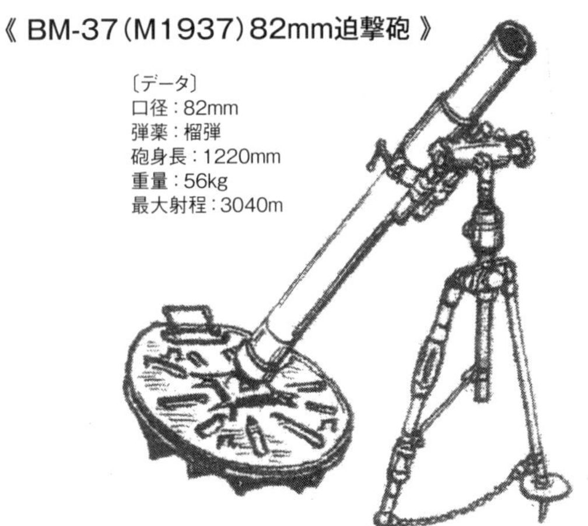

〔データ〕
口径：82mm
弾薬：榴弾
砲身長：1220mm
重量：56kg
最大射程：3040m

第二次大戦時のソ連軍の主力中口径迫撃砲。口径が82mmであるため、敵から鹵獲した81mm迫撃砲弾も使用可能であった。大戦後は共産国に輸出され、中国は53式迫撃砲の名称でライセンス生産している。

《 GVPM-38（M1938） 107mm迫撃砲 》

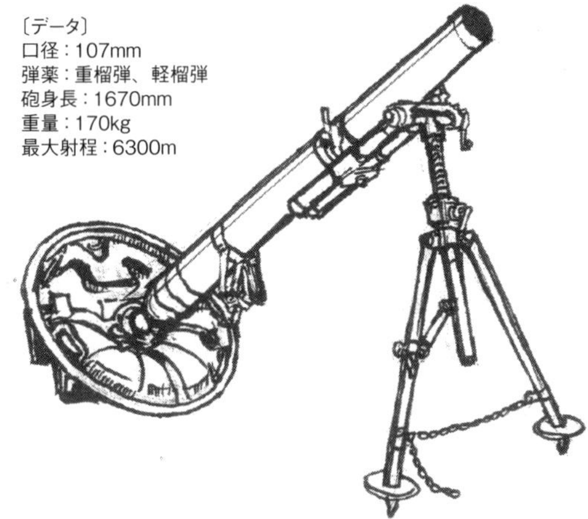

〔データ〕
口径：107mm
弾薬：重榴弾、軽榴弾
砲身長：1670mm
重量：170kg
最大射程：6300m

ソ連軍が山岳部隊用に開発した重迫撃砲。連隊単位で運用された。

《 BM-43（M1943）82mm迫撃砲 》

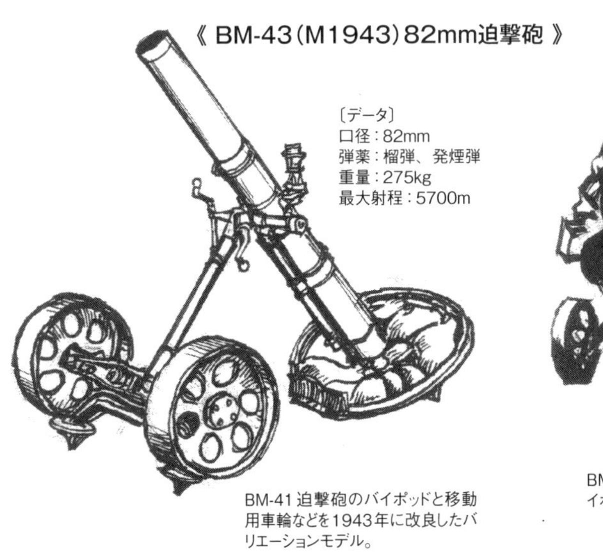

〔データ〕
口径：82mm
弾薬：榴弾、発煙弾
重量：275kg
最大射程：5700m

BM-41迫撃砲のバイポッドと移動用車輪などを1943年に改良したバリエーションモデル。

BM-43迫撃砲は、1門あたり4名で運用される。移動用の車輪が付属するので、バイポットとベースプレートを砲身から外すことなく移動が可能だった。

《 PM-38（M1938）120mm迫撃砲 》

フランス製M1935 120mm迫撃砲をソ連でライセンス生産したモデル。連隊迫撃砲として使用した。

〔データ〕
口径：120mm
弾薬：榴弾、焼夷弾、発煙弾、照明弾
砲身長：1862mm
重量：280kg（戦闘時）、447kg（移動時）
最大射程：6000m

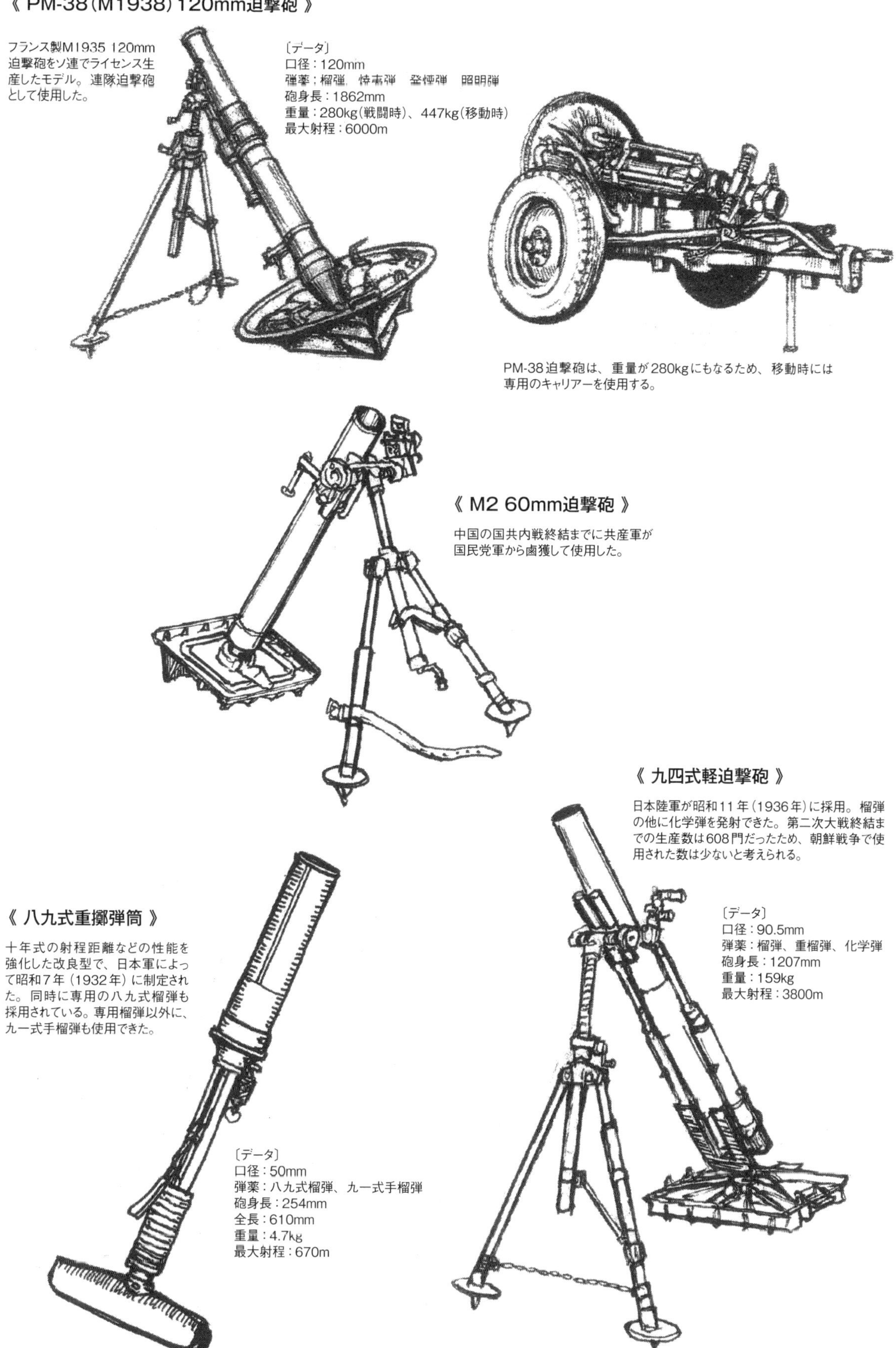

PM-38迫撃砲は、重量が280kgにもなるため、移動時には専用のキャリアーを使用する。

《 M2 60mm迫撃砲 》

中国の国共内戦終結までに共産軍が国民党軍から鹵獲して使用した。

《 九四式軽迫撃砲 》

日本陸軍が昭和11年（1936年）に採用。榴弾の他に化学弾を発射できた。第二次大戦終結までの生産数は608門だったため、朝鮮戦争で使用された数は少ないと考えられる。

〔データ〕
口径：90.5mm
弾薬：榴弾、重榴弾、化学弾
砲身長：1207mm
重量：159kg
最大射程：3800m

《 八九式重擲弾筒 》

十年式の射程距離などの性能を強化した改良型で、日本軍によって昭和7年（1932年）に制定された。同時に専用の八九式榴弾も採用されている。専用榴弾以外に、九一式手榴弾も使用できた。

〔データ〕
口径：50mm
弾薬：八九式榴弾、九一式手榴弾
砲身長：254mm
全長：610mm
重量：4.7kg
最大射程：670m

歩兵砲、野砲、榴弾砲など

《 M1927 76mm歩兵砲 》

歩兵の敵陣地に対する攻撃などで火力支援を行なう目的で開発されたソ連製歩兵砲。北朝鮮軍と中国軍は、歩兵連隊の歩兵砲中隊に配備して使用している。

〔データ〕
口径：76.2mm
弾薬：76.2×167mmR弾（榴弾、成形炸薬弾）
砲身長：1250mm
重量：920kg
最大射程：4200m（榴弾）

〔データ〕
口径：76.2mm
弾薬:76.2mm×385mmR弾（榴弾、徹甲榴弾、榴散弾、成形炸薬弾、焼夷弾、化学弾）
砲身長：2985mm
重量：1116kg（戦闘時）、1850kg（移動時）
最大射程：1万3290m

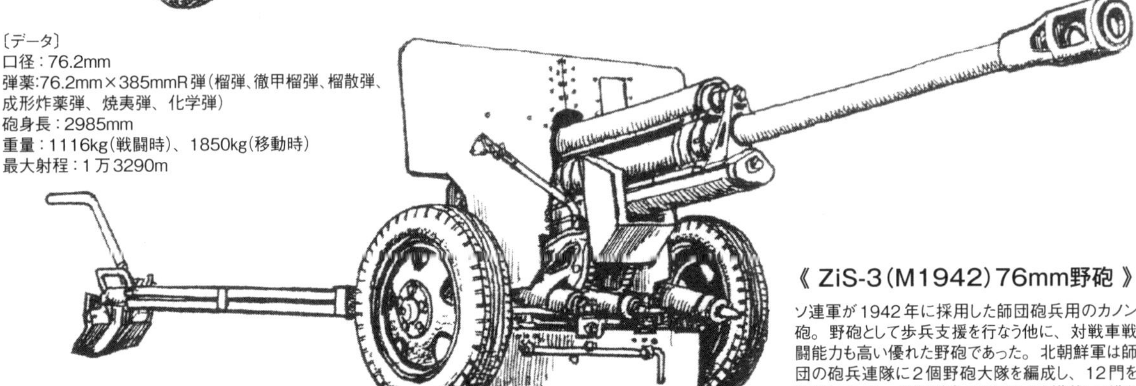

《 ZiS-3（M1942）76mm野砲 》

ソ連軍が1942年に採用した師団砲兵用のカノン砲。野砲として歩兵支援を行なう他に、対戦車戦闘能力も高い優れた野砲であった。北朝鮮軍は師団の砲兵連隊に2個野砲大隊を編成し、12門を装備していた。朝鮮戦争ではZiS-3を搭載して造られたSU-76自走砲も使用されている。

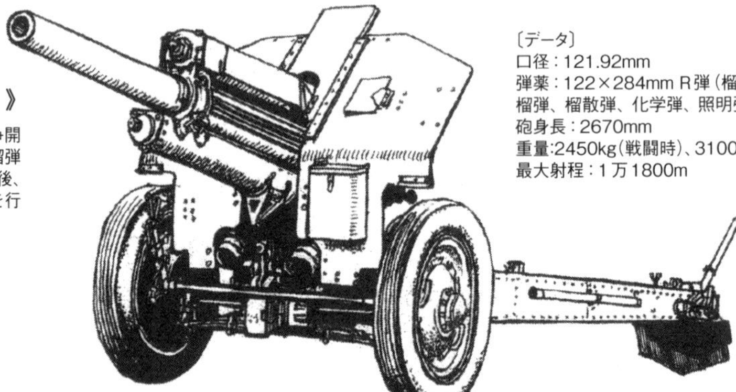

《 M-30(M1938)122mm榴弾砲 》

ソ連軍が師団砲兵用に開発した榴弾砲。朝鮮戦争開戦時、北朝鮮軍は本砲を各師団の野砲連隊1個榴弾砲大隊に12門を配備していた。中国は朝鮮戦争後、五四式122mm榴弾砲の名称でライセンス生産を行なっている。

〔データ〕
口径：121.92mm
弾薬：122×284mm R弾（榴弾、対戦車榴弾、榴散弾、化学弾、照明弾、発煙弾）
砲身長：2670mm
重量:2450kg（戦闘時）、3100kg（移動時）
最大射程：1万1800m

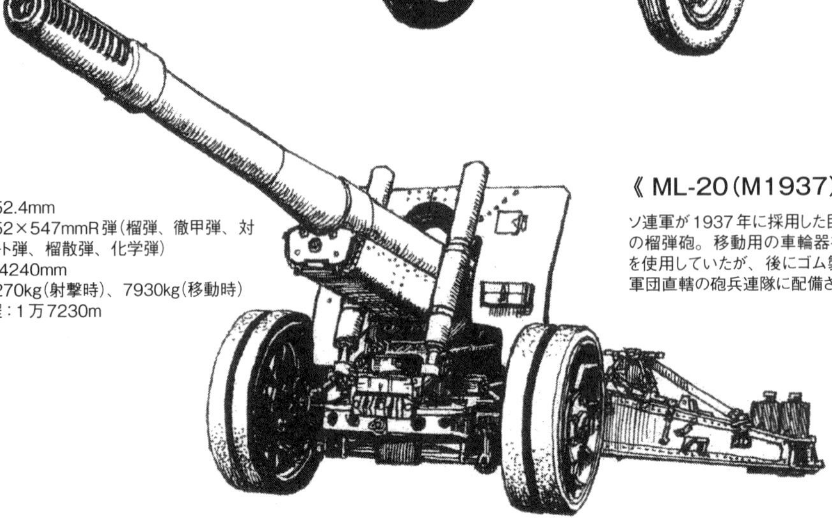

〔データ〕
口径：152.4mm
弾薬：152×547mmR弾（榴弾、徹甲弾、対コンクリート弾、榴散弾、化学弾）
砲身長：4240mm
重量：7270kg（射撃時）、7930kg（移動時）
最大射程：1万7230m

《 ML-20（M1937）152mm榴弾砲 》

ソ連軍が1937年に採用した巨大なマズルブレーキが特徴の榴弾砲。移動用の車輪器初期型は金属スポーク転輪を使用していたが、後にゴム製タイヤに改良された。軍・軍団直轄の砲兵連隊に配備された。

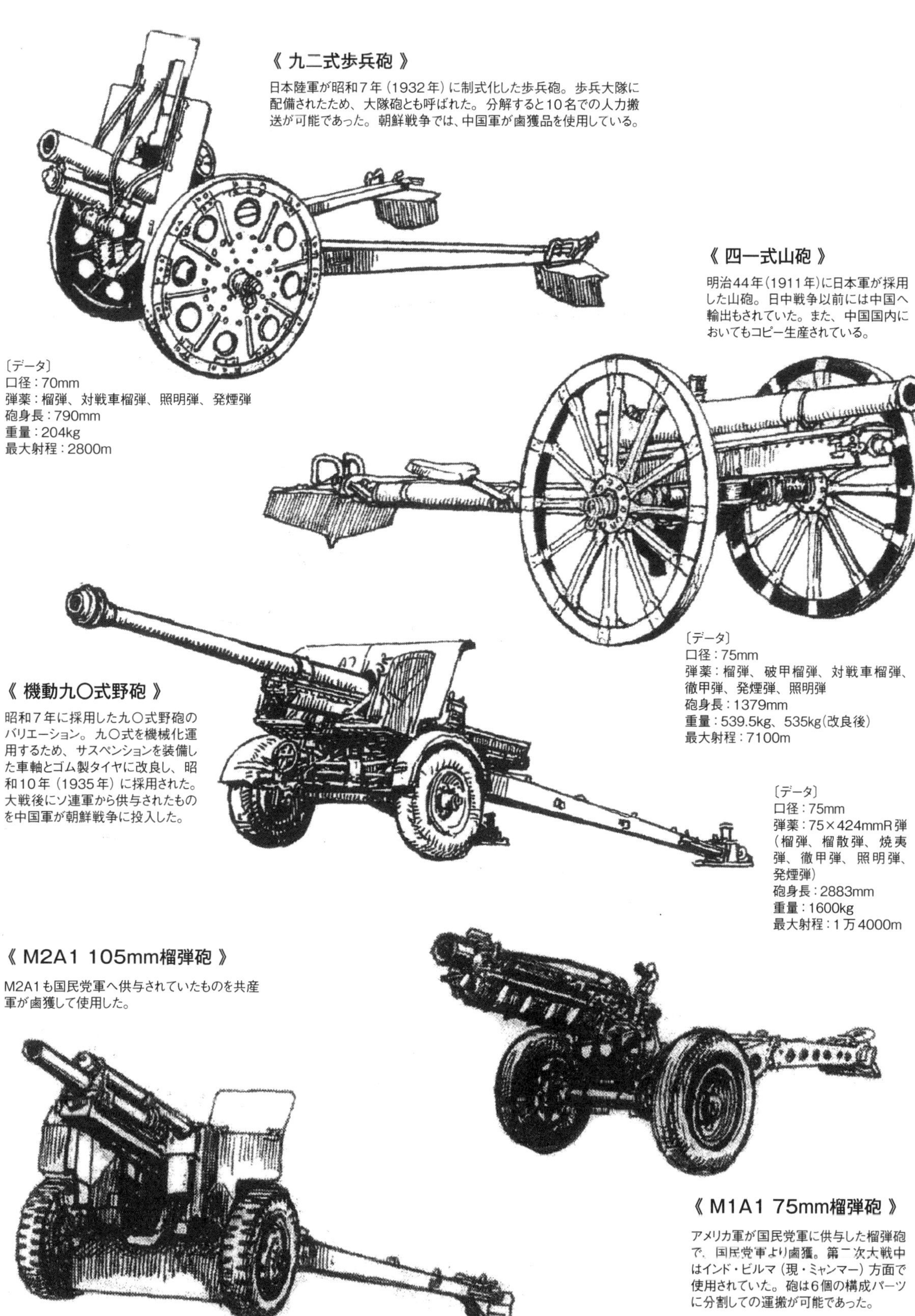

《 九二式歩兵砲 》

日本陸軍が昭和7年（1932年）に制式化した歩兵砲。歩兵大隊に配備されたため、大隊砲とも呼ばれた。分解すると10名での人力搬送が可能であった。朝鮮戦争では、中国軍が鹵獲品を使用している。

〔データ〕
口径：70mm
弾薬：榴弾、対戦車榴弾、照明弾、発煙弾
砲身長：790mm
重量：204kg
最大射程：2800m

《 四一式山砲 》

明治44年（1911年）に日本軍が採用した山砲。日中戦争以前には中国へ輸出もされていた。また、中国国内においてもコピー生産されている。

〔データ〕
口径：75mm
弾薬：榴弾、破甲榴弾、対戦車榴弾、徹甲弾、発煙弾、照明弾
砲身長：1379mm
重量：539.5kg、535kg（改良後）
最大射程：7100m

《 機動九〇式野砲 》

昭和7年に採用した九〇式野砲のバリエーション。九〇式を機械化運用するため、サスペンションを装備した車軸とゴム製タイヤに改良し、昭和10年（1935年）に採用された。大戦後にソ連軍から供与されたものを中国軍が朝鮮戦争に投入した。

〔データ〕
口径：75mm
弾薬：75×424mmR弾（榴弾、榴散弾、焼夷弾、徹甲弾、照明弾、発煙弾）
砲身長：2883mm
重量：1600kg
最大射程：1万4000m

《 M2A1 105mm榴弾砲 》

M2A1も国民党軍へ供与されていたものを共産軍が鹵獲して使用した。

《 M1A1 75mm榴弾砲 》

アメリカ軍が国民党軍に供与した榴弾砲で、国民党軍より鹵獲。第二次大戦中はインド・ビルマ（現・ミャンマー）方面で使用されていた。砲は6個の構成パーツに分割しての運搬が可能であった。

《 ZPU-2対空機関砲（機関銃）》

〔データ〕
口径：14.5mm
弾薬：14.5×114mm弾（焼夷徹甲弾、曳航焼夷徹甲弾、曳航焼夷弾）
砲身長：1346mm
重量：639kg（戦闘時）、994kg（移動時）
最大射程:5000m（対空）、8000m（対地）

《 ZPU-4対空機関砲（機関銃）》

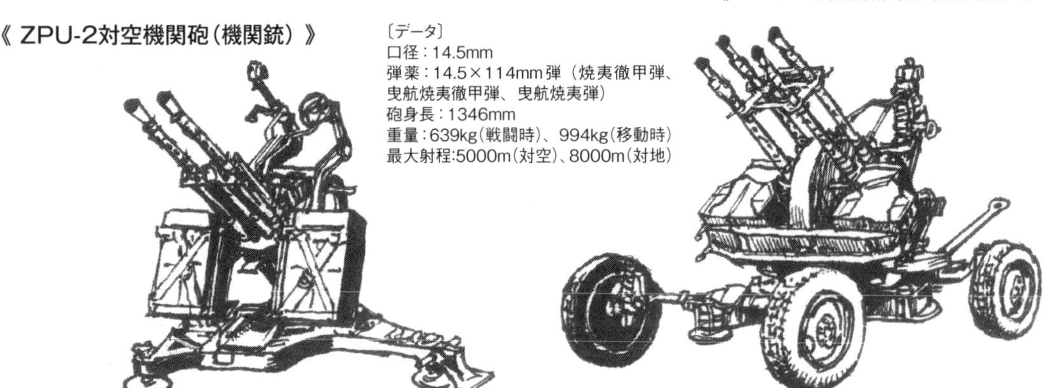

ZPU-2はZPU-4と共に1949年、ソ連軍が採用した空冷式対空機関砲。KPV重機関銃を新たに設計された対空マウントに搭載したもので、連装型がZPU-2、4連装型はZPU-4である。北朝鮮軍と中国軍の対空部隊に配備され、朝鮮戦争が初の実戦となった。

ZPU-2は、移動用に牽引式のトレーラーを使用するが、ZPU-4は牽引用マウントの前後にタイヤを備えている。射撃は、ジャッキでマウントを下ろし、固定して行なうが、牽引状態のままでも車輪にブレーキをかければ射撃を行なうことができた。

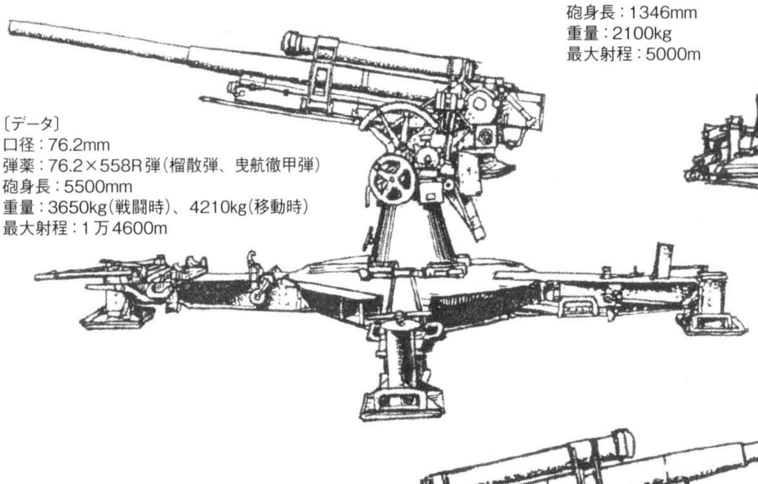

《 61-K（1939）37mm対空機関砲 》

〔データ〕
口径：37mm
弾薬：37×252mmSR弾（曳航破片榴弾、徹甲曳航弾、高速徹甲弾、榴弾）
砲身長：1346mm
重量：2100kg
最大射程：5000m

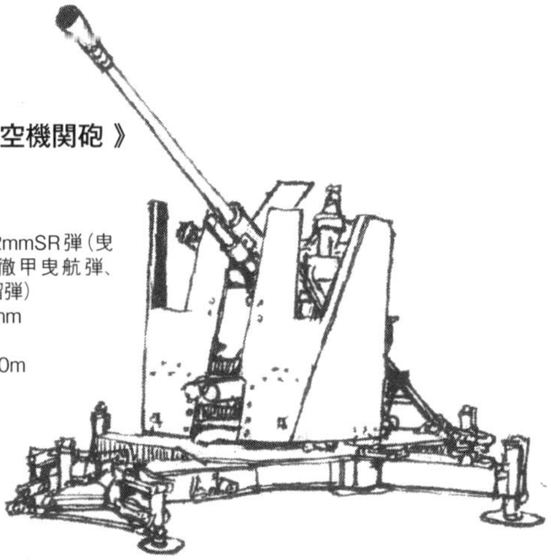

1930年に開発が始まり、1939年にソ連軍が制式化した対空機関砲。陸上用だけでなく、海軍は単装型の他に連装型も採用し、駆逐艦や哨戒艇などの小型艦艇に搭載している。

《 M1938 76mm高射砲 》

1938年に採用されたM1931 76mm高射砲の近代化改修型。翌年に52-K 85mm高射砲が採用されたため生産数は少ない。中国軍はこの砲を空軍の防空部隊に配備して運用した。

〔データ〕
口径：76.2mm
弾薬：76.2×558R弾（榴散弾、曳航徹甲弾）
砲身長：5500mm
重量：3650kg（戦闘時）、4210kg（移動時）
最大射程：1万4600m

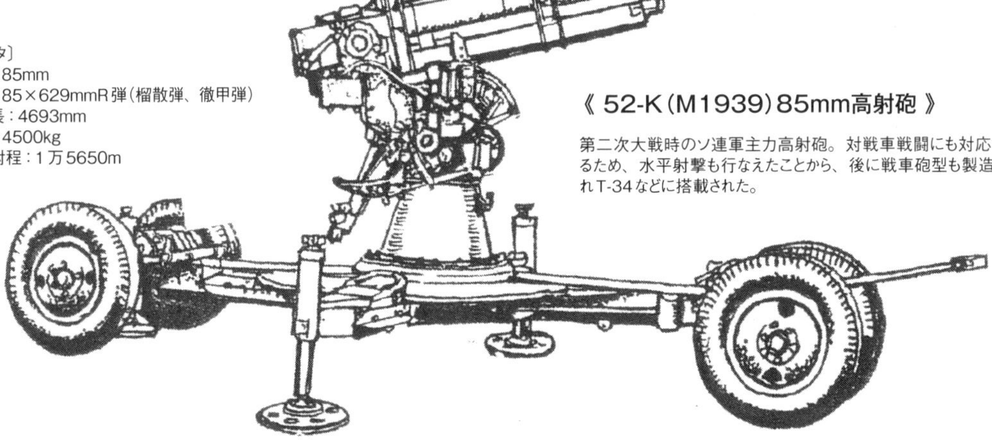

《 52-K（M1939）85mm高射砲 》

〔データ〕
口径：85mm
弾薬：85×629mmR弾（榴散弾、徹甲弾）
砲身長：4693mm
重量：4500kg
最大射程：1万5650m

第二次大戦時のソ連軍主力高射砲。対戦車戦闘にも対応するため、水平射撃も行なえたことから、後に戦車砲型も製造されT-34などに搭載された。

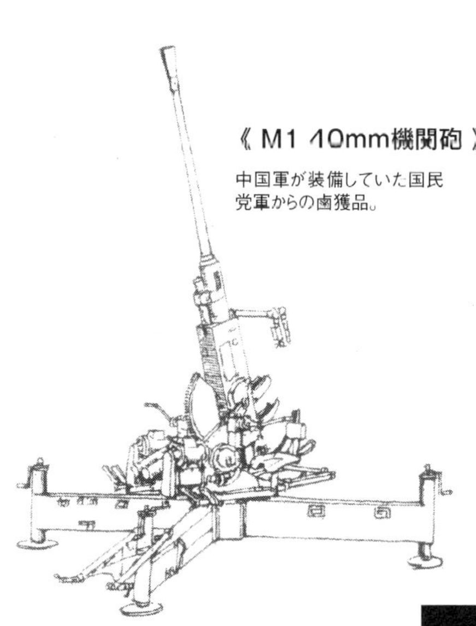

《 M1 40mm機関砲 》

中国軍が装備していた国民党軍からの鹵獲品。

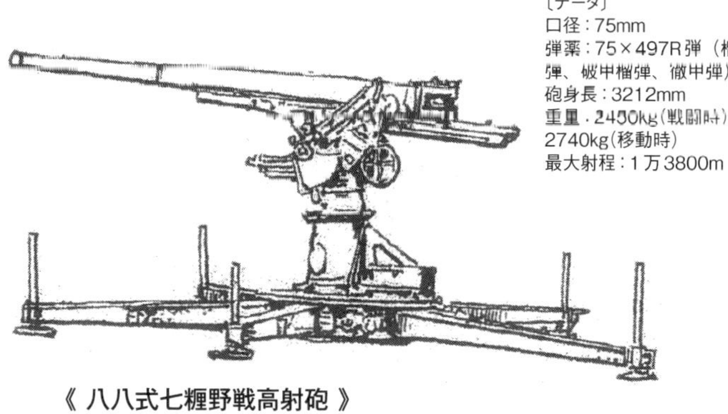

〔データ〕
口径：75mm
弾薬：75×497R弾（榴弾、破甲榴弾、徹甲弾）
砲身長：3212mm
重量：2450kg（戦闘時）、2740kg（移動時）
最大射程：1万3800m

《 八八式七糎野戦高射砲 》

昭和3年（1928年）に制定された日本陸軍の高射砲。第二次大戦後、ソ連製高射砲の配備が進むまで、中国軍は主力高射砲として使用していた。

対戦車火器/対戦車砲

《 PTRD1941対戦車ライフル 》

ソ連軍が歩兵用対戦車兵器として開発した大口径ライフル。第二次大戦後半には戦車の装甲が厚くなり、対戦車兵器としての価値は低くなった。朝鮮戦争では共産軍が敵陣地や軽装甲・非装甲車両への攻撃に使用している。

〔データ〕
口径：14.5mm
弾薬：14.5×114mm弾
装弾数：1発
作動方式：ボルトアクション
全長：2020mm
銃身長：115mm
重量：15.75g

〔データ〕
口径：45mm
弾薬：45×310mmR弾
（徹甲弾、榴弾、榴散弾、発煙弾）
砲身長：2070mm
重量：425kg
最大射程：4400m

《 19-K（M1932）45mm対戦車砲 》

第二次大戦前、ソ連がライセンス生産していたドイツの3.7cm PaK36をベースに47mm口径で再設計した対戦車砲。朝鮮戦争開戦時の北朝鮮軍は、歩兵師団や旅団の対戦車大隊（16門）と対戦車中隊（4門）に本砲を配備していた。

ロケット砲

“カチューシャ”の愛称で有名な自走ロケット砲。1938年に開発されたM-13ロケットを発射するランチャーは、ZiS-151などのトラックに搭載し使用された。ロケット弾はランチャーのレール1基に2発、計16発が装填できる。中国軍は1個ロケット砲兵師団（3個ロケット砲兵連隊編成）を派兵している。イラストは、スチュードベーカー US6U3トラック搭載型のBM-13-16。

〔M-13ロケット弾　データ〕
弾体直径：132mm
全長：1420mm
重量：42.5kg
最大射程：8500m

戦車及び戦闘車両

北朝鮮軍の主力戦車T-34-85

北朝鮮軍の主力戦車だったT-34-85は、ソ連がドイツ軍のティーガーやパンター戦車に対抗するため、1943年に開発した85mm砲搭載のT-34火力強化型である。北朝鮮軍は、ソ連からの軍事援助によって開戦前に同車両を240両装備していた。開戦時には、各部隊に配備された合計120両のT-34-85が韓国軍を襲った。開戦後もソ連からの援助は続いたが、地上戦闘の他に航空攻撃で破壊される車両も多く、休戦時の保有数は開戦時を下回っていたと言われている。

〔データ〕
全長：8.15m
車体長：6.10m
全幅：3m
全高：2.72m
重量：32t
エンジン：V型12気筒水冷ディーゼル
装甲厚：20～90mm
武装：85mm D-5T戦車砲、S-53/ZiS-53戦車砲×1、DT機関銃×2
乗員：5名

《 T-34-85の内部構造 》

❶外部燃料タンク
❷通気グリル
❸ベンチレーター
❹砲弾収納部
❺車長用キューポラ
❻無線機
❼砲手用ペリスコープ
❽望遠鏡式照準器
❾操縦席
❿前部機銃マウント
⓫操縦手用ハッチ
⓬85mm DT-5戦車砲
⓭履帯張度調整装置
⓮クラッチ
⓯エアスターター用ボンベ
⓰空気圧ポンプ
⓱ブレーキペダル
⓲アクセルペダル
⓳誘導輪
⓴DT機関銃
㉑無線手席
㉒サスペンションスプリング
㉓燃料タンク
㉔サスペンションスプリング
㉕転輪
㉖起動輪

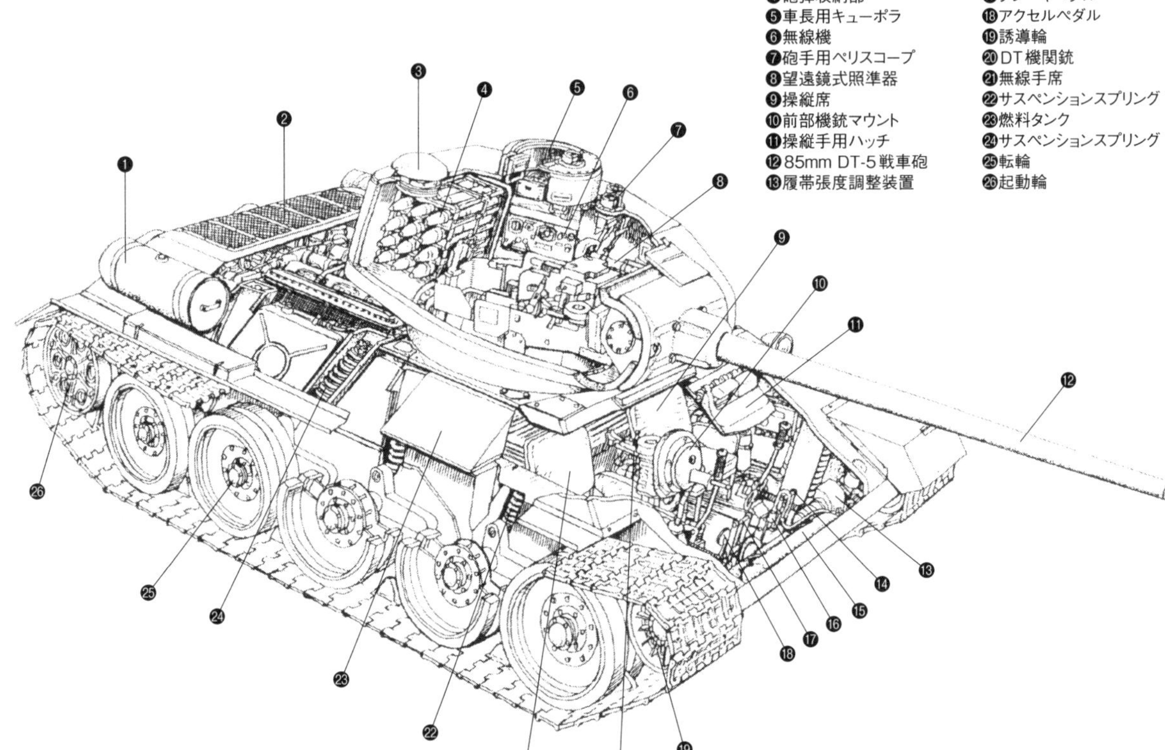

T-34-85のディティール変遷

《 1943年型 》

《 1944年型 》

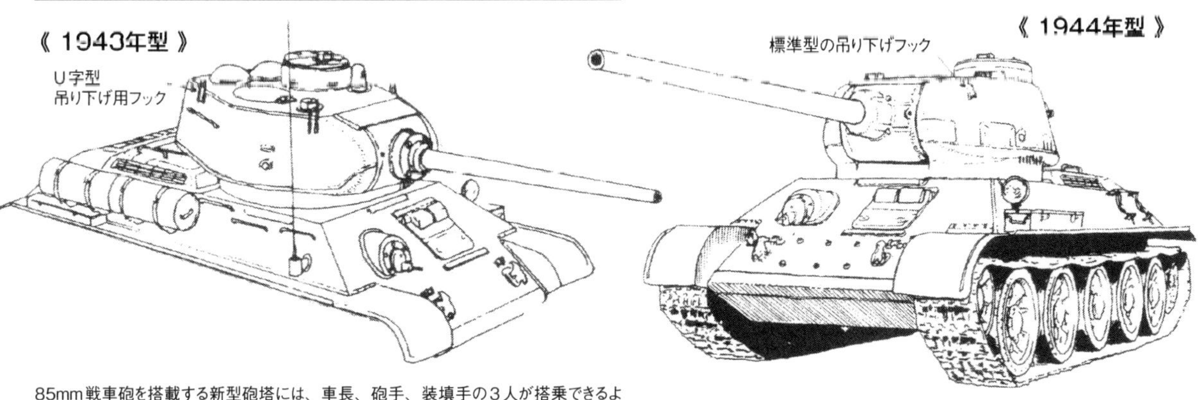

U字型
吊り下げ用フック
標準型の吊り下げフック

85mm戦車砲を搭載する新型砲塔には、車長、砲手、装填手の3人が搭乗できるようになった。主砲は搭載予定のZiS-53戦車砲の開発が遅れたことから、1944年1～3月までの量産初期にはD-5T戦車砲を搭載した車両も造られている。

S-53戦車砲を搭載して、1944年2月から生産が始まった量産型。

《 ベンチレーターの変化 》

1944年型までは2基並べて砲塔上面の後部に配置。

1945年型からは砲塔の前後に1基ずつ配置。

《 乗員用キューポラ/操縦手用ハッチ 》

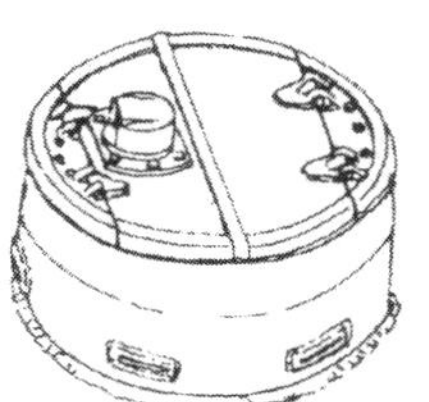

〔初期型の車長用キューポラ〕
上面のハッチは、前後に開閉する2枚型。

《 砲塔のバリエーション 》

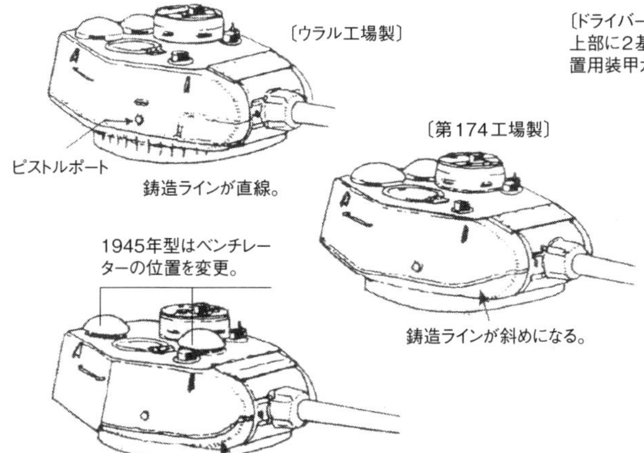

ピストルポート

〔ウラル工場製〕
鋳造ラインが直線。

〔第174工場製〕
鋳造ラインが斜めになる。

1945年型はベンチレーターの位置を変更。

〔第112工場製〕
鋳造ラインの前部が曲線を描く。

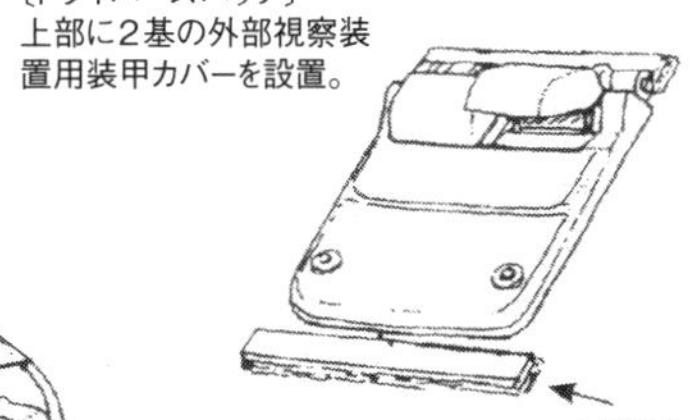

跳弾板

〔ドライバーズハッチ〕
上部に2基の外部視察装置用装甲カバーを設置。

〔後期型の車長用キューポラ〕
ハッチが前方に開く1枚型になった。

〔MK-IV ペリスコープ〕
イギリス製Mk.4ペリスコープのコピー。フードが付いたものもある。

《 車体後部 》

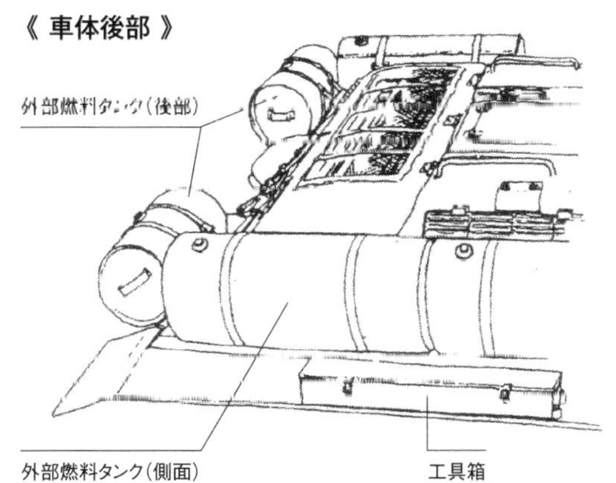

外部燃料タンク(後部)
外部燃料タンク(側面)
工具箱

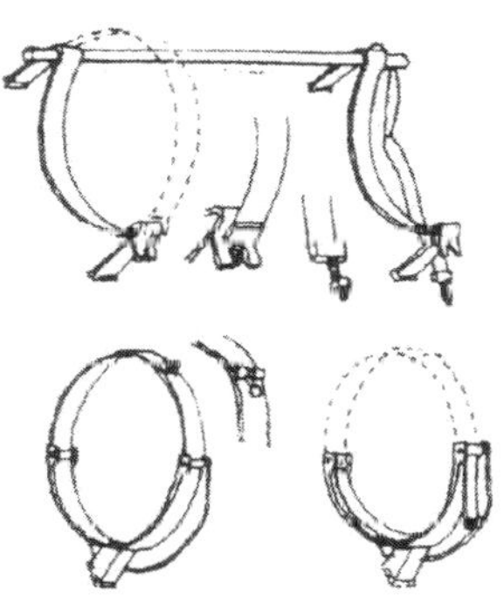

〔車体側面燃料タンク用ブラケット〕
ブラケットのタンク固定用バンドは蝶ネジで開閉できる。

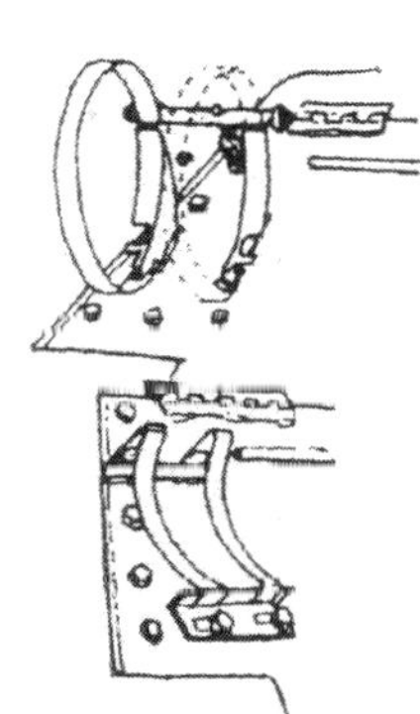

〔車体後部燃料タンク用ブラケット〕

共産軍に供与されたソ連製車両

T-34-85の他に北朝鮮軍と中国軍には、ソ連から重戦車や自走砲も供与されていた。1952年以降、これらの車両も朝鮮戦争に投入されたと言われているが、国連軍側の記録や将兵の証言では、実戦で運用されたという事実は現在のところ確認されていない。

《 JS-2スターリン重戦車 》

ドイツ軍重戦車に対抗するため、1943年に開発が始められた重戦車。朝鮮戦争時、中国軍は1950年11月にソ連から供与されたJS-2装備の部隊を派遣したとされている。また、北朝鮮には朝鮮戦争後に供与されている。

〔データ〕
全長：9.9m
車体長：6.77m
全幅：3.09m
全高：2.73m
重量：46t
エンジン：V2 V型12気筒水冷ディーゼル
装甲厚：20 ～ 160mm
武装：122mm D-25T戦車砲×1、
DT機関銃×2、DShK機関銃×1
乗員：4名

《 KV 85重戦車 》

KV-1重戦車の改良車体に85mm戦車砲装備の新型砲塔を搭載した重戦車。朝鮮戦争中または戦後に中国を経由して北朝鮮軍に供与されたと言われている。

〔データ〕
全長：8.49m
車体長：6.75m
全幅：3.32m
全高：2.53m
重量：46t
エンジン：ハリコフV-2 V型12気筒
水冷ディーゼル
装甲厚：20 ～ 100mm
武装：85mm D-5T戦車砲×1、
DT機関銃×3
乗員：4名

《 SU-100自走砲 》

T-34をベースに造られた対戦車自走砲。中国軍が朝鮮戦争の後半に投入したとされる。しかし、国連軍側の記録では交戦などの事実は確認されていない。

〔データ〕
全長：9.45m
全幅：3m
全高：2.25m
重量：31.6t
エンジン：ハリコフV-2 V型12気筒
水冷ディーゼル
装甲厚：20 ～ 75mm
武装：100 mmD-10S戦車砲×1、
乗員：4名

《 SU-122自走砲 》

T-34の車台をベースに生産された自走榴弾砲。中国軍側の記録には朝鮮戦争へ派遣されたとあるが、国連軍の資料には記録されていない。

〔データ〕
全長：6.95m
全幅：3m
全高：2.32m
重量：30.9t
エンジン：クリーモフV-2 V型12気筒水冷ディーゼル
装甲厚：15 ～ 45mm
武装：122mm M-30S榴弾砲×1、
乗員：4名

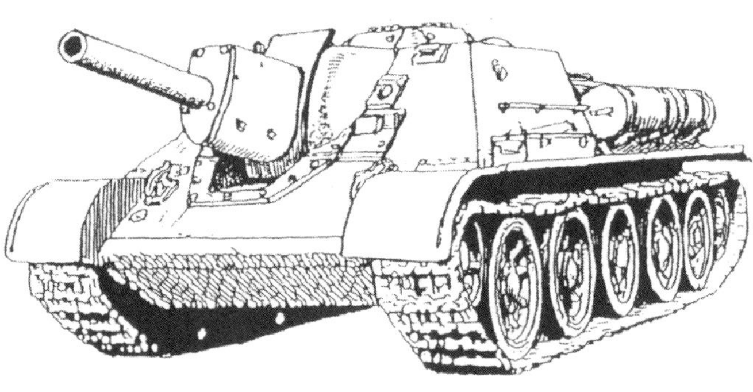

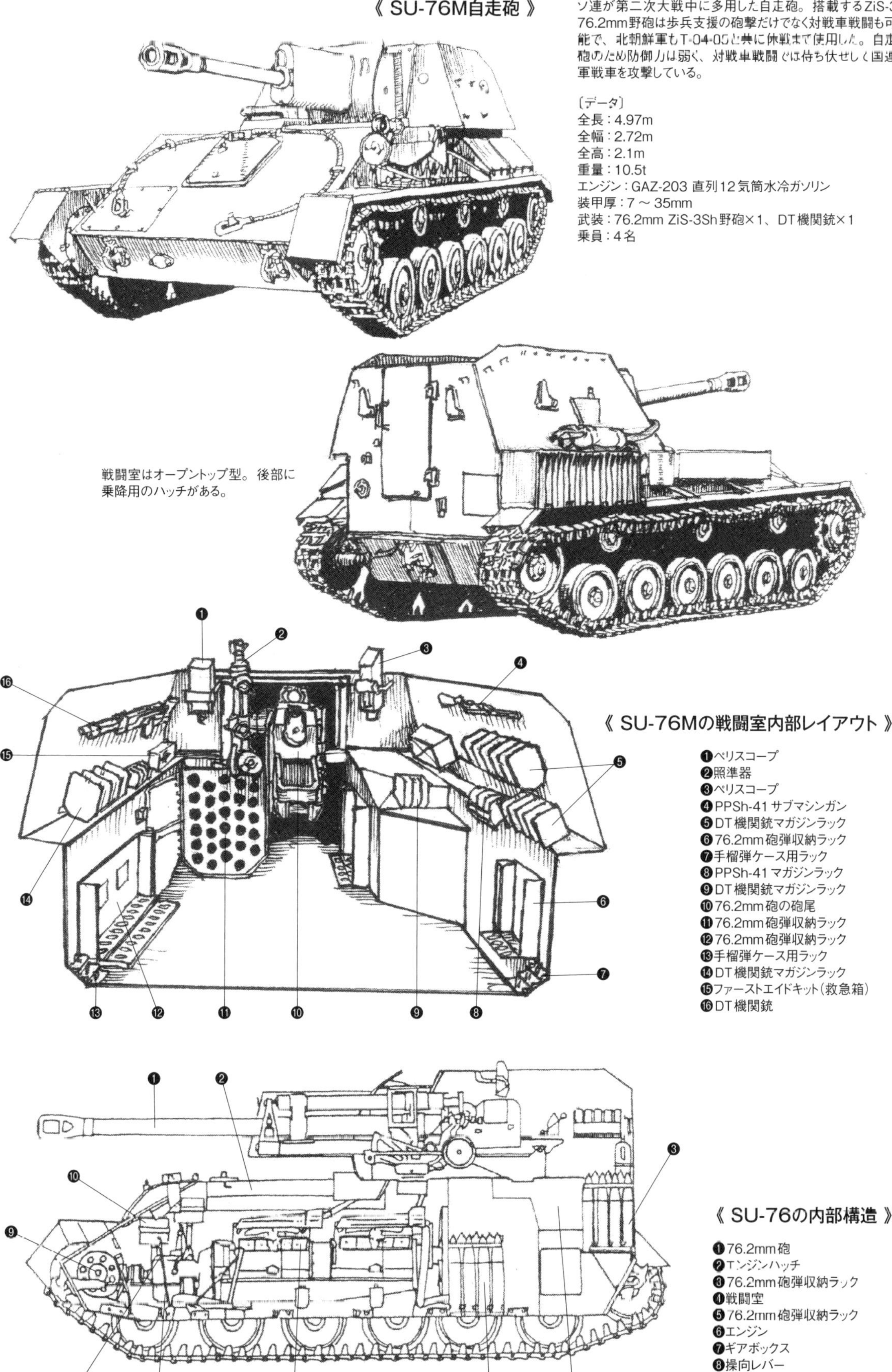

《 SU-76M自走砲 》

ソ連が第二次大戦中に多用した自走砲。搭載するZiS-3 76.2mm野砲は歩兵支援の砲撃だけでなく対戦車戦闘も可能で、北朝鮮軍もT-34-85と共に休戦まで使用した。自走砲のため防御力は弱く、対戦車戦闘では待ち伏せして国連軍戦車を攻撃している。

〔データ〕
全長：4.97m
全幅：2.72m
全高：2.1m
重量：10.5t
エンジン：GAZ-203 直列12気筒水冷ガソリン
装甲厚：7～35mm
武装：76.2mm ZiS-3Sh野砲×1、DT機関銃×1
乗員：4名

戦闘室はオープントップ型。後部に乗降用のハッチがある。

《 SU-76Mの戦闘室内部レイアウト 》

❶ペリスコープ
❷照準器
❸ペリスコープ
❹PPSh-41 サブマシンガン
❺DT機関銃マガジンラック
❻76.2mm砲弾収納ラック
❼手榴弾ケース用ラック
❽PPSh-41 マガジンラック
❾DT機関銃マガジンラック
❿76.2mm砲の砲尾
⓫76.2mm砲弾収納ラック
⓬76.2mm砲弾収納ラック
⓭手榴弾ケース用ラック
⓮DT機関銃マガジンラック
⓯ファーストエイドキット(救急箱)
⓰DT機関銃

《 SU-76の内部構造 》

❶76.2mm砲
❷エンジンハッチ
❸76.2mm砲弾収納ラック
❹戦闘室
❺76.2mm砲弾収納ラック
❻エンジン
❼ギアボックス
❽操向レバー
❾ステアリングブレーキ
❿エアフィルター

《 GAZ-67B 》

ソ連が1943年に開発した小型4輪駆動車。1944年にはエンジン出力を強化したGAZ-67Bに改良されている。アメリカ軍のジープと同様に連絡、偵察、人員・貨物輸送など多用途に使用された。

《 BA-64B装甲車 》

GAZ-67Bのシャーシを流用して造られた軽装甲車。初期型は戦闘室がオープントップであったが、B型はDT機関銃1挺を装備する銃塔が搭載された。

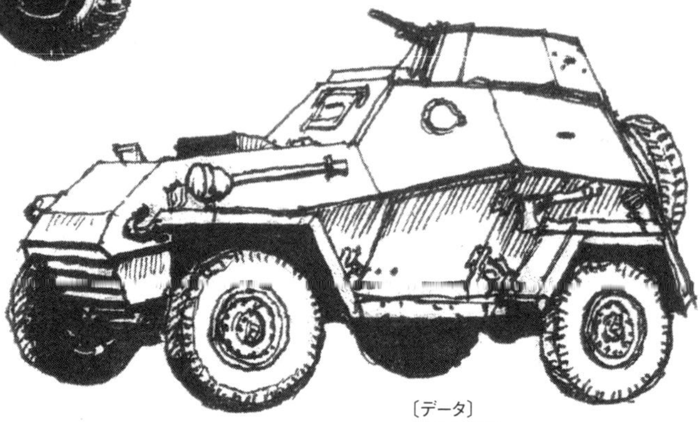

《 ZIS-5トラック 》

1933年から生産され、第二次大戦でソ連軍が多用した最大積載量3tのトラック。北朝鮮軍も物資と兵員輸送に使用した。

〔データ〕
全長：3.66m
全幅：1.74m
全高：1.9m
重量：2.4t
エンジン：GAZ-MM4気筒液冷ガソリン
装甲厚：4～15mm
武装：DT機関銃×1
乗員：2名(6名)

《 GAZ-AAAトラック 》

ソ連でライセンス生産されたフォード・モデルAA1930トラックの後輪2軸型モデル。最大積載量は2t。ZIS-5と共に使用されている。

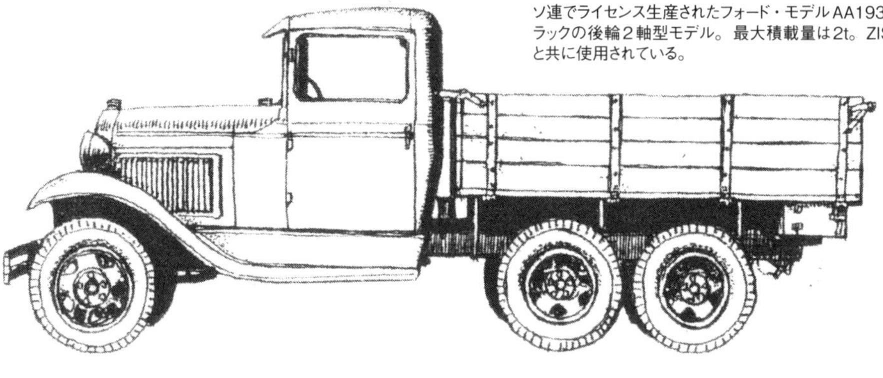

《 ドニエプルM-72サイドカー 》

ドイツのBMW R71をベースに1941年からソ連がコピー生産したモデル。将校の連絡や伝令用などに使用した。

アメリカ製車両

共産軍が使用したアメリカ製の車両は、第二次大戦中にアメリカからソ連へ輸出され、大戦後ソ連から供与された車両、さらに中国の国民党軍が装備していた車両、朝鮮戦争開戦後に国連軍から鹵獲した車両などに分かれる。

《 M3スカウトカー 》

アメリカ陸軍が騎兵部隊の機械化のため1939年に採用した装甲車。偵察任務用に開発されたが、兵員輸送車などの用途にも使用された。共産軍が使用した同車は、アメリカが第二次大戦中にソ連に輸出したもので、大戦後、ソ連から中国と北朝鮮に供与されている。

〔データ〕
全長：5.62m
全幅：2.03m
全高：1.96m
重量：5.67t
エンジン：ハーキュリーズJXD直列6気筒ガソリン
装甲厚：6 ～ 13mm
武装：M2重機関銃×1、M1917機関銃または M1919A6機関銃×1 ～ 2
乗員：8名

《 1/4tトラック（ジープ）》

中国軍は、国共内戦終結までにアメリカが国民党軍へ供与したジープを鹵獲後に使用した。ソ連が北朝鮮軍へ供与したのかは不明である。当時の画像や映像では戦場でアメリカ軍から鹵獲したジープを中国・北朝鮮軍が使用していることがわかる。

《 11/2t貨物トラック 》

《 GMC CCKW 353 2 1/2t貨物トラック 》

アメリカ製の貨物トラックは、国民党軍が使用していた車両とソ連から供与された車両が使われた。

《 CCKW 353オープンキャブ型 》

共産軍の軍装

朝鮮人民軍（北朝鮮）陸軍のユニフォームと装備

朝鮮人民軍（以下、北朝鮮軍）は、1948年2月8日に創設された。朝鮮戦争開戦当時の兵力は、8個歩兵師団、1個戦車旅団、1個独立戦車連隊を基幹に、その他の部隊を合わせ19万8000名の兵力を有していた。軍装は、ソ連軍からの援助品及び国産品を使用しているが、国産品はソ連軍の影響を受けていることがユニフォームなどのデザインに色濃く反映されている。

《 軍官（将校・将官）常勤制服 》

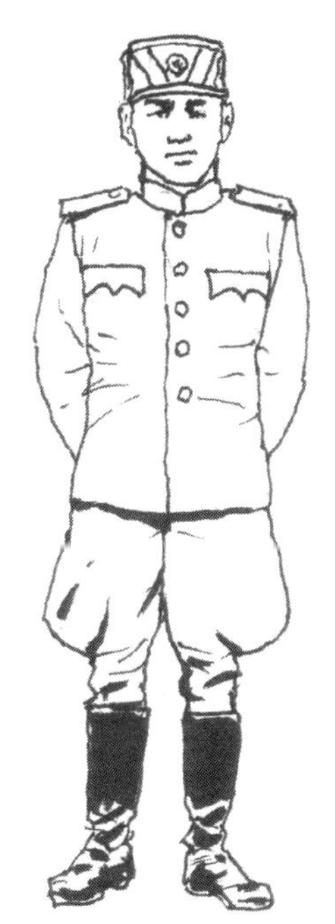

ソ連軍のキーチェリ制服と同様のデザインで作られた国産品。詰襟で階級章は肩に付ける。ズボンは乗馬型。夏季用に白色の制服も作られた。

《 軍官の冬季野戦軍装 》

防寒帽

オーバーコート

マップケース

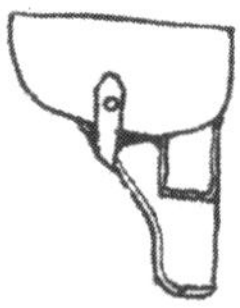

［トカレフTT-1930/33用ホルスター］

《 軍官の野戦軍装 》

軍官用戦闘帽
ケピ型のデザインで耳当てが付く。

階級章
陸軍の軍官用は赤のパイピングが入る。

赤のパイピング

制服にはウール製カーキ色の生地が使用されている。前合わせのボタンは5個。ポケットのボタンはない。

《 階級章 》

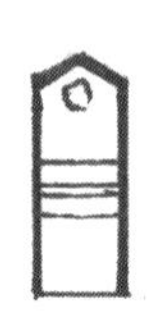
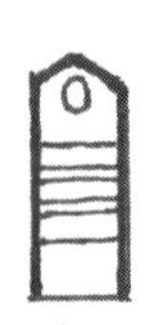
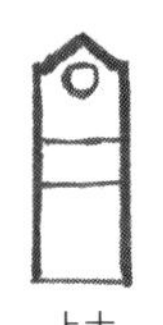

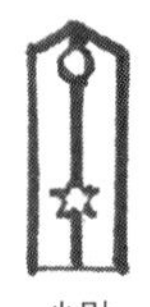

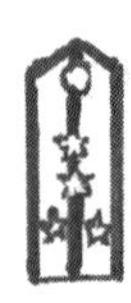

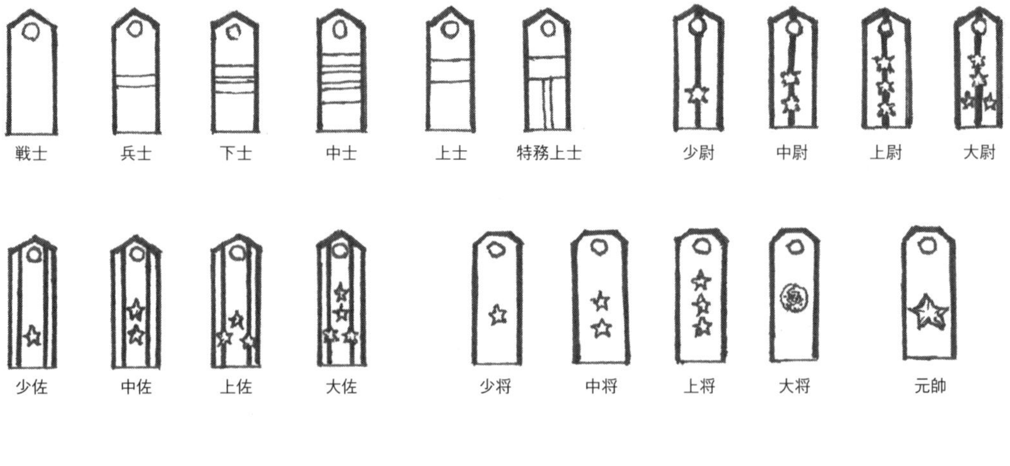

戦士　兵士　下士　中士　上士　特務上士　少尉　中尉　上尉　大尉

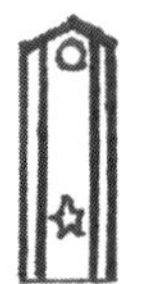

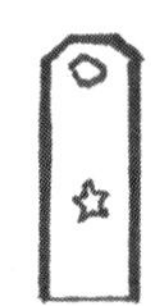
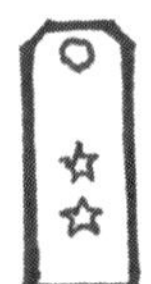

少佐　中佐　上佐　大佐　少将　中将　上将　大将　元帥

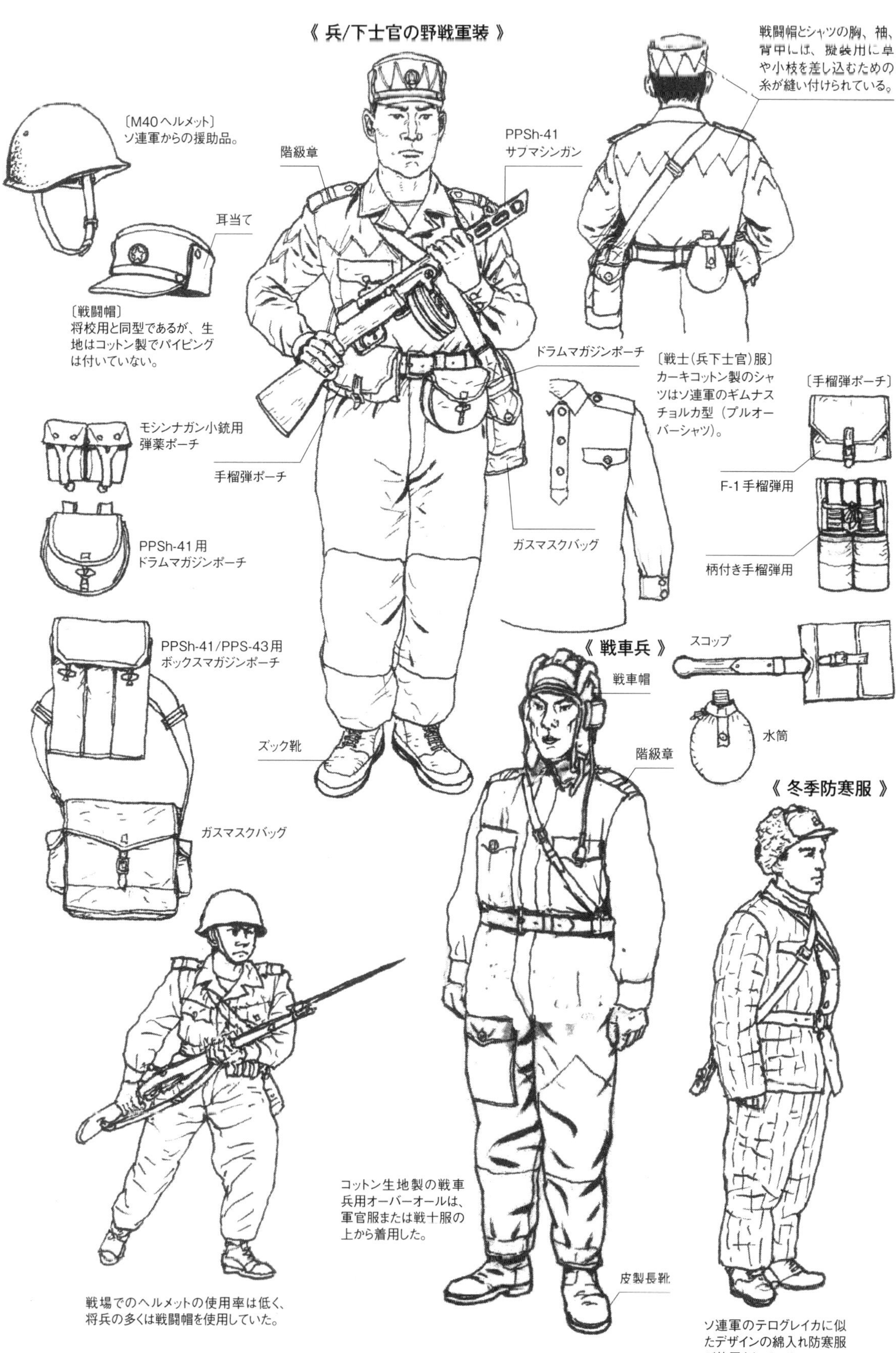
《 兵/下士官の野戦軍装 》
戦闘帽とシャツの胸、袖、背中には、擬装用に草や小枝を差し込むための糸が縫い付けられている。
〔M40ヘルメット〕
ソ連軍からの援助品。
階級章
PPSh-41
サブマシンガン
耳当て
〔戦闘帽〕
将校用と同型であるが、生地はコットン製でパイピングは付いていない。
ドラムマガジンポーチ
〔戦士(兵下士官)服〕
カーキコットン製のシャツはソ連軍のギムナスチョルカ型（プルオーバーシャツ）。
〔手榴弾ポーチ〕
モシンナガン小銃用
弾薬ポーチ
手榴弾ポーチ
F-1手榴弾用
ガスマスクバッグ
柄付き手榴弾用
PPSh-41用
ドラムマガジンポーチ
PPSh-41/PPS-43用
ボックスマガジンポーチ
《 戦車兵 》
スコップ
戦車帽
水筒
ズック靴
階級章
《 冬季防寒服 》
ガスマスクバッグ
コットン生地製の戦車兵用オーバーオールは、軍官服または戦士服の上から着用した。
皮製長靴
戦場でのヘルメットの使用率は低く、将兵の多くは戦闘帽を使用していた。
ソ連軍のテログレイカに似たデザインの綿入れ防寒服が使用されている。

中国人民志願軍（中国軍）のユニフォームと装備

北朝鮮軍を援助するため派兵された人民解放軍（以下、中国軍）は、名目上、義勇軍としたことから、中国人民志願軍（抗美援朝義勇軍）の名称で呼ばれた。同部隊は介入当初から100万人規模（戦闘部隊は約20万人）の兵力を投入し、1953年7月の休戦時にその数は120万人にも達していた。中国軍の軍服は人民服を基本にしているが、このスタイルは日中戦争時の八路軍時代から使用されており、朝鮮戦争の際には1948～1952年までに制定された夏冬軍服が基本となる。

《 人民解放軍幹部 》

人民服型の制服は、1950年に制定された幹部用の50年式軍服。常勤・戦闘服を兼ねており、同型の制服でボタンの色が金色のものは礼服に規定されていた。帽子は1951年に制定された解放帽。

人民解放軍で使用された帽章と胸章。朝鮮に派遣された中国人民志願軍は、表向きは義勇軍であったことから使用していない。

〔50年式帽章〕

中國
人民解放軍

〔50年式胸章〕

《 彭徳懐 》（1898年10月24日～1974年11月29日）

1928年に共産党へ入党。日中戦争中は八路軍副総指揮官。第二次大戦後は中央軍事委員会副主席・総参謀長を務める。中国の朝鮮戦争介入に際して、中国人民志願軍の司令官に任命され、中国・北朝鮮軍の指揮に当たった。

《 制定軍服 》

〔48年制定軍服幹部服〕

〔48年制定戦士服〕

〔52年制定戦士服〕

《 柄付き手榴弾ポーチ 》

《 軽機関銃用チェストポーチ 》

ZBやBARなどの20連マガジンを収納。

《 サブマシンガン用チェストポーチ 》

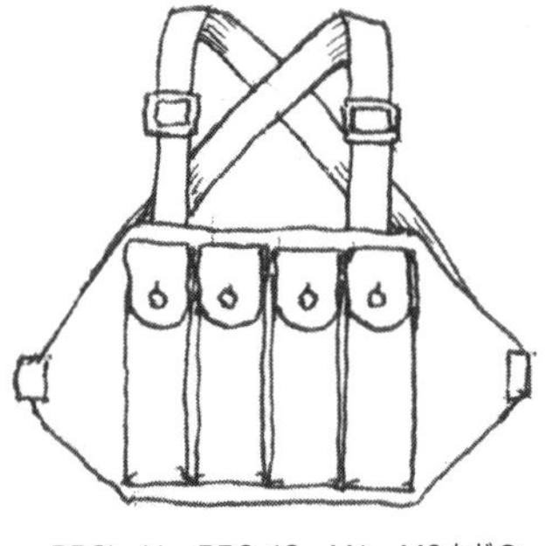

PPSh-41、PPS-43、M1、M3などのマガジン携行用に使用。

《 野戦軍装の志願軍兵士 》

服は52年制定夏季戦士服，PPSh-41または，中国製の50式短機関銃（衝鋒槍）を装備。

中國
人民志願軍

人民志願軍が使用した胸章

チェストポーチ

ズック靴

《 幹部の野戦軍装 》

幹部は自動拳銃を護身用に装備。使用拳銃は、トカレノTT-1930/33または同モデルを中国で生産した51式拳銃を使用している。

ホルスター

自動拳銃用マガジンポーチ

〔小銃用弾帯〕
八路軍時代から使用されているタイプ。腰に巻く他、たすき掛けや袈裟掛けで使用した。

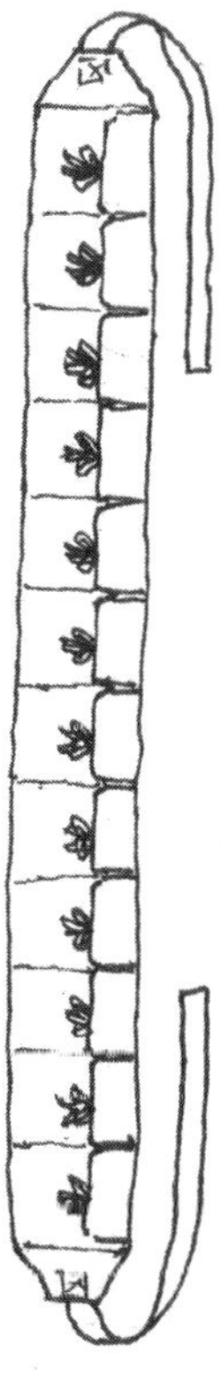

《 兵/下士官の冬季軍装 》

防寒帽

弾帯

48年制定の冬季用戦士服

弾帯

小銃(モシンナガン、三八式、マウザーなど)

ゲートル

皮製軍靴

1950年10月に朝鮮戦争に介入した中国軍は、すぐに冬の季節を迎えたが、冬季装備は不足し、前線部隊にも十分な数が行き渡らず、凍傷だけでなく凍死した将兵も多かった。

《 綿入れ防寒服装備の兵士 》

防寒帽

サブマシンガン用
チェストポーチ

防寒ブーツ

中国軍事教本

《 不動の姿勢(気を付け!) 》

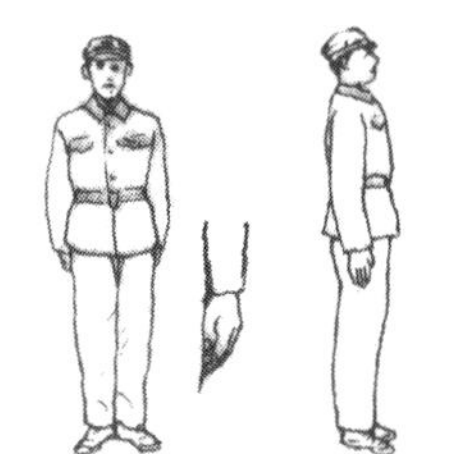

手指は自然に、中指をズボンの縫い目に添わす。踵を揃え、爪先は一足分開く。

《 正歩行進 》 《 速足行進 》

頭と首はまっすぐ、口を閉ざし、視線は水平に。

手は軽く握り拳に。

《 駆け足 》

《 気を付け!(執銃時) 》

〔小銃の場合〕 〔サブマシンガンの場合(つれ銃)〕

《 になえ銃 》

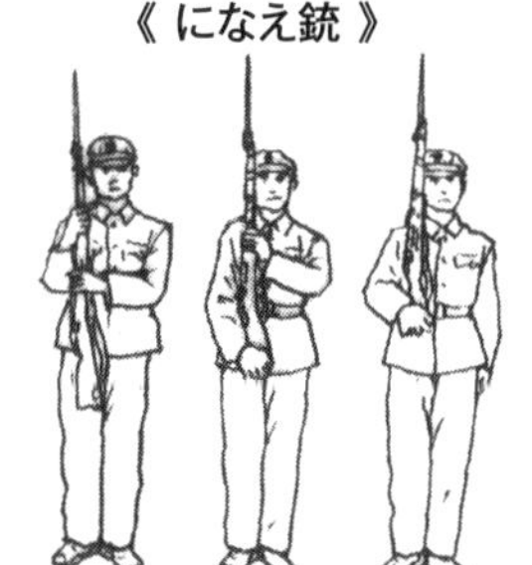

《 つれ銃 》

《 かけ銃 》

〔サブマシンガンの場合〕

《 負え銃 》

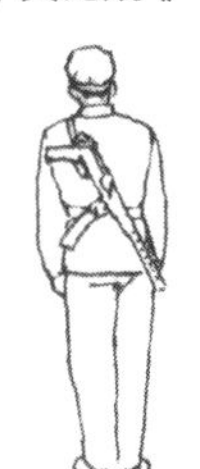

〔サブマシンガンの場合〕

《 負え銃 》

〔小銃の場合〕

《 伏せ! 》

執銃時は伏射の姿勢で前方を注視。

《 起て! 》

体を起こし、不動の姿勢を取る。

《 気を付け! 》

《 (銃を右肩に寄せ)座れ! 》

背嚢携帯時は「背嚢を置け!」の号令で背嚢を下ろし、それに腰掛ける。

《 (銃を右肩に寄せ)しゃがめ! 》

長時間に及ぶ場合は、足を組み替えても良い。

《 匍匐前進 》

両肘を交互に出し進む。

《 側身匍匐前進 》

上体を起こして匍匐する。

《 行軍着装 》

装具、水筒、雑嚢、手榴弾袋を装着。

〔完全武装〕

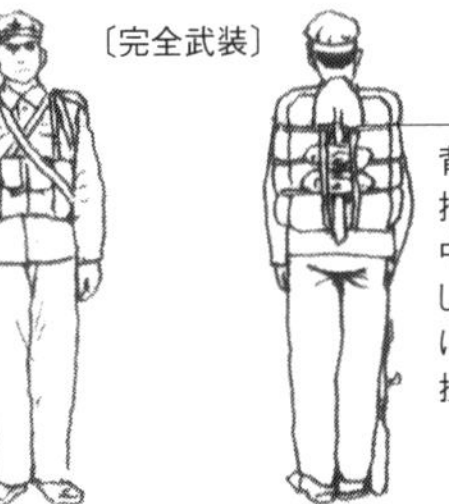

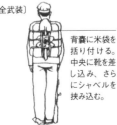

背嚢に米袋を括り付ける。中央に靴を差し込み、さらにシャベルを挟み込む。

装備を身に付け、弾帯、背嚢を装着。最後に武器を持つ。

〔緊急時の装具〕

背嚢なしで米袋と雨具を別々に縛り、装具を付ける。

《 敵前での行動 》

〔転進〕
敵の監視や射撃を避けて左右に移動。

〔屈伸前進〕
敵方を注視しつつ、速足で前進。突撃位置に付く。

射撃の基本動作

《 据銃(銃の構え方) 》

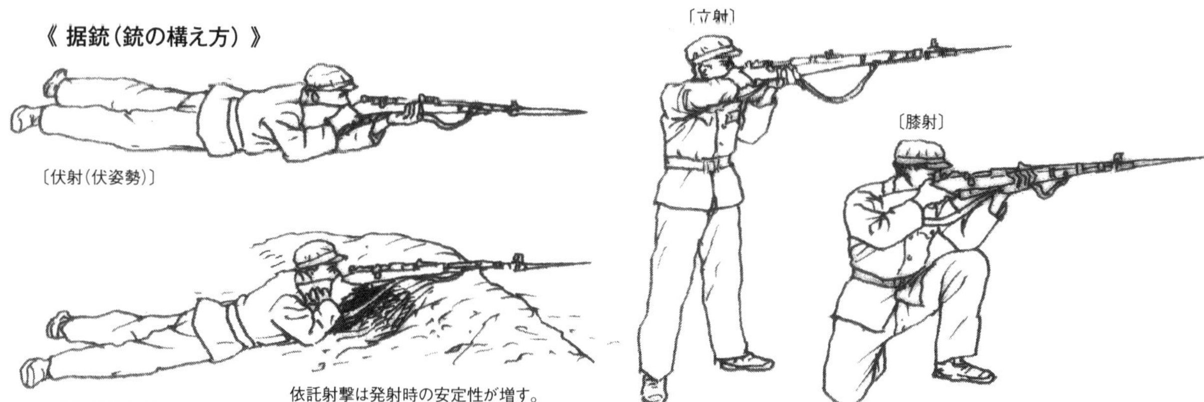
〔立射〕
〔膝射〕

〔伏射(伏姿勢)〕

〔伏射依託射撃〕

依託射撃は発射時の安定性が増す。

《 地形·地物の利用(依託射撃) 》

〔樹木の利用〕

樹木や電柱などの右側に身を寄せる。木の幹に体をできるだけ寄せ、射撃の安定性を増すようにする。

〔土塊、あぜ道の利用〕

〔囲壁の利用〕

囲壁や堀を利用して身を隠し、射撃する。

〔堆土の利用〕

堆土の右側に位置。射撃に適し、体を隠蔽できる。

〔弾痕の利用〕

凹みが浅い場合は、掘って深くする。

〔家屋の利用〕

家屋や建物がある場合は、速やかに壁の角、戸や窓の左側を利用して身を隠し、射撃する。

《 中国軍戦士(歩兵)部隊の基本編成 》

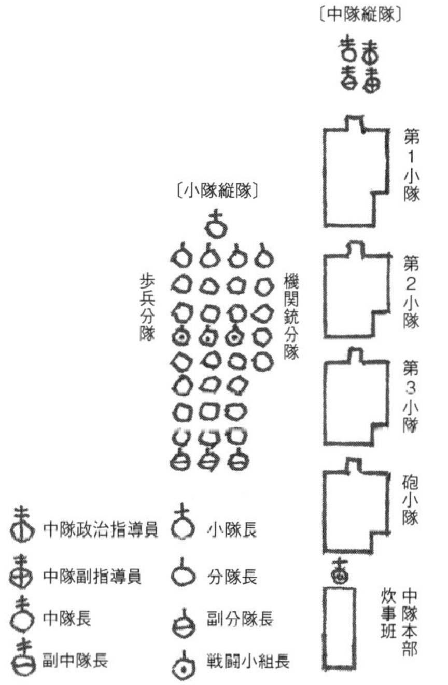

〔中隊縦隊〕

第1小隊

第2小隊

第3小隊

砲小隊

中隊本部炊事班

〔小隊縦隊〕

歩兵分隊

機関銃分隊

中隊政治指導員

中隊副指導員

中隊長

副中隊長

事務長

小隊長

分隊長

副分隊長

戦闘小組長

戦士

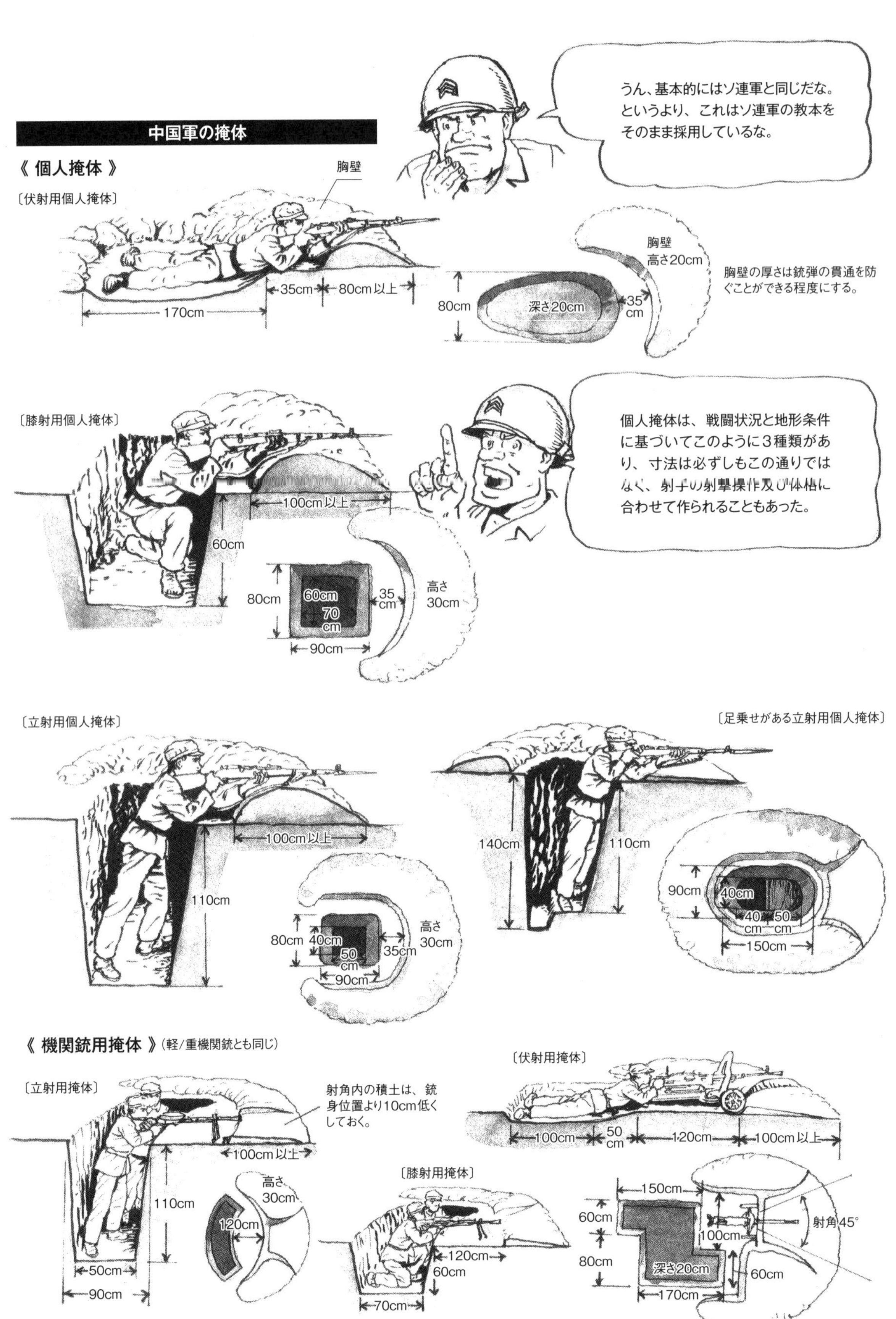

中国軍の掩体
うん、基本的にはソ連軍と同じだな。というより、これはソ連軍の教本をそのまま採用しているな。
《 個人掩体 》
〔伏射用個人掩体〕
胸壁
35cm
80cm以上
170cm
80cm
深さ20cm
35cm
胸壁 高さ20cm
胸壁の厚さは銃弾の貫通を防ぐことができる程度にする。
〔膝射用個人掩体〕
個人掩体は、戦闘状況と地形条件に基づいてこのように3種類があり、寸法は必ずしもこの通りではなく、射手の射撃操作及び体格に合わせて作られることもあった。
100cm以上
60cm
80cm
60cm
70cm
35cm
高さ30cm
90cm
〔立射用個人掩体〕
100cm以上
110cm
80cm
40cm
50cm
35cm
高さ30cm
90cm
〔足乗せがある立射用個人掩体〕
140cm
110cm
90cm
40cm
40cm
50cm
150cm
《 機関銃用掩体 》(軽/重機関銃とも同じ)
〔立射用掩体〕
射角内の積土は、銃身位置より10cm低くしておく。
100cm以上
110cm
高さ30cm
120cm
50cm
90cm
〔伏射用掩体〕
100cm
50cm
120cm
100cm以上
〔膝射用掩体〕
120cm
60cm
70cm
150cm
60cm
80cm
100cm
深さ20cm
60cm
170cm
射角45°

《 地物を利用した掩体の構築 》

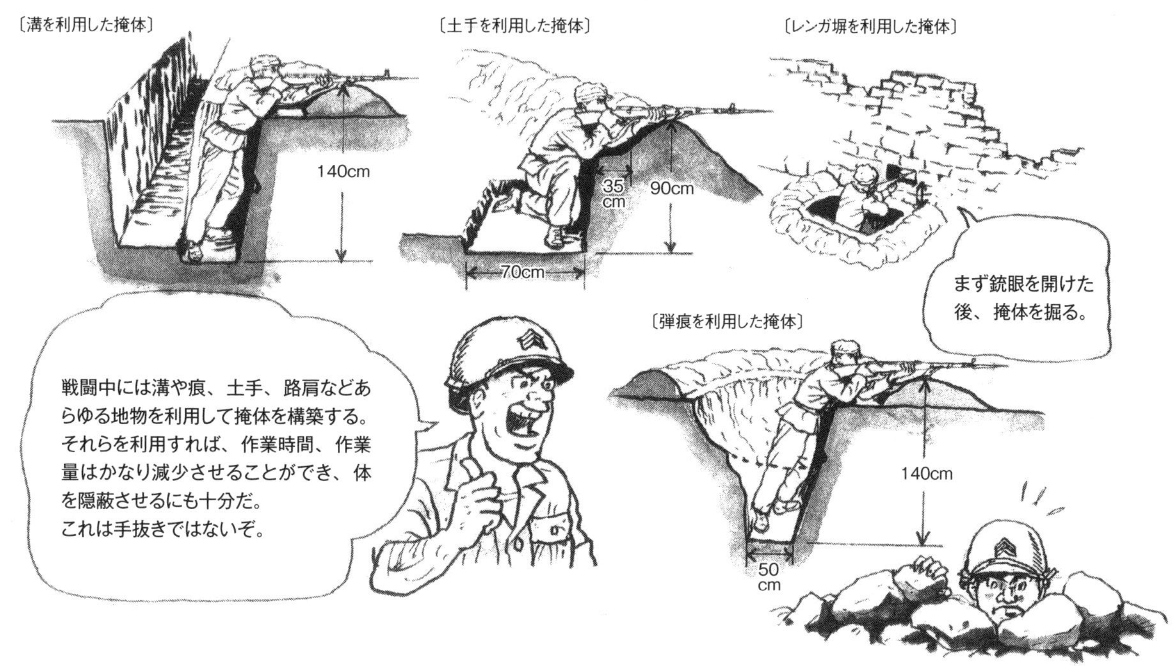
〔溝を利用した掩体〕
140cm
〔土手を利用した掩体〕
35 cm
90cm
70cm
〔レンガ塀を利用した掩体〕
まず銃眼を開けた後、掩体を掘る。
〔弾痕を利用した掩体〕
140cm
50 cm
戦闘中には溝や痕、土手、路肩などあらゆる地物を利用して掩体を構築する。それらを利用すれば、作業時間、作業量はかなり減少させせることができ、体を隠蔽させるにも十分だ。
これは手抜きではないぞ。

《 塹壕、交通壕の構築 》

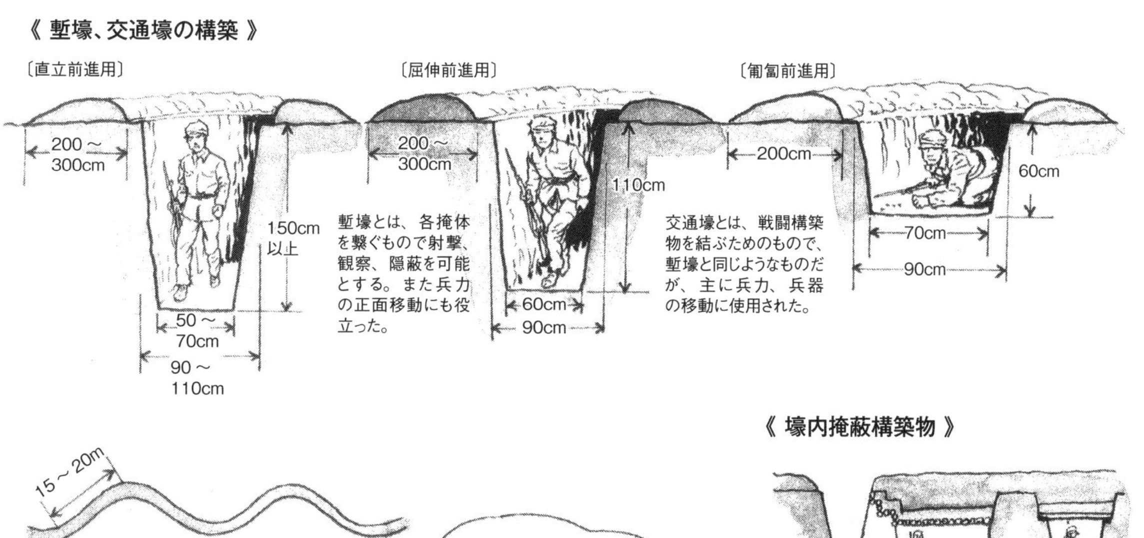
〔直立前進用〕
200～300cm
150cm 以上
50～70cm
90～110cm
〔屈伸前進用〕
200～300cm
110cm
60cm
90cm
〔匍匐前進用〕
200cm
60cm
70cm
90cm

塹壕とは、各掩体を繋ぐもので射撃、観察、隠蔽を可能とする。また兵力の正面移動にも役立った。

交通壕とは、戦闘構築物を結ぶためのもので、塹壕と同じようなものだが、主に兵力、兵器の移動に使用された。

《 壕内掩蔽構築物 》

15～20m
〔曲線形の壕〕
15～20m
90～120°
〔折れ線形の壕〕
15～20m
3m以上
3m以上
〔直線の溝、土手などを利用した壕〕
敵火、さらに火力の集中を避けるために塹壕、交通壕は曲線形や折れ線形に構築する。
190～220cm
70cm
80cm
40cm

掩蔽構築物は、敵の空爆、砲撃などの爆風や破片を防ぐためのもの。

〔避弾所〕
戦闘小隊を収容可能。

北朝鮮軍事教本（ソ連軍教本1939年）

ソ連の支援を受けた北朝鮮軍は、装備も編成もソ連式だった。北朝鮮軍は、ソ連軍参謀が作製した侵攻計画を朝鮮語に翻訳し、その作戦を実施した。

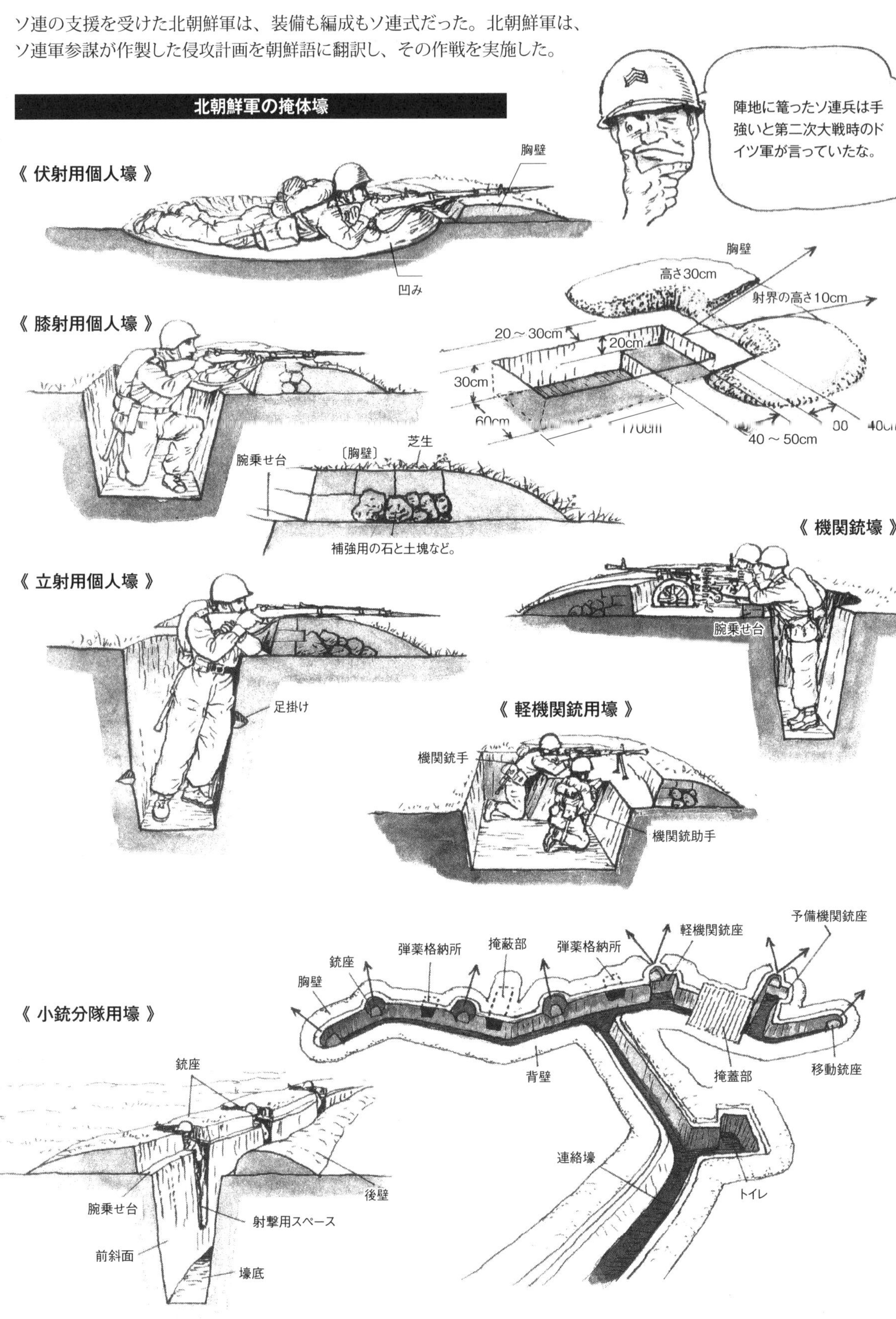

北朝鮮軍の掩体壕
陣地に篭ったソ連兵は手強いと第二次大戦時のドイツ軍が言っていたな。
《 伏射用個人壕 》
胸壁
凹み
《 膝射用個人壕 》
胸壁
高さ30cm
射界の高さ10cm
20～30cm
20cm
30cm
60cm
170cm
40～50cm
腕乗せ台
〔胸壁〕
芝生
補強用の石と土塊など。
《 機関銃壕 》
腕乗せ台
《 立射用個人壕 》
足掛け
《 軽機関銃用壕 》
機関銃手
機関銃助手
《 小銃分隊用壕 》
胸壁
銃座
弾薬格納所
掩蔽部
弾薬格納所
軽機関銃座
予備機関銃座
背壁
掩蓋部
移動銃座
連絡壕
トイレ
銃座
腕乗せ台
射撃用スペース
後壁
前斜面
壕底

銃剣術

銃剣術は、接近戦で敵を殲滅するための重要な手段の一つであり、反侵略戦争においては重要な意義を有するものである。

《刺突準備》

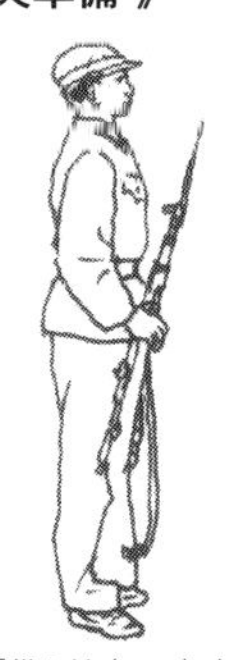

①「備え銃（つつ）!」の号令を聞いたら、右手で銃を持ち上げる。

②右足首を軸に体の半面を右に45°回し、それと同時に左足を一歩踏み出し、つま先を敵に向ける。

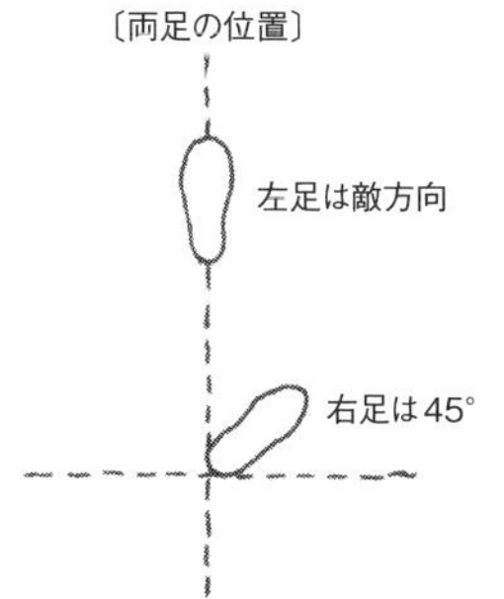
〔両足の位置〕
左足は敵方向
右足は45°

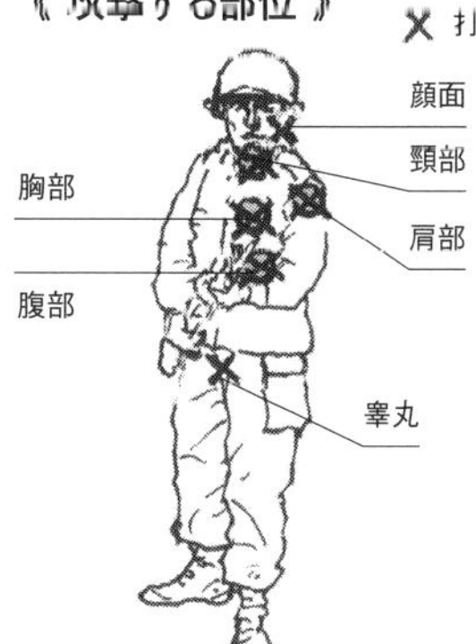
《攻撃する部位》
刺突部位
打撃部位
顔面
頸部
胸部
肩部
腹部
睾丸

《構え銃の姿勢》

《後転の動作》

戦場では、前面の敵を刺した直後に後方からの敵にも対処しなくてはならない場合がある。その際は素早く後転する。

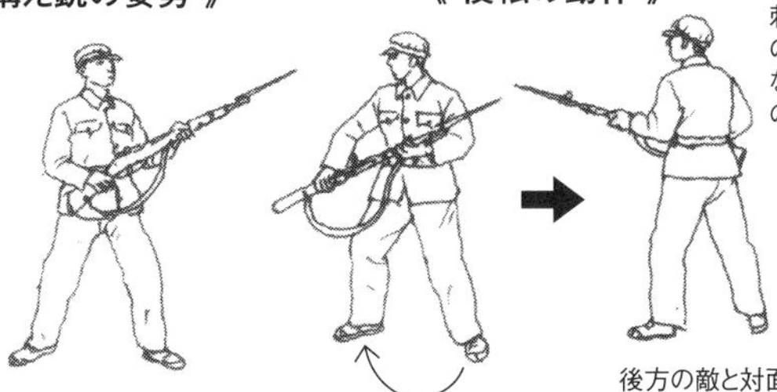
後転する。
後方の敵と対面。

《刺突》

敵兵に向かって銃を突き出す。それと同時に左足を大きく踏み出し突き刺す。

《防刺》

敵の銃剣を防ぎ、素早く刺し返す動作。

右からの突きを防ぐ。

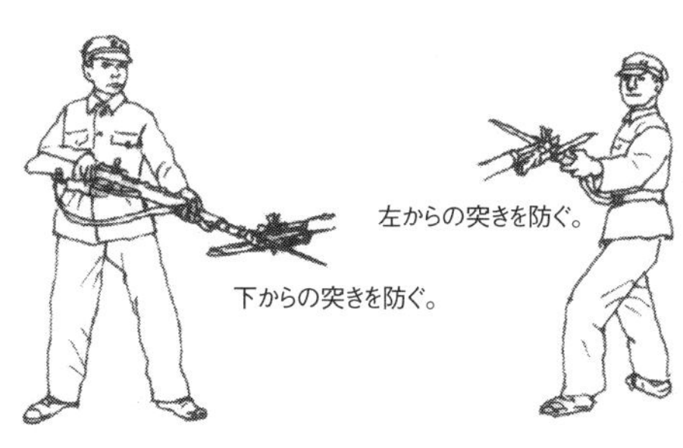
下からの突きを防ぐ。
左からの突きを防ぐ。

《対抗刺突》

〔右騙し下突き〕

右を突くふりをして敵が右側防御に出たところをすかさず下を突く。

〔防左側撃の動作〕　〔防左弾攻撃（銃床）〕

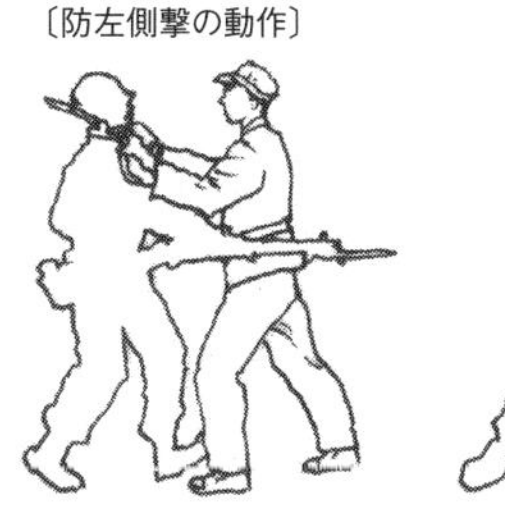

距離が近過ぎて刺突できない場合の対処。

〔下騙し上突き〕

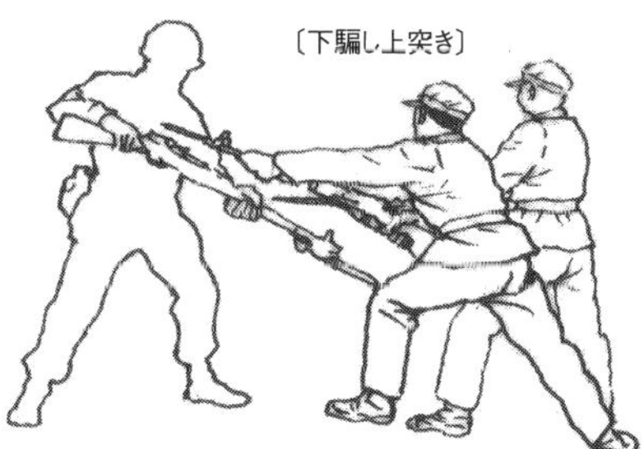

腹部を突くと見せかけて上を突くやり方。

〔左騙し右突き〕

左を突くふりをし、銃を転じて少し下を突く。

小火器による対空射撃

《 地上から見た敵機の隊形 》

■戦闘機の場合

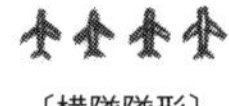
〔横隊隊形〕

〔梯子隊形〕

〔縦隊隊形〕

■爆撃機の場合

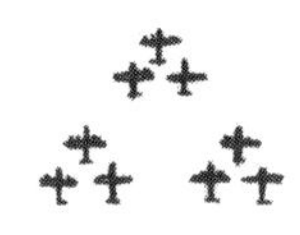
〔品字隊形〕

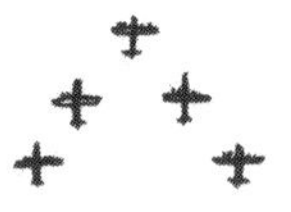
〔人字隊形〕

〔菱形隊形〕

《 飛行機の掃討 》

①上空に飛行機を発見した場合は、まずは敵機か友軍機か機体の識別。
②敵機（制空権は国連軍が掌握していた）であれば、機種、性能、特徴などを判断。
③有効な攻撃方法を取る。

未来修正量
命中点
照準時の敵機の位置
射距離

〔対空射撃の未来修正〕

ジェット戦闘機の場合、5機体分前方に照準・射撃

〔機体に応じた未来修正量〕

■飛行機の未来修正量計算表

兵器の種類 ＼ 未来修正量（機体数）			飛行速度（m/秒） 62	160		300		360		500	
			胴体	胴体 大型	小型	胴体 大型	小型	胴体 大型	小型	胴体 大型	小型
射距離（m）	200	半自動小銃	2	2	3.5	4.5	7	5	8.5	7	11.5
		各種小銃 騎兵銃 各種機関銃	1	2	3	4	6	4.5	7.5	6.5	10
	300	半自動小銃	2.5	3.5	5.5	7	11	8.5	13.5	11.5	18.5
		各種小銃 騎兵銃 各種機関銃	2	3	5	6	10	7.5	12	10	16
	400	半自動小銃	4	5	8.5	10	16.5	12	20	17	27
		各種小銃 騎兵銃 各種機関銃	3	4.5	7	8.5	14	10	16.5	14	22.5
	500	半自動小銃	5	7	11	14	22.5	16.5	27	23	36.5
		各種小銃 騎兵銃 各種機関銃	3.5	6	9.5	11.5	18	13.5	22	18.5	30

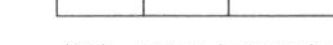
（注）●1976年版の表を参考にした。
●機体（胴体長）の平均長は、大型機＝21m、小型機＝13m。
●最初の速度62m/秒は、ヘリコプターの平均飛行速度。
●機関銃には、高射機関銃は含まず。
●本表は、平均数値を示しており、精確な未来修正量は機種によって異なる。

《 急降下する敵機に対する射撃 》

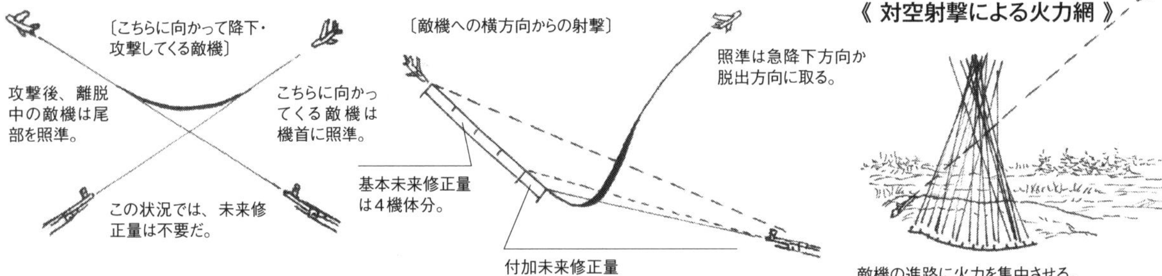
〔こちらに向かって降下・攻撃してくる敵機〕
攻撃後、離脱中の敵機は尾部を照準。
こちらに向かってくる敵機は機首に照準。
この状況では、未来修正量は不要だ。
〔敵機への横方向からの射撃〕
照準は急降下方向か脱出方向に取る。
基本未来修正量は4機体分。
付加未来修正量
急降下時は速度が増大するので、1機体分追加する。
《 対空射撃による火力網 》
敵機の進路に火力を集中させる。

《 敵空挺部隊の掃討 》

敵降下兵がパラシュートを開くのは、通常、高度500m以下である。降下中の兵士は効果的な射撃はできないので、慎重に照準・射撃が可能。

「兵士を撃ち、パラシュートは撃つな!」パラシュートに数発の命中弾を与えても降下兵は無事に着地できるからだ。

〔降下兵に対する未来修正量〕
風向きを考慮し、4人分下を照準する。

①敵空挺部隊による降下の兆候に気付いたら、直ちに先遣隊を送り、降下地点に展開、敵の殲滅に万全を期す。
②降下以前は飛行機を攻撃。
③降下中がもっとも防備が脆弱なので、可能な限り空中での殲滅に努める。
④敵兵が着地した後は、敵が集結する前に殲滅する。

■敵降下兵に対する未来修正量

射距離（m）	100	200	300	400	500
未来修正量（人体）	くるぶし	1人分	1.5人分	2.5人分	3.5人分

対空射撃の姿勢

《 小銃による対空射撃 》

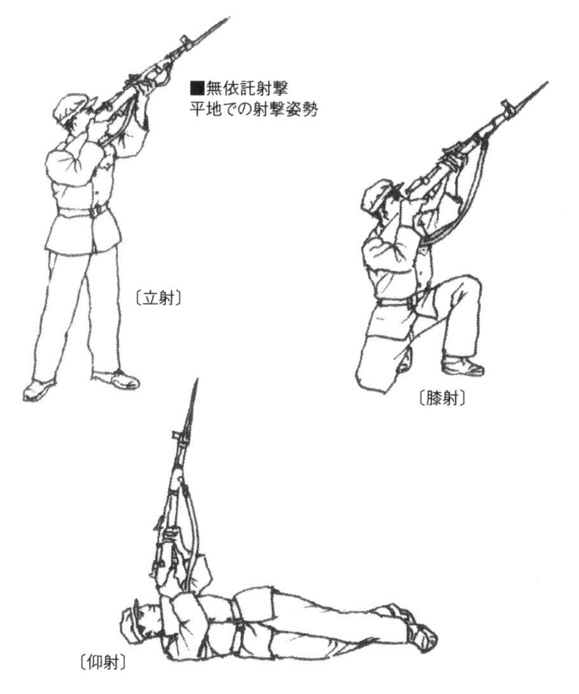
■無依託射撃
平地での射撃姿勢
〔立射〕
〔膝射〕
〔仰射〕

■依託射撃

依託できる地形、構造物などが利用できれば、安定した照準、射撃が可能である。

《 機関銃による対空射撃 》

■軽機関銃の場合

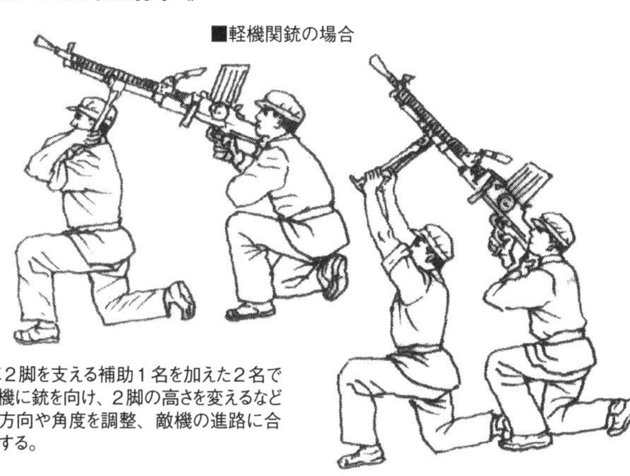

射手に他に2脚を支える補助1名を加えた2名で行なう。敵機に銃を向け、2脚の高さを変えるなどして、射撃方向や角度を調整、敵機の進路に合わせて射撃する。

■五二式重機関銃の場合

一旦、車輪付き機銃架から機関銃本体を外し、機銃架を立て、同後部に設置されている高射機銃架に設置して使用。

■九二式重機関銃の場合

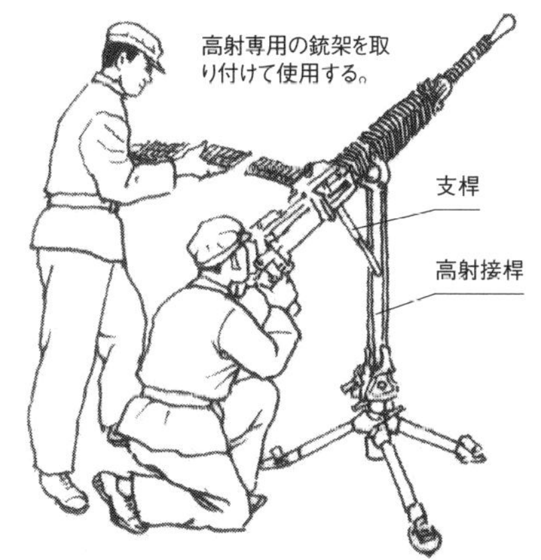
高射専用の銃架を取り付けて使用する。
支桿
高射接桿

■マキシム重機関銃の場合

三脚を引き伸ばし、高射位置に固定して使用。

対戦車攻撃

《 対戦車地雷 》

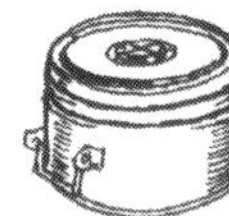

TM-41

〔中国製〕

N04（アメリカ製M-1のコピー）

〔ソ連製〕

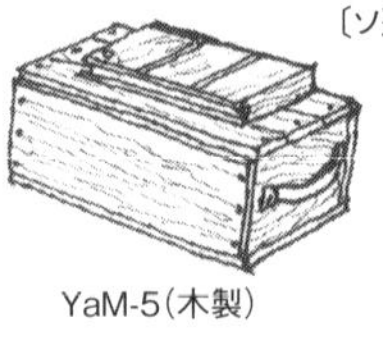

YaM-5（木製）

TM-46

《 対戦車障害物 》

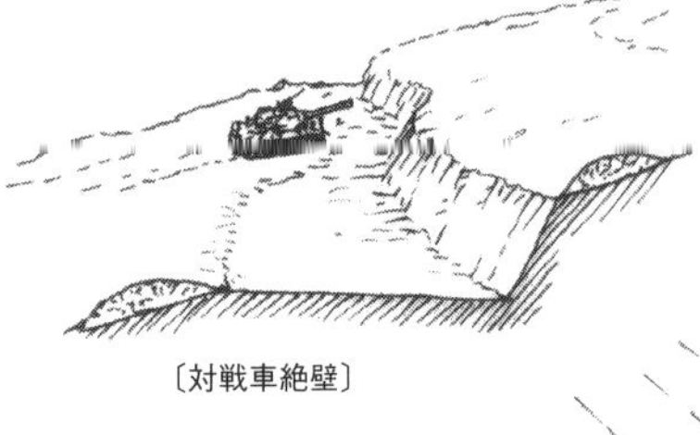

〔対戦車絶壁〕

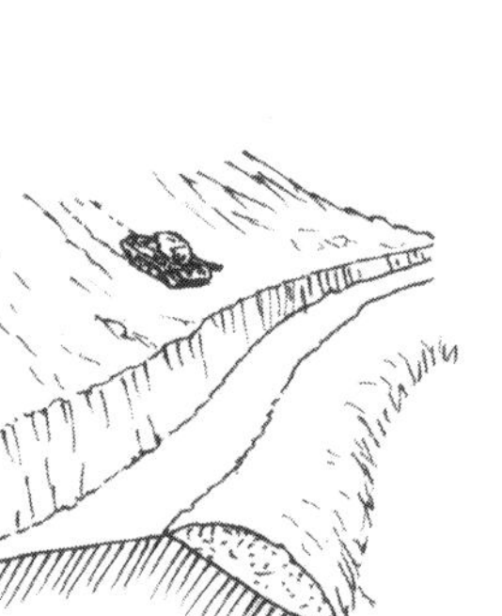

〔対戦車断崖〕

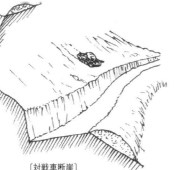

〔対戦車三角錐〕

戦車が通過する前方に配置。三角錐が履帯を持ち上げ、空回りさせたり、足周りに損傷を与える。

《 対戦車班による攻撃 》

対戦車班は、通常3～4名の爆破手で編成されていた。まず、戦車の随伴する敵歩兵を排除した後、爆破手が攻撃を行なった。

予備爆破手
爆破手
掩護手（班長）

《 梱包爆薬による攻撃 》

梱包爆薬には長い保持棒や引っ掛け用の鉄カギ（2個以上）が取り付けられている。

主砲や砲塔の取っ手、手摺り、ラックに引っ掛けて破壊。

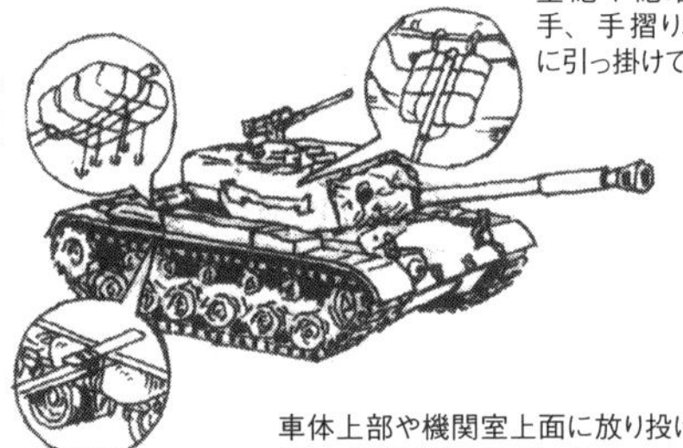

車体上部や機関室上面に放り投げ（投擲法）、破壊することもあった。

フェンダーと履帯との間に挟み込み、履帯を破壊。

《 携行型対戦車兵器 》

〔デグチャレフPTRD-1941 対戦車ライフル〕

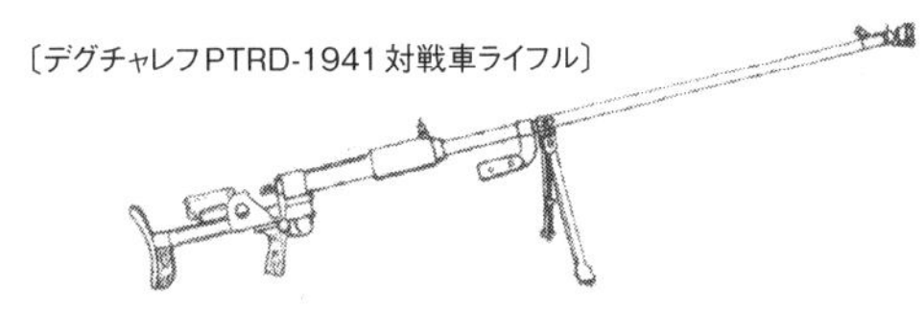

ソ連製ボルトアクション式の対戦車ライフル。正面など重装甲部分には非力だが、装甲の薄い箇所なら貫徹可能で、また外部視察装置などを破壊することもできた。

RPG-43投擲時

飛行安定用の吹き出し

〔RPG-43対戦車手榴弾〕

〔モロトフカクテル（火炎瓶）〕

〔VPGS-41
ライフルグレネード〕

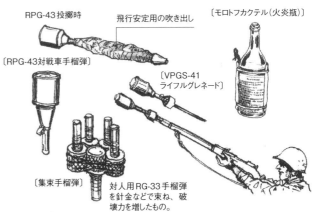

〔集束手榴弾〕

対人用RG-33手榴弾を針金などで束ね、破壊力を増したもの。

障害物への対処

《 鉄条網の突破 》

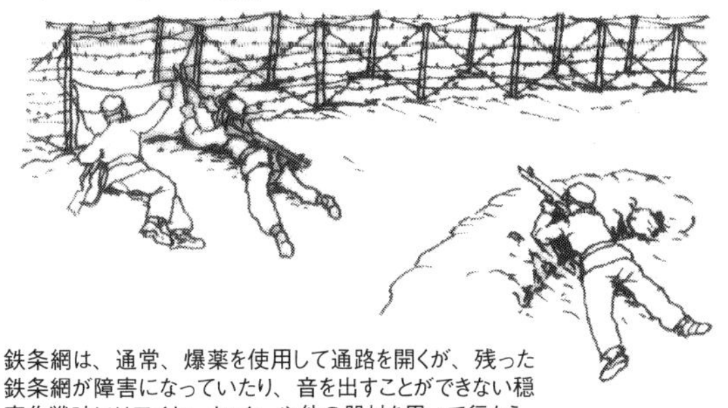
〔ワイヤーカッターで切断〕

鉄条網は、通常、爆薬を使用して通路を開くが、残った鉄条網が障害になっていたり、音を出すことができない穏密作戦時にはワイヤーカッターや他の器材を用いて行なう。

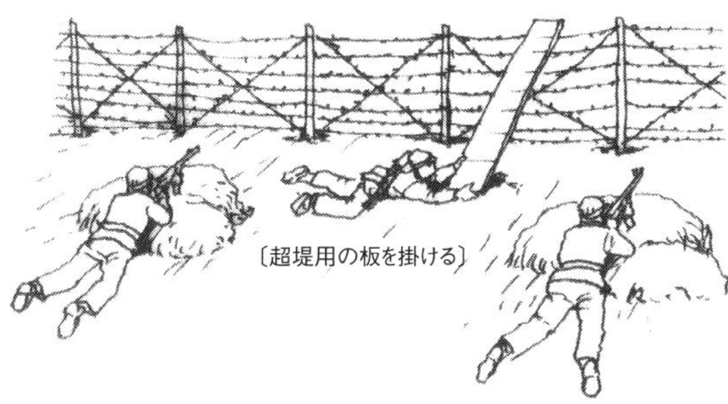
〔超堤用の板を掛ける〕

《 敵火下での個人掩体の掘り方 》

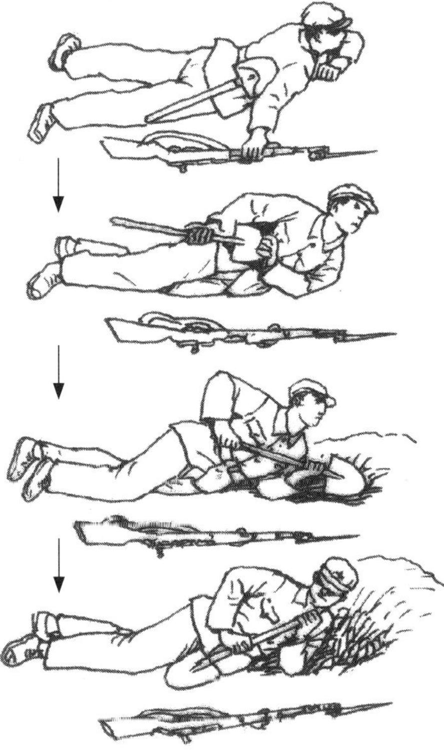

①まず伏せたままの状態で、片側を前から後ろへと掘っていく。
②掘った土は前方に積んで胸壁とする。
③反対側も同様に掘っていく。
④その後、状況次第で深さを増していき、膝射用、さらには立射用個人壕を作っていく。

《 鉄条網の爆破 》

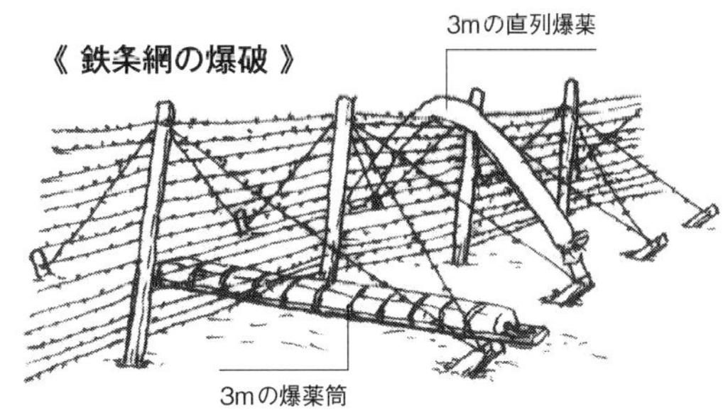
3mの直列爆薬
3mの爆薬筒

屋根型鉄条網の縦深は約3m。3本の爆薬筒を下から差し込むか、上に被せるようにして爆破する。さらに縦深が大きい場合は、連続爆破で通路を設ける。

《 塹壕、対戦車壕の爆破 》

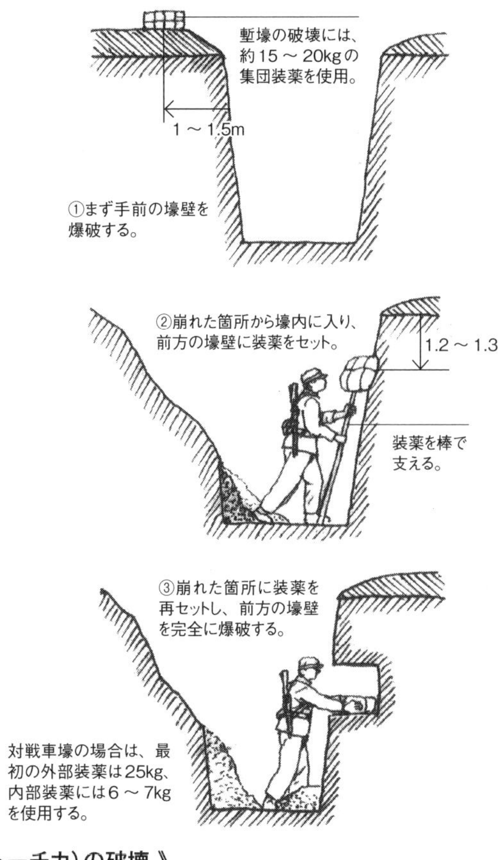
塹壕の破壊には、約15 ～ 20kgの集団装薬を使用。
1 ～ 1.5m
①まず手前の壕壁を爆破する。
②崩れた箇所から壕内に入り、前方の壕壁に装薬をセット。
1.2 ～ 1.3m
装薬を棒で支える。
③崩れた箇所に装薬を再セットし、前方の壕壁を完全に爆破する。
対戦車壕の場合は、最初の外部装薬は25kg、内部装薬には6 ～ 7kgを使用する。

《 敵の火力点（トーチカ）の破壊 》

爆破手

敵トーチカの射撃孔に火力を集中し、その間に爆破手を突入させる。戦車、火砲の支援が可能な場合は、目標を指示して砲撃により破壊することも可能。

各種の即成爆薬

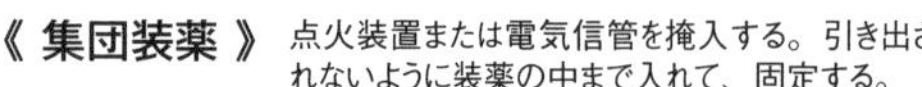

《 集団装薬 》

点火装置または電気信管を掩入する。引き出されないように装薬の中まで入れて、固定する。

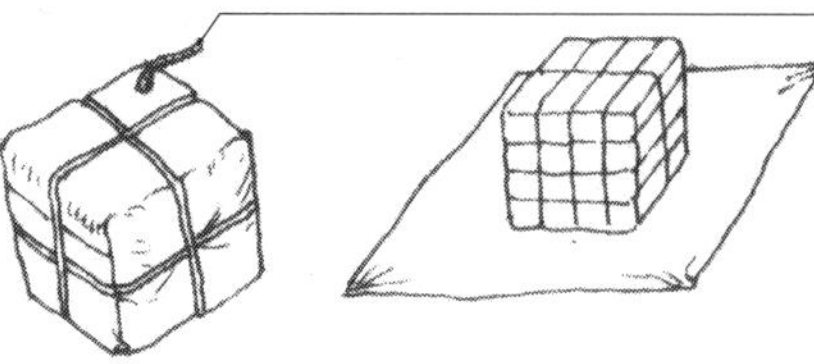

爆破を実施するために準備した一定量の火薬を装薬という。装薬は、紙、布または油紙、油布に包まれているが、箱や缶などの容器を使用することも多い。

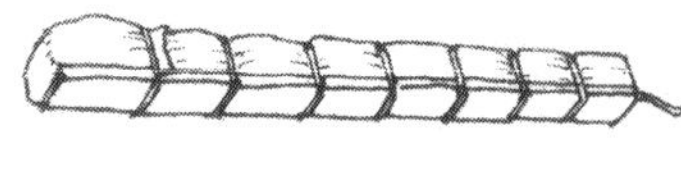

《 直列装薬 》

長さ1 ～ 3m、板（上図）または竹（下図）を当ててしっかりと固定している。

《 地雷 》

地雷は、構造が簡単で製造しやすく、効果的な兵器である。雷殻は、現地で入手しやすい素材で作られていた。

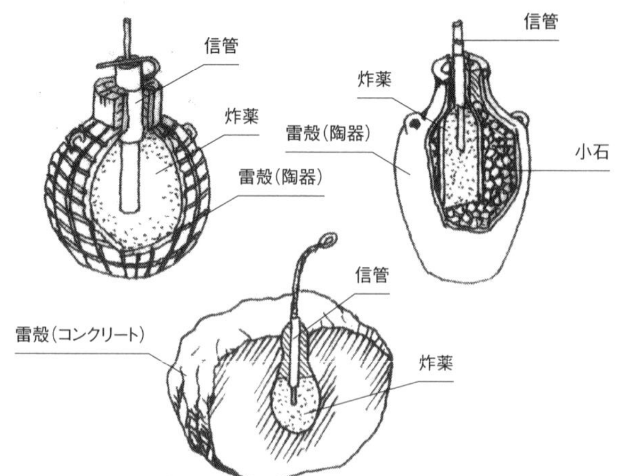

信管
炸薬
雷殻（陶器）
信管
炸薬
雷殻（陶器）
小石
信管
雷殻（コンクリート）
炸薬

《 投擲小型梱包爆薬 》

手榴弾のように使用する。

《 化学発火装置 》

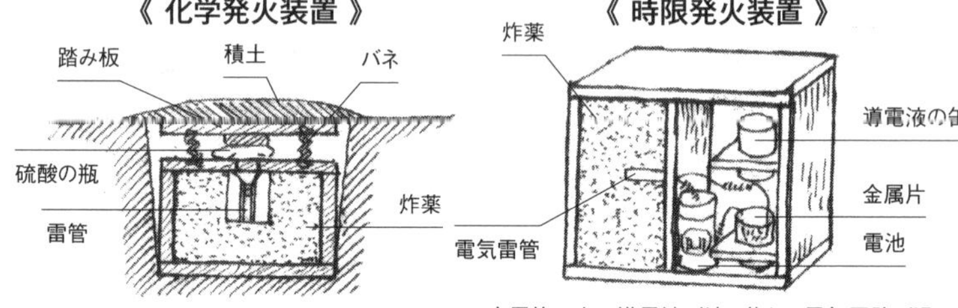

踏み板
積土
バネ
硫酸の瓶
炸薬
雷管
炸薬
導電液の缶
金属片
電気雷管
電池

踏み板を踏むと、硫酸が入った瓶が割れ発火、爆発する仕組み。

《 時限発火装置 》

金属片の上に導電液が滴り落ち、電気回路が通じることによって発火。導電液の量で発火までの時間を調整する仕組みだった。

《 点火装置 》

火薬を引火させるための用具で、信管、雷管、火管、導火線などがある。

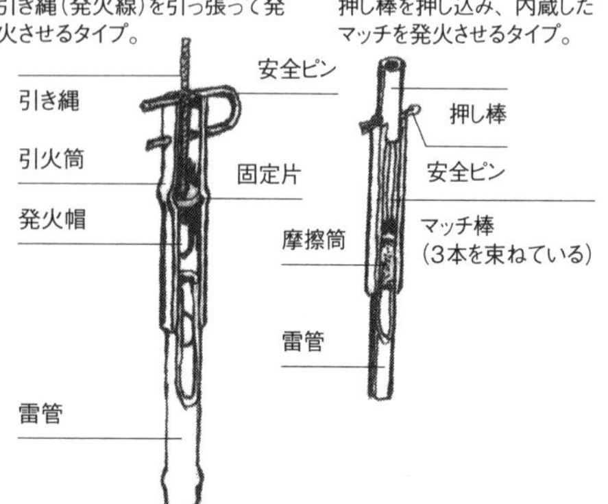

〔信管〕
引き縄（発火線）を引っ張って発火させるタイプ。
安全ピン
引き縄
引火筒
固定片
発火帽
雷管
〔信管〕
押し棒を押し込み、内蔵したマッチを発火させるタイプ。
押し棒
安全ピン
マッチ棒
（3本を束ねている）
摩擦筒
雷管

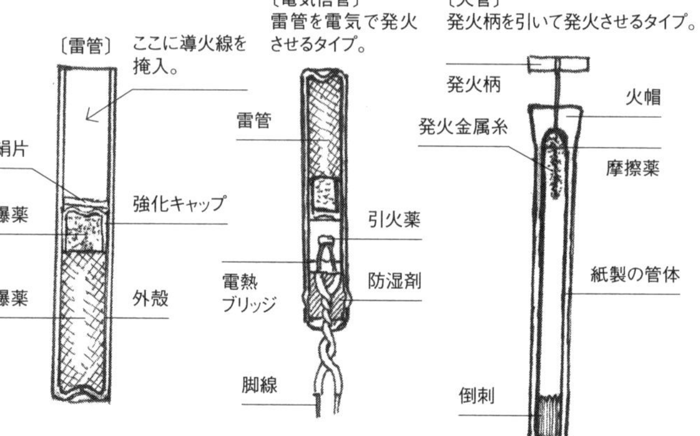

〔雷管〕
ここに導火線を掩入。
絹片
起爆薬
強化キャップ
伝爆薬
外殻
〔電気信管〕
雷管を電気で発火させるタイプ。
雷管
引火薬
電熱ブリッジ
防湿剤
脚線
〔火管〕
発火柄を引いて発火させるタイプ。
発火柄
火帽
発火金属糸
摩擦薬
紙製の管体
倒刺

《 導火線と雷管の連結 》

①導火線に雷管を連結する。

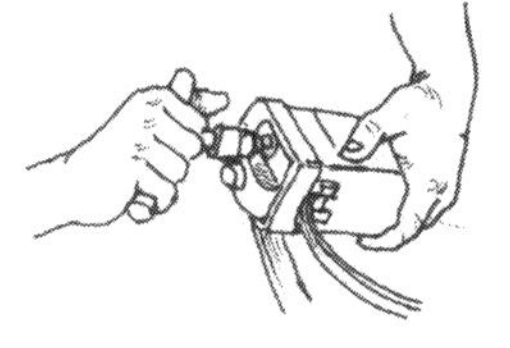

③電気点火式は、専用の点火機を使用。

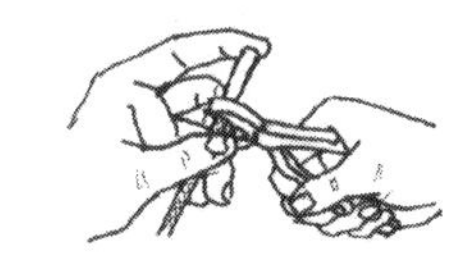

②ペンチで挟み、しっかりと固定。

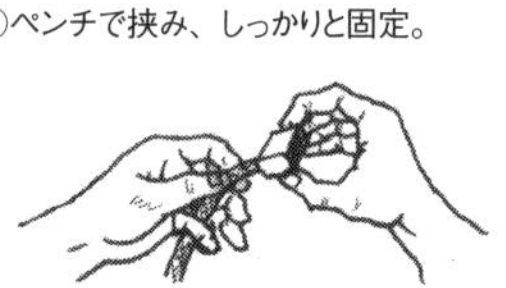

③マッチ点火式は、擦って点火させる。

第３層
芯糸と芯薬
第４層
第２層
第１層

〔導火線の構造〕

《 爆破筒 》

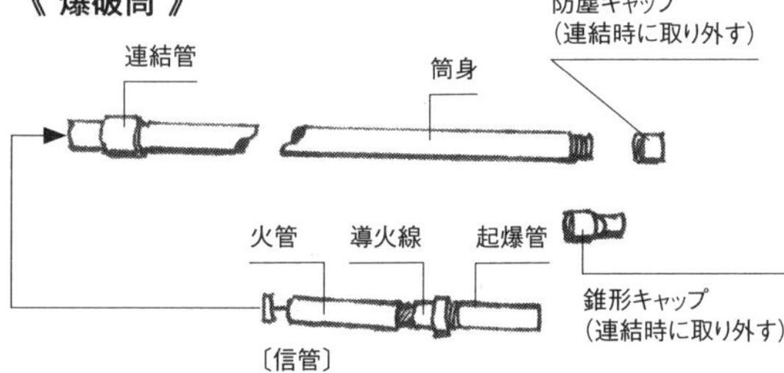

防塵キャップ
（連結時に取り外す）
連結管
筒身
火管
導火線
起爆管
錐形キャップ
（連結時に取り外す）
〔信管〕

筒状の爆薬で、太さ5.3cm、長さ0.5 ～ 1mのものがある。最長の1mタイプは30kgのTNT火薬が入っており、重量6kg。連結管（内部に信管を入れるスペースがある）によって、数本を連結して使用可能である。

地雷の埋設

地雷は、敵が活動する地域や敵の進路上に設置する。またトリック地雷、仕掛け地雷、ブービートラップなどは敵兵の通り道や敵兵が触れたりする場所、物に仕掛ける。

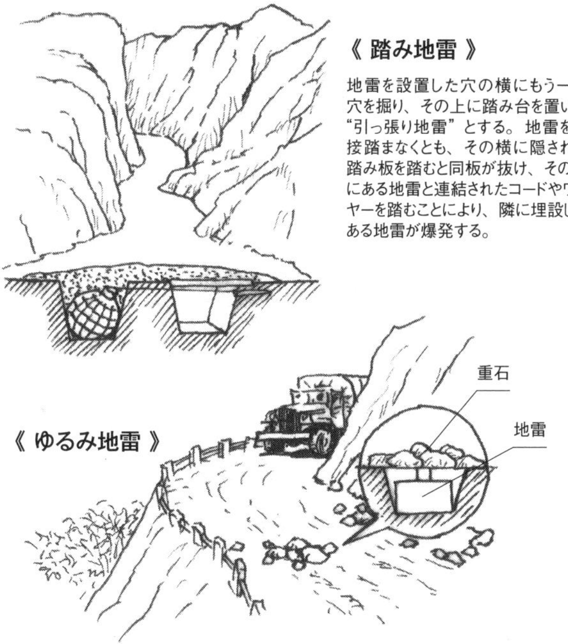
重石
地雷

《 踏み地雷 》

地雷を設置した穴の横にもう一つ穴を掘り、その上に踏み台を置いて"引っ張り地雷"とする。地雷を直接踏まなくとも、その横に隠された踏み板を踏むと同板が抜け、その下にある地雷と連結されたコードやワイヤーを踏むことにより、隣に埋設してある地雷が爆発する。

《 ゆるみ地雷 》

障害物を敵にわざと発見されやすく設置。これも"トリック地雷"の一つ。地雷の上に乗せている重石を動かすと爆発する。

《 放射地雷 》

手榴弾を引っ掛け、信管として利用。

石

仕切り板

炸薬

電気信管

踏むと、電気信管が作動し、炸薬が爆発。内部に敷き詰めた石が放射状に飛散し、敵兵を殺傷させる。

《 ポップアップ地雷 》

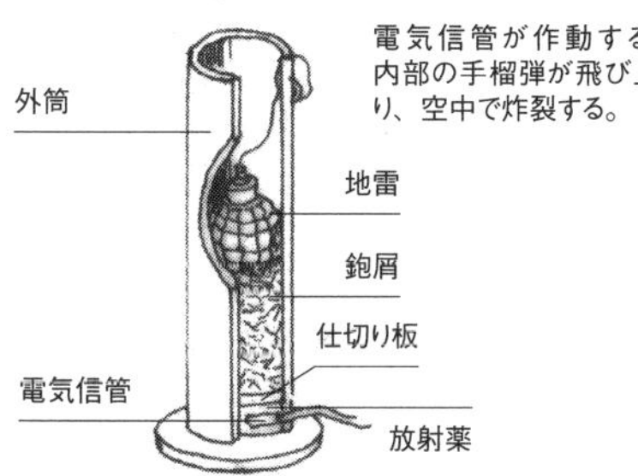
外筒
地雷
鉋屑
仕切り板
電気信管
放射薬

電気信管が作動すると、内部の手榴弾が飛び上がり、空中で炸裂する。

《 引張式地雷 》

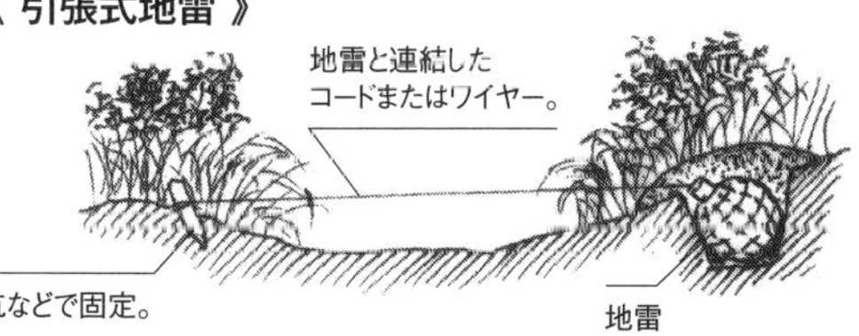
地雷と連結したコードまたはワイヤー。
杭などで固定。
地雷

最もよく使われる、いわゆる"ブービートラップ"の一つ。通り道に張られたコード、ワイヤーなどを引っ掛けると、それに連結している地雷が爆発する。

《 弾丸開閉器 》

いわゆる"トリック地雷"、"ブービートラップ"の一つ。敵兵が面白半分に看板を撃つと、命中した弾丸によって内部の金属片２枚が通電し、爆発する。銃剣で突いても同様である。

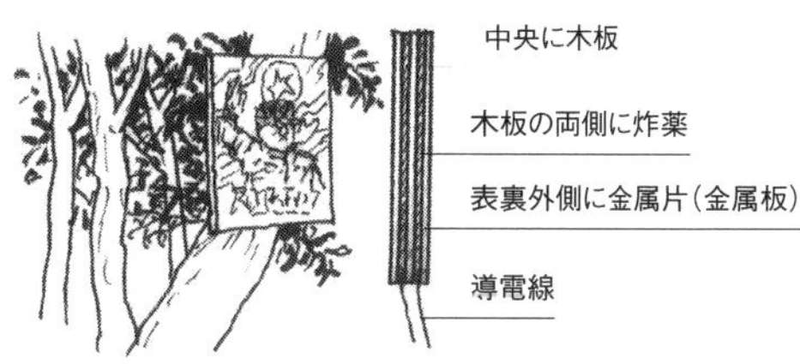
中央に木板
木板の両側に炸薬
表裏外側に金属片（金属板）
導電線

《 家屋内のトリック地雷設置場所 》

ドアやドアの床下、炊飯器の中、壺の下、椅子の下など敵兵の通り道、さらに触れたり、動かしたりする物に仕掛けておく。

《 引っ張り地雷 》

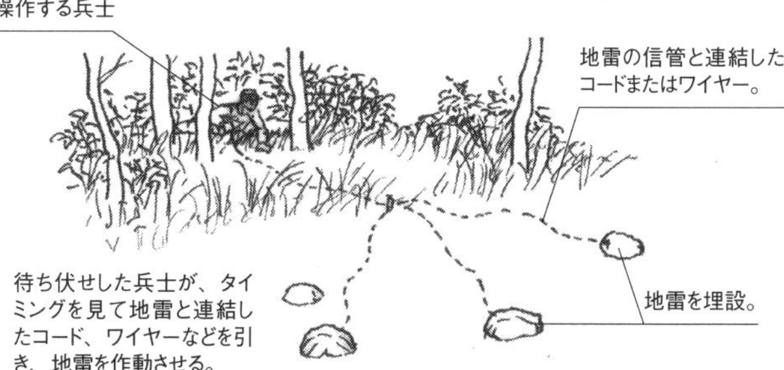
操作する兵士
地雷の信管と連結したコードまたはワイヤー。
地雷を埋設。

待ち伏せした兵士が、タイミングを見て地雷と連結したコード、ワイヤーなどを引き、地雷を作動させる。

《 吊り石連環地雷 》

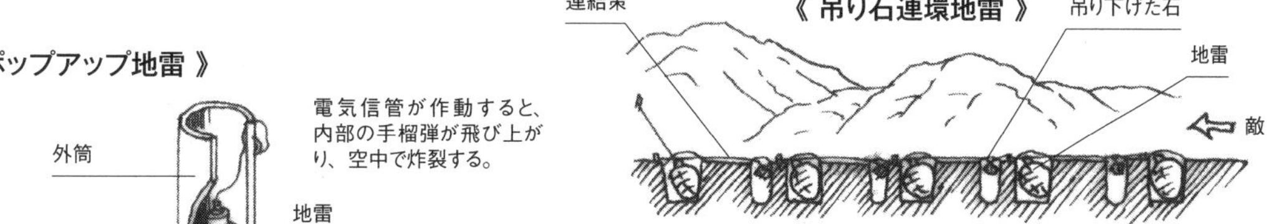
連結策
吊り下げた石
地雷
敵

敵が（最初の）地雷を踏むと、それに連結した吊り石が落ち、次の地雷が爆発。さらにその次の石が落ち、連結している地雷が次々と連続爆発していく。

《 転がし地雷 》

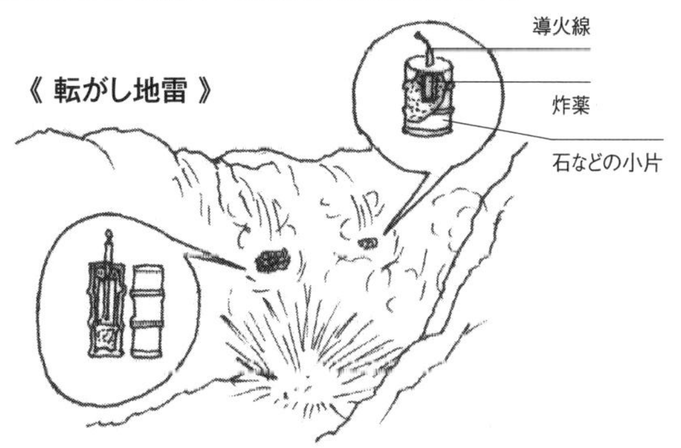
導火線
炸薬
石などの小片

崖の上から下の敵兵に向けて、導火線に点火したドラム型地雷を転がし落とす。山岳戦が多かった朝鮮戦争で多用された独特の地雷。

朝鮮上空での戦い

U.S. AIR FORCE
12874
FU-874

朝鮮戦争航空戦

朝鮮戦争における航空戦では、史上初のジェット戦闘機同士の戦いが注目されるが、航空戦全般を通して見ると、国連軍、共産軍ともに新旧の航空機を投入して死闘を繰り返した3年間だったといえる。参戦した航空部隊は、共産軍が北朝鮮空軍と中国志願空軍、ソ連軍事顧問団、一方の国連軍は韓国空軍、アメリカ空軍/海軍/海兵隊、イギリス空軍/海軍、オーストラリア空軍/海軍、南アフリカ空軍である。

最初の航空戦は、北朝鮮空軍による韓国軍への攻撃で始まった。この時期、北朝鮮空軍が装備していた航空機は、Yak-9戦闘機やIl-10地上攻撃機などすべてプロペラ機である。対する韓国空軍は戦闘機を保有しておらず、地上部隊の奇襲攻撃による混乱もあり、制空権は北朝鮮軍が握ることになった。

国連軍と北朝鮮軍の初の空中戦は、開戦から2日後の7月27日に発生している。この戦闘では、アメリカ空軍のF-80が北朝鮮空軍のYak-7を3機撃墜した。地上部隊の南進に合わせて各戦線で攻撃を続けていた北朝鮮空軍は、小規模でありながらも航空戦力が不足する国連軍にとっては脅威であった。しかし、国連軍の航空戦力が整うと、北朝鮮軍機は被害を重ねるようになり、空中戦や地上で破壊されるなどして、開戦から約2カ月後の8月末までに壊滅状態となってしまった。

国連軍が航空優勢を取り戻したところで、空の戦いは第二段階へと移行する。国連軍航空部隊は制空戦闘から、地上目標に対する戦略爆撃や戦術攻撃へと主任務を変えた。それにより航空隊は、南進する北朝鮮軍の阻止攻撃と補給拠点への攻撃、さらに北朝鮮領内の軍事・工業施設、交通網などへの攻撃を継続して、北朝鮮軍の南進を止める一翼を担ったのである。

そして国連軍地上部隊の反攻作戦が始まると、空の主戦場も北朝鮮領内へと北上していくことになる。この時期、敵戦闘機の脅威が少なくなったことと、北朝鮮軍の対空火器が脆弱であったことも幸いして、国連軍航空機の損害は軽微なものであった。

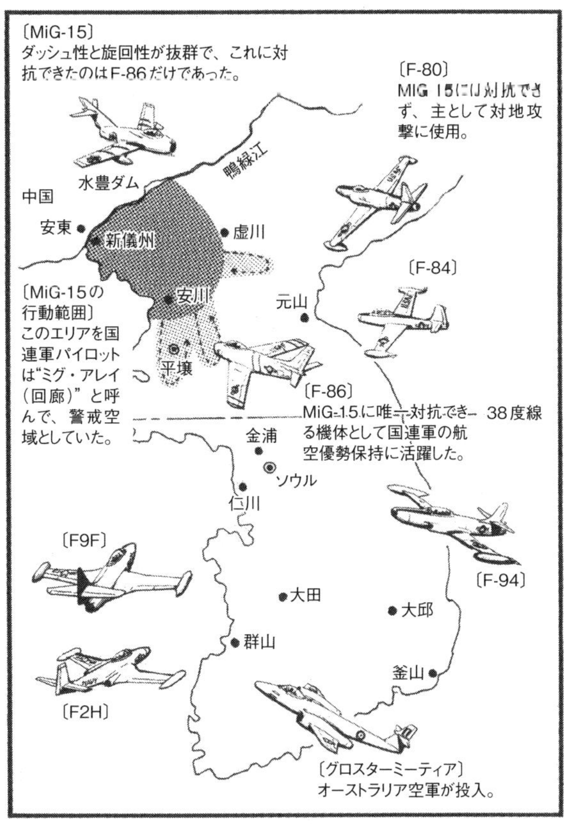

〔MiG-15〕
ダッシュ性と旋回性が抜群で、これに対抗できたのはF-86だけであった。
〔F-80〕
MiG-15には対抗できず、主として対地攻撃に使用。
鴨緑江
水豊ダム
中国
安東
新義州
虚川
〔F-84〕
〔MiG-15の行動範囲〕
このエリアを国連軍パイロットは"ミグ・アレイ(回廊)"と呼んで、警戒空域としていた。
安川
元山
平壌
〔F-86〕
MiG-15に唯一対抗できる機体として国連軍の航空優勢保持に活躍した。
38度線
金浦
ソウル
仁川
〔F9F〕
〔F-94〕
大田
大邱
群山
釜山
〔F2H〕
〔グロスターミーティア〕
オーストラリア空軍が投入。

そんな戦況を一変させたのがMiG-15の出現である。1950年11月1日、アメリカ空軍によってその存在が確認されると、同月8日に史上初のジェット戦闘機同士の空中戦が行なわれた。戦いはMiG-15を撃墜したアメリカ空軍のF-80に軍配が上がったものの、同じジェット戦闘機でも国連軍が装備していたF-80のような直線翼のジェット機は、MiG-15と比べると旧式化しており、その性能からして余裕を持って空中戦が行なえる状況ではなく、MiG-15の出現と機体性能の格差は、地上戦でのT-34-85戦車と同様に国連軍にショックを与えたのだった。

この出来事に対して、アメリカ空軍は最新鋭のF-86の投入を決定し、12月5日に最初の部隊が韓国に到着すると、12月17日、F-86はMiG-15との初の空中戦を行なっている。

11月から戦線に姿を現したMiG-15は中国志願空軍所属機であった。ただし、パイロットは中国人だけでなく、ソ連軍軍事顧問団のパイロットが操縦する機体もあり、国連軍側は、爆撃機や攻撃機だけでなく、ジェット戦闘機の損害も増えることになった。

1951年2月に入ると、中国でソ連軍の教育を終えた北朝鮮空軍のMiG-15も迎撃に加わったことから、国連軍では、制空戦闘はF-86が担当し、その他のジェット機及びプロペラ機は、地上攻撃を主任務に変更して対応することとなった。

1951～1953年の休戦までの航空戦は、国連軍の航空攻勢に対して共産軍がそれらを迎撃するという防空戦の形態となっていた。朝鮮半島の航空優勢は国連軍が握り続けていたが、MiG-15が出撃する中国領内の航空基地攻撃は叶わず、休戦までに朝鮮半島の制空権を完全に掌握するまでには至らなかったのであった。

3年間の両軍航空機の戦闘における損失は、国連軍が2800機、共産軍は約2000機と言われている。

アメリカ空軍の航空機

アメリカ空軍は戦争勃発の直後から、日本に駐留する第5空軍の麾下部隊が韓国に出撃した。以後、休戦まで制空、対地攻撃、輸送任務などを続けることになる。その保有機数は、国連軍航空部隊の60%を占めており、航空戦力の主力であった。

アメリカ空軍の戦闘機

FT-817
USAF

《 ロッキードF-80Cシューティングスター 》

1944年1月に初飛行したアメリカ軍初の実用ジェット戦闘機。第二次大戦には間に合わず、朝鮮戦争が初陣となった。戦争前半は制空と地上攻撃任務に就いていたが、1950年当時、既に旧式化しており、MiG-15が登場すると制空任務をF-86に引き継いでいる。

〔データ〕
最高速度：956km/h
航続距離：2200km
固定兵装：12.7mm機関銃×6
外部兵装主翼下：450kg爆弾×2/HVARロケット弾×8
乗員：1名

《 リパブリックF-84Gサンダージェット 》

リパブリック社がP-47サンダーボルトの後継機として開発したジェット戦闘機。G型から空中給油機能が追加された。当初はB-29爆撃機の護衛などに就いていたが、F-80と同様に、MiG-15には空戦能力が劣っていたため、1951年に入ると、主任務は地上攻撃に移行した。

〔データ〕
最高速度：1000km/h
航続距離：3200km
固定兵装：12.7mm機関銃×6
外部兵装胴体下：230kg爆弾×1
外部兵装主翼下：最大2000kg爆弾/ロケット弾
乗員：1名

《 F-84Gの内部構造 》

❶ピトー管
❷空気取り入れ口
❸12.7mm機関銃
❹弾倉
❺コクピット隔壁
❻着陸灯
❼翼端燃料タンク
❽翼内燃料タンク
❾胴体燃料タンク
❿電子装置
⓫燃焼室
⓬兵装パイロン
⓭エアブレーキ
⓮エンジン
⓯射出座席
⓰油圧蓄圧機

《 ロッキードF-94Bスターファイア 》

F-80の練習機型T-33をベースに開発された全天候型迎撃機。夜間攻撃を可能にするため機首にレーダーを装備している。1951年5月、韓国の水原基地に配備され、休戦まで夜間の防空や爆撃機の護衛任務を行なった。

〔データ〕
最高速度：975km/h
航続距離：2051km
固定兵装：12.7mm機関銃×4
外部兵装主翼下：12.7mm連装機関銃ポッド×2/爆弾最大900kg
乗員：2名

FA-408
USAF

《 ノースアメリカンF-51Dマスタング 》

第二次大戦後も配備が続いていたP-51は、1948年、アメリカ空軍の命名規則の改変により、制式名がF-51に変更された。当時、戦闘機の主役はジェット機に移行していたが、ジェット戦闘機より長い航続距離と兵装搭載量の多さを活かし、朝鮮戦争では戦闘爆撃機として活躍した。

〔データ〕
最高速度：710km/h
航続距離：2660km
固定兵装：12.7mm機関銃×6
外部兵装主翼下：爆弾最大460kg/HVARロケット×6
乗員：1名

FF-736
511736

《 ノースアメリカンF-82ツインマスタング 》

爆撃機を護衛するためP-51戦闘機を２機結合して開発された長距離戦闘機。後に主翼中央下部にレーダーを搭載した夜間戦闘機型も作られ、朝鮮戦争では夜間戦闘機のＧ型が使用されている。F-82は1950年6月27日、金浦飛行場上空においてYak-11戦闘機を撃墜。これが朝鮮戦争におけるアメリカ空軍初の戦果となった。

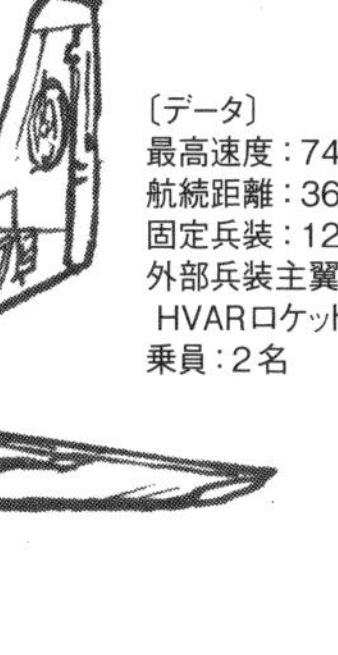

〔データ〕
最高速度：742km/h
航続距離：3605km
固定兵装：12.7mm機関銃×6
外部兵装主翼下：爆弾最大1800kg/HVARロケット×25
乗員：2名

《 MiG-15と戦ったアメリカ軍戦闘機 》

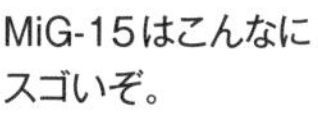

ヒャー！　あらゆる点でMiG-15の方が上手だぜ。新鋭のF-86でも性能ではかなわない。
F-84
第二次大戦のベテランパイロットの腕でなんとかMiG-15と戦えたが、苦戦の連続だった。
F-80
F-51

MiG-15はこんなにスゴいぞ。
・上昇力が早い
・実用上昇高度が高い
・旋回半径が小さい
・加速性が良い
・水平速度が速い
・武装が強力
B-29
F9F
ヒェーッ！
第二次大戦最優秀機もなすすべなし！
レシプロ機はジェット機の敵ではなかった。
WWII時"超空の要塞"と呼ばれたB-29もMiG-15には"いいカモ"でしかなかった。

〔MiG-15の弱点〕
・急旋回時に切り揉みに入るクセがある。
・高仰角時の操縦性が悪い。
・弾薬が少なく発射速度が遅い。
・照準器が旧式で命中率が悪い。
・滞空時間が短い。

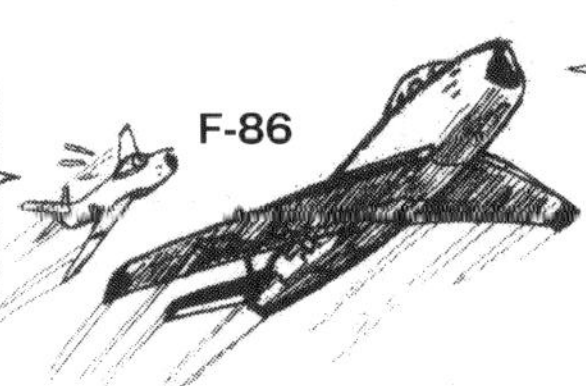
後退翼の角度はMiG-15と同じ35°、エンジン推力もほぼ同じ。軽量な分だけMiG-15の方が素早いんだ。
F-86
これでも飛行性能では勝てないのか？
しかし操縦性、武装、パイロットの優秀さで最終的には圧倒的勝利を収めていった。

そして一番の弱点は、共産軍パイロットが未熟なことだった。

アメリカ空軍新鋭主力戦闘機　ノースアメリカンF-86Fセイバー

アメリカ空軍の主力戦闘機で、朝鮮戦争が初の実戦となった。MiG-15に比べて飛行性能に劣る部分もあったが、操縦性や武装、射撃管制装置などは勝り、加えて良質なパイロットの操縦によって、MiG-15に対抗できた。同戦争時の戦果は、アメリカ空軍の公式発表ではMiG-15の撃墜数792機に対してF-86の損失は78機。実にキルレシオ（撃墜対被撃墜比率）は10.2対1（中国とソ連の記録では異なる）というものだった。

〔データ〕
最高速度：1106km/h
航続距離：2454km
固定兵装：12.7mm機関銃×6
外部兵装主翼下：爆弾最大2400kg
乗員：1名

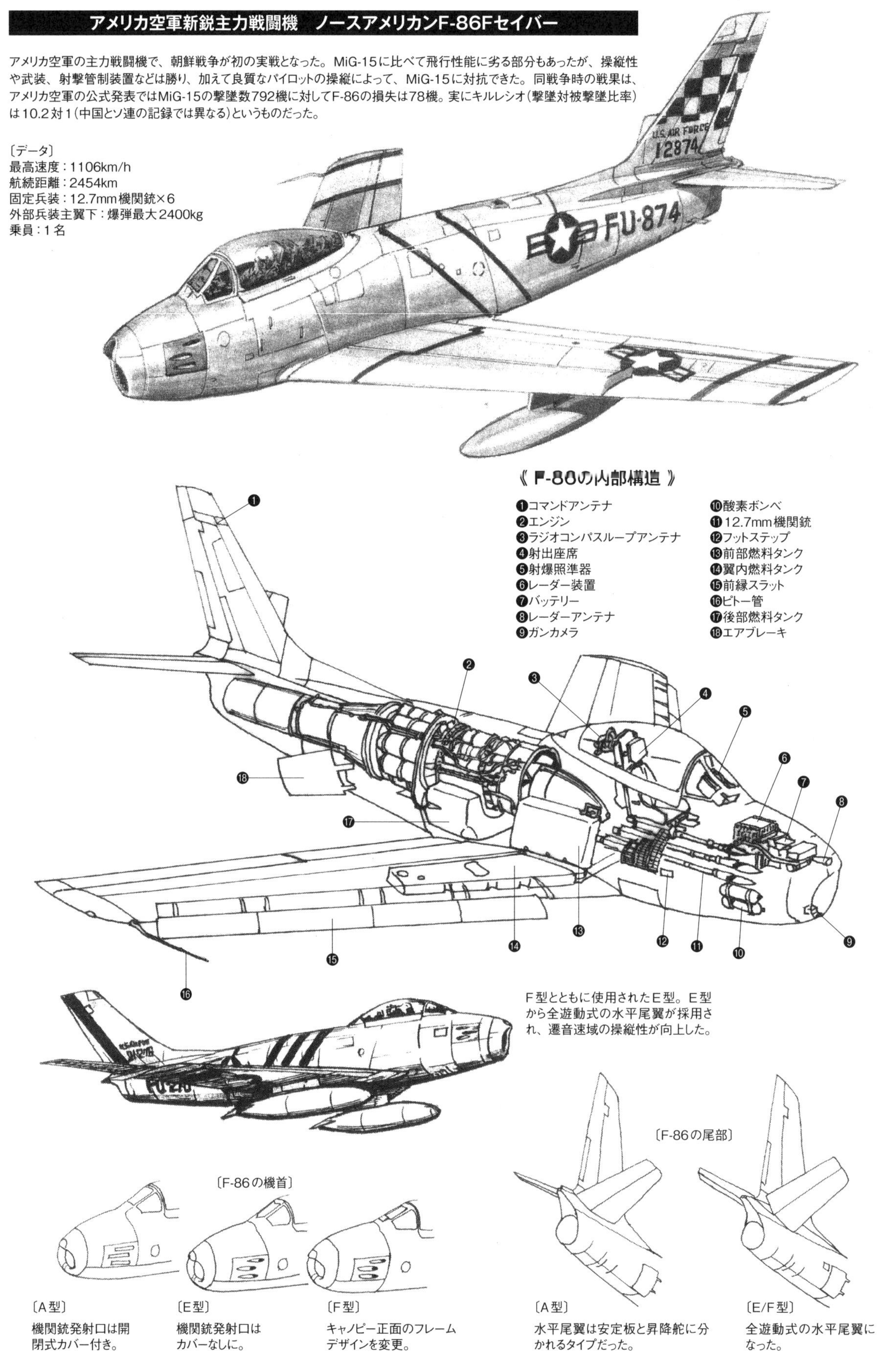

U.S. AIR FORCE
12874
FU-874
《 F-86の内部構造 》
❶コマンドアンテナ
❷エンジン
❸ラジオコンパスループアンテナ
❹射出座席
❺射爆照準器
❻レーダー装置
❼バッテリー
❽レーダーアンテナ
❾ガンカメラ
❿酸素ボンベ
⓫12.7mm機関銃
⓬フットステップ
⓭前部燃料タンク
⓮翼内燃料タンク
⓯前縁スラット
⓰ピトー管
⓱後部燃料タンク
⓲エアブレーキ
FU-218

F型とともに使用されたE型。E型から全遊動式の水平尾翼が採用され、遷音速域の操縦性が向上した。

〔F-86の機首〕

〔A型〕
機関銃発射口は開閉式カバー付き。

〔E型〕
機関銃発射口はカバーなしに。

〔F型〕
キャノピー正面のフレームデザインを変更。

〔F-86の尾部〕

〔A型〕
水平尾翼は安定板と昇降舵に分かれるタイプだった。

〔E/F型〕
全遊動式の水平尾翼になった。

《 F-86のマーキング 》

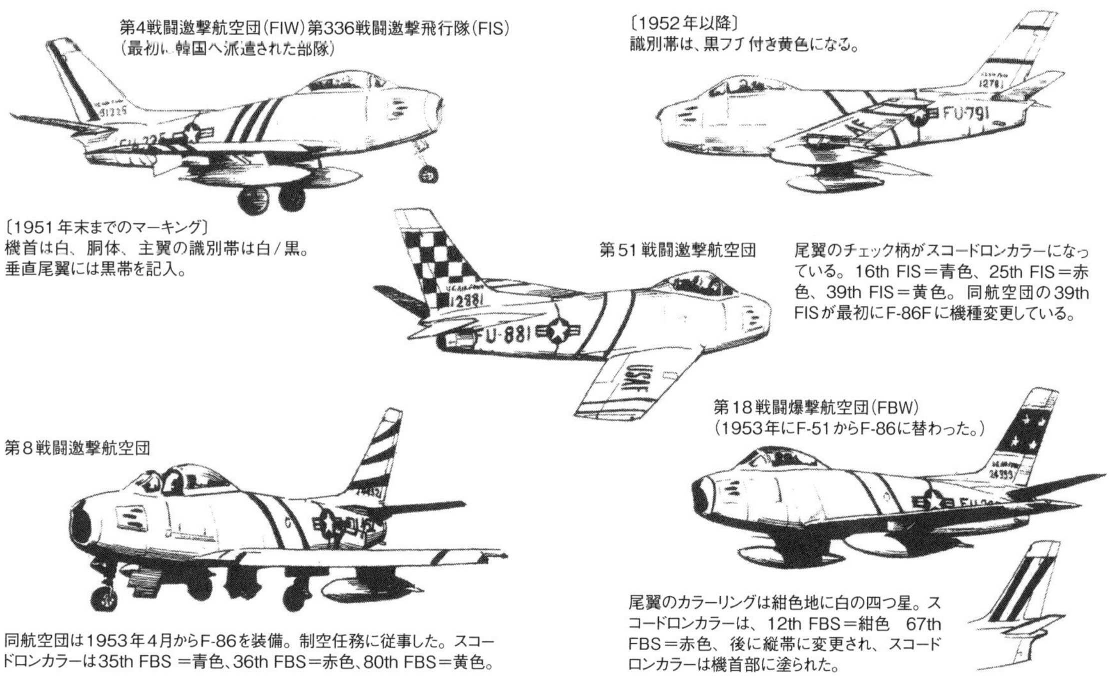

第4戦闘邀撃航空団（FIW）第336戦闘邀撃飛行隊（FIS）
（最初に韓国へ派遣された部隊）

〔1951年末までのマーキング〕
機首は白、胴体、主翼の識別帯は白/黒。
垂直尾翼には黒帯を記入。

〔1952年以降〕
識別帯は、黒フチ付き黄色になる。

第51戦闘邀撃航空団

尾翼のチェック柄がスコードロンカラーになっている。16th FIS＝青色、25th FIS＝赤色、39th FIS＝黄色。同航空団の39th FISが最初にF-86Fに機種変更している。

第8戦闘邀撃航空団

同航空団は1953年4月からF-86を装備。制空任務に従事した。スコードロンカラーは35th FBS ＝青色、36th FBS＝赤色、80th FBS＝黄色。

第18戦闘爆撃航空団（FBW）
（1953年にF-51からF-86に替わった。）

尾翼のカラーリングは紺色地に白の四つ星。スコードロンカラーは、12th FBS＝紺色　67th FBS＝赤色、後に縦帯に変更され、スコードロンカラーは機首部に塗られた。

パイロットの軍装

《 アメリカ空軍ジェット戦闘機パイロット 》

L-2Aフライトジャケット

パラシュートハーネス

AP-1フライトヘルメット

B-5ライフプリザーバー

酸素マスク

耐Gスーツ

《 アメリカ空軍パイロット夏季用フライトスーツ 》

夏季には第二次大戦から使用されているコットン生地のK-1などを使用。また冬季用にはナイロン素材を使用したフライトスーツが使われた。

《 共産軍パイロット 》

ゴーグル
イラストは国民党軍が使用していたアメリカ製。他にソ連製も使用。

皮製飛行帽

装備はソ連製を使用。イラストは、通常の軍服の上にレザージャケットを着用しているが、夏季用と冬季用のフライトスーツも使用された。

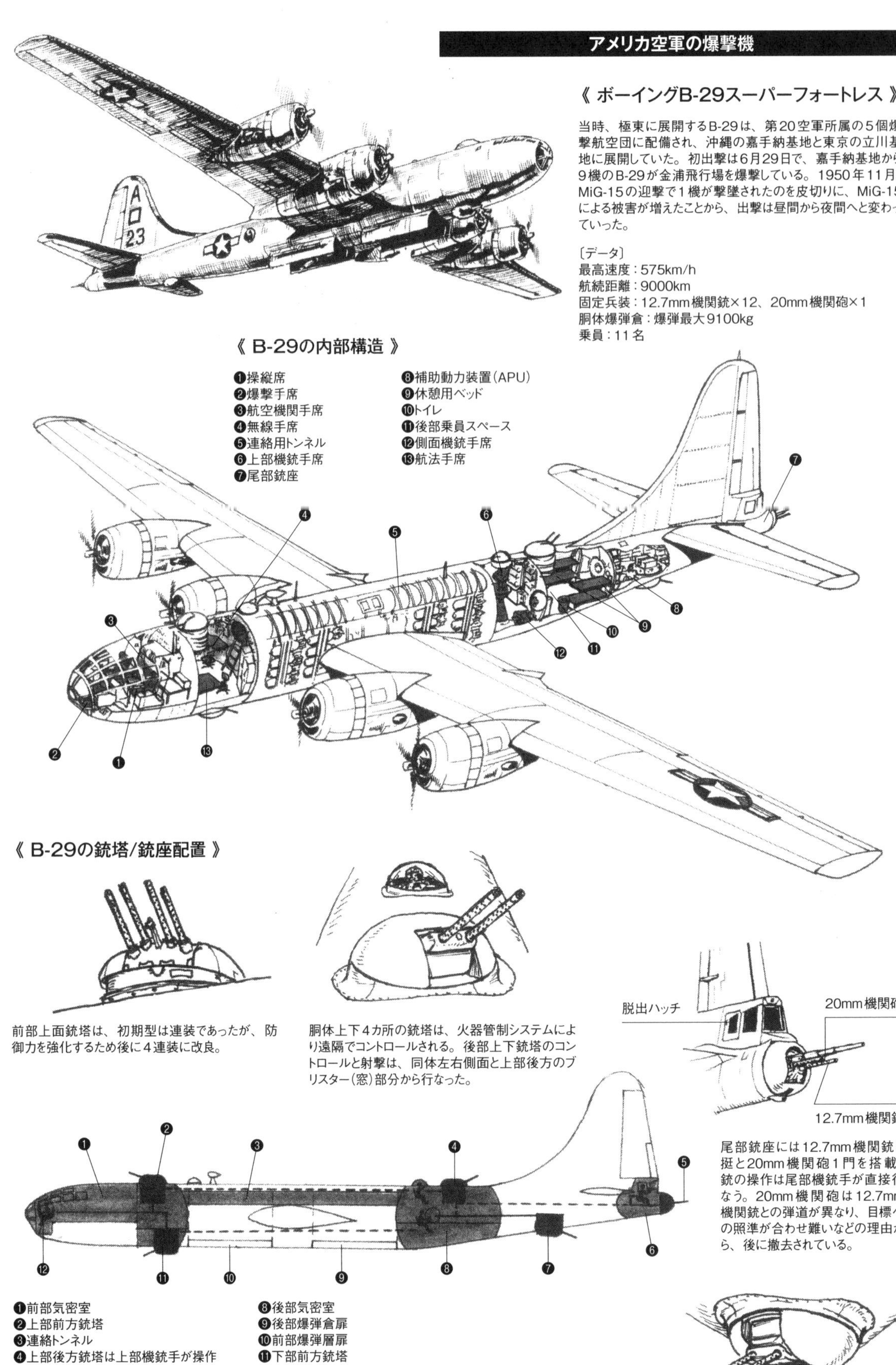

《 ボーイングB-29スーパーフォートレス 》

当時、極東に展開するB-29は、第20空軍所属の5個爆撃航空団に配備され、沖縄の嘉手納基地と東京の立川基地に展開していた。初出撃は6月29日で、嘉手納基地から9機のB-29が金浦飛行場を爆撃している。1950年11月、MiG-15の迎撃で1機が撃墜されたのを皮切りに、MiG-15による被害が増えたことから、出撃は昼間から夜間へと変わっていった。

〔データ〕
最高速度：575km/h
航続距離：9000km
固定兵装：12.7mm機関銃×12、20mm機関砲×1
胴体爆弾倉：爆弾最大9100kg
乗員：11名

《 B-29の内部構造 》

❶操縦席
❷爆撃手席
❸航空機関手席
❹無線手席
❺連絡用トンネル
❻上部機銃手席
❼尾部銃座
❽補助動力装置（APU）
❾休憩用ベッド
❿トイレ
⓫後部乗員スペース
⓬側面機銃手席
⓭航法手席

《 B-29の銃塔/銃座配置 》

前部上面銃塔は、初期型は連装であったが、防御力を強化するため後に4連装に改良。

胴体上下4カ所の銃塔は、火器管制システムにより遠隔でコントロールされる。後部上下銃塔のコントロールと射撃は、同体左右側面と上部後方のブリスター（窓）部分から行なった。

脱出ハッチ
20mm機関砲
12.7mm機関銃

尾部銃座には12.7mm機関銃2挺と20mm機関砲1門を搭載。銃の操作は尾部機銃手が直接行なう。20mm機関砲は12.7mm機関銃との弾道が異なり、目標への照準が合わせ難いなどの理由から、後に撤去されている。

❶前部気密室
❷上部前方銃塔
❸連絡トンネル
❹上部後方銃塔は上部機銃手が操作
❺尾部銃座
❻尾部気密室
❼下部後方銃塔は左右側面銃手が操作
❽後部気密室
❾後部爆弾倉扉
❿前部爆弾層扉
⓫下部前方銃塔
⓬爆撃手は前部上下の銃塔を操作
———：火器一次操作系統
-----：火器二次操作系統

各銃塔には500発の銃弾を搭載。

《 B-29のマーキング 》

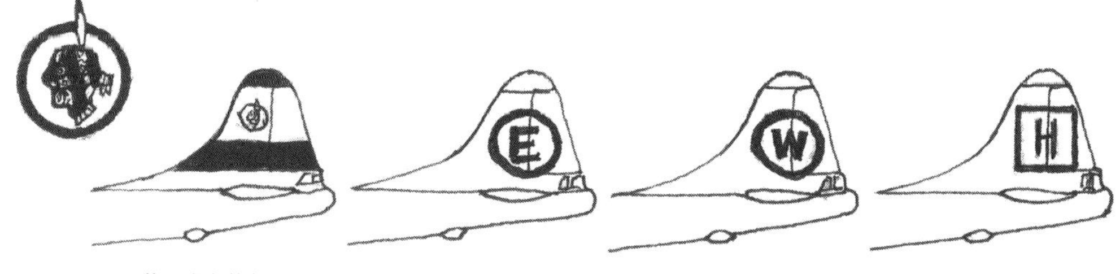

第19爆撃航空団　第22爆撃航空団　第92爆撃航空団　第98爆撃航空団

第307爆撃航空団所属のB-29。夜間爆撃用に胴体や主翼など機体の下部と尾翼は黒く塗装されている。

《 KB-29MP空中給油機 》

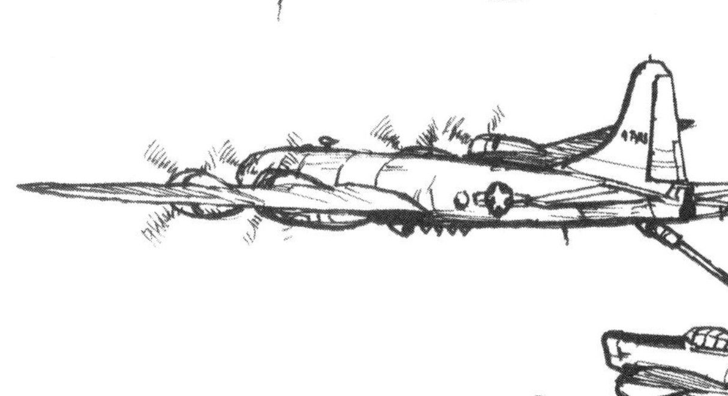

B-29をベースとした空中給油型。B-29の航続距離を延ばすために開発された。最初に製作された給油機はループホース式であったが、後にフライングブーム方式が開発されると、MP型から標準装備となった。1951年7月14日、北朝鮮上空でRB-46Cへの空中給油が、初の実戦使用になった。

〔RB-46C写真偵察機〕

《 ダグラスB-26Bインベーダー 》

第二次大戦時にA-26攻撃機として採用。アメリカ空軍創設後、爆撃機へと機種変更されてB-26の名称となった。朝鮮戦争勃発直後、埼玉のジョンソン基地から出撃した第3爆撃航空団所属のB-26が、アメリカ空軍最初の地上攻撃を実施した。敵の車列や陣地などへの低空攻撃を得意としていたが、共産軍の対空火器による被害が増え始めたため、昼間から夜間出撃へと任務をシフトしていった。胴体下部銃塔はロケット弾装備に伴い廃止されている。

〔データ〕
最高速度：575km/h
航続距離：2300km
固定兵装：12.7mm機関銃×18（後期型は16）
胴体爆弾倉：爆弾最大2722kg
外部兵装翼下：爆弾最大907kg/HVARロケット弾×14
乗員：3名

B-26Cは精密爆撃が行なえるよう、機首に爆撃手席を設けて爆撃照準器を搭載している。

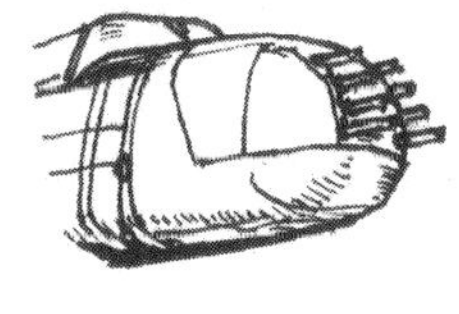

12.7mm機関銃を縦に装備したソリッドノーズのバリエーション。

アメリカ空軍の輸送機など

《 ダグラスC-47スカイトレイン 》

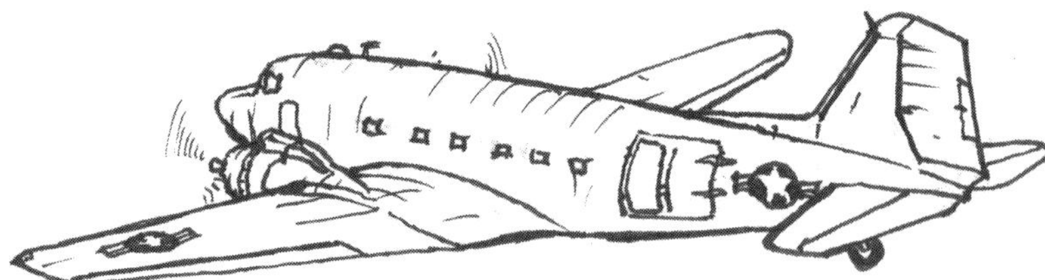

開戦当初には不足するC-54輸送機に替わり、韓国在留アメリカ人の避難やアメリカ陸軍先遣部隊の輸送任務を行なっている。その後も休戦まで各種輸送任務に就いた。
積載量：人員28名 / 貨物2.7t

《 カーチスC-46コマンド 》

C-47より大きい積載量を活かして、物資、人員、負傷兵輸送だけでなく、空挺作戦にも使用されている。1950年11月、中国軍の介入で始まった国連軍撤退の際には負傷兵の後送や物資補給で活躍した。
積載量：人員40名 / 貨物6.8t

《 ダグラスC-54Gスカイマスター 》

ダグラス社が開発した旅客機DC-4の軍用輸送機型。空軍の主力輸送機として、戦争期間中、日本と韓国間での空輸任務に当たった。
積載量：人員50名 / 貨物14.7t

《 フェアチャイルドC-119フライングボックスカー 》

双胴式を採用したことで、貨物室ドアは左右に大きく開閉できるようになり、大型貨物の積載が可能。大型荷物を空中投下する際には、離陸前に貨物室ドアを外して行なう必要があった。朝鮮戦争には1951年から投入され、芦屋基地に展開した第403兵員輸送航空団が運用した。
積載量：人員62名 / 貨物13.6t

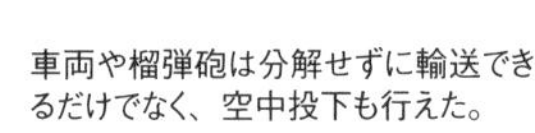

車両や榴弾砲は分解せずに輸送できるだけでなく、空中投下も行えた。

《 ダグラスC-124AグローブマスターII 》

当時、アメリカ空軍が装備する最大の輸送機で、1950年5月に配備が始まったばかりの新鋭機。機内は2階式になっており、兵員と貨物の同時輸送も可能。貨物ドアは、機首下面と同体後部下面の2カ所に設けられ、後部貨物ドアからは機内のウインチを使用し、貨物の積み下ろしができた。
積載量：人員200名 / 貨物31t

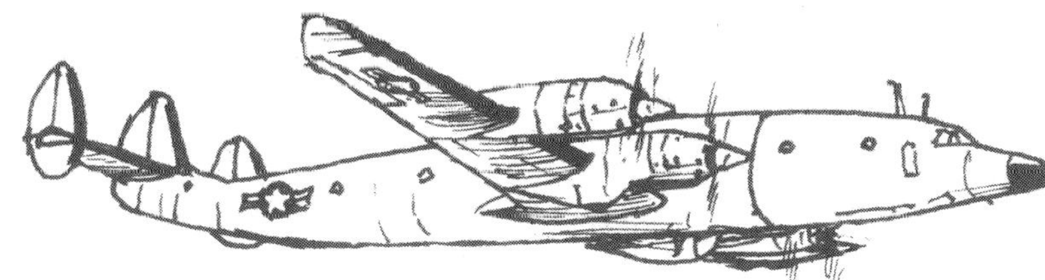

《 ロッキードVC-121A 》

ロッキード社のコンステレーション旅客機をベースに造られた軍高官用輸送機。マッカーサー元帥も本機を"バターン号"と名付けて専用機にしていた。

《 ボーイングVB-17G 》

B-17Gを改良した高官用輸送機。

《 パイパーL-4グラスホッパー 》

パイパー社の軽飛行機J-3 カブの軍用型。前線航空管制や偵察などに使用した他、一部の機体は機内を改造して負傷兵輸送に使用されている。

《 ノースアメリカンT-6テキサン 》

本来は練習機であるが、前線空中管制用に活躍。空中戦術航空士官が搭乗し、地上部隊と空中支援攻撃を行なう航空部隊の連携を取るための指揮・誘導を行なった。

《 グラマンSA-16Aアルバトロス 》

捜索救難用にアメリカ空軍が採用した水陸両用飛行艇。アメリカ海軍もJR2F 名称で使用している。

RESCUE
RESCUE

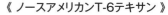

《 ボーイングSB-29スーパーダンボ 》

B-29爆撃機を改造した捜索救難機。胴体前下部に捜索用レーダー、胴体下部にアルミ合金製の空中投下式A3救命艇を装備している。救命艇は、要救助者を発見するとパラシュートで投下した。

ヘリコプター

第二次大戦末期に実用化され、戦後5年で大きな発展を遂げたヘリコプターは、朝鮮戦争において本格的な軍事運用が始められた。その用途は、偵察・観測、物資・人員輸送、救難救助、救急搬送など多岐にわたった。

《 シコルスキーH-5(陸軍、空軍)/OH-3(海軍、海兵隊) 》

敵地や海上に脱出した航空機パイロットの救難救助や前線からの負傷者搬送を行なった。

〔データ〕
最高速度：171km/h
航続距離：580km
乗員:1名(2名、または担架2台)

負傷者を搬送するため、機体の左右に担架を収納するストレッチャーキャリアーを取り付けたH-5。

《 シコルスキーH-19チカソー(陸軍、空軍)/HO4S(海軍)/HRS(海兵隊) 》

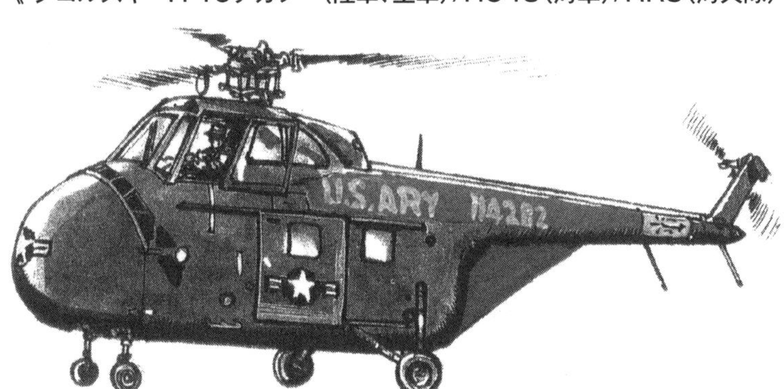
U.S. ARY
114282

アメリカ軍で初めて実用化された多目的ヘリコプター。機体後部のキャビンには、兵員10名または担架6台を収容可能。貨物だけの場合は約500kgを積載する能力（形式により異なる)を有していた。

〔データ〕
最高速度：163km/h
航続距離：720km
乗員：2名(10名、または担架6台)

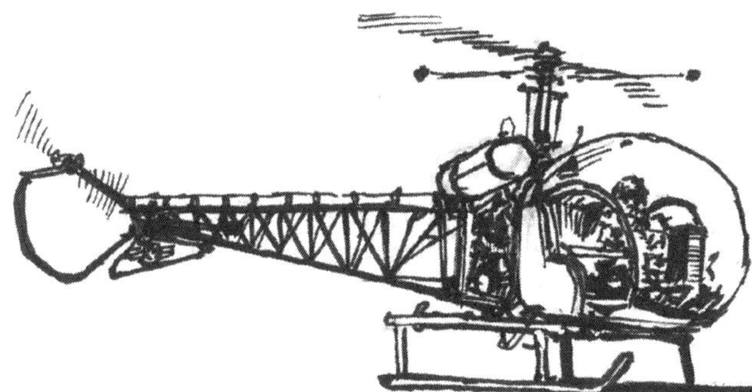

《 ベルH-13スー(陸軍) 》

バブル型キャノピーが特徴のヘリコプター。陸軍は当初、連絡、偵察、観測用に運用したが、朝鮮戦争では、機体の左右に担架を搭載して負傷者の搬送も行なっている。

〔データ〕
最高速度：169km/h
航続距離：439km
乗員：1名(1名、または担架2台)

《 パイアセッキH-21Cショーニー(空軍) 》

タンデムローター型の輸送ヘリコプター。その機体形状から“フライングバナナ”の愛称も持つ。空軍が救難救助用に使用した。

〔データ〕
最高速度：204km/h
航続距離：426km
乗員：3名(20名、または担架12台)

アメリカ海軍・海兵隊の航空機

アメリカ海軍は、開戦から休戦までに延べ60個の戦闘/攻撃飛行隊、海兵隊も延べ11個戦闘/攻撃飛行隊を派遣して、主に対地攻撃を実施した。海軍と海兵隊の戦闘/攻撃飛行部隊は、ほぼ同一の航空機を装備していたが、海兵隊は空母の他に陸上基地からの運用も行なっている。

《 グラマンF9-Fパンサー 》

アメリカ海軍と海兵隊が採用したグラマン社初のジェット戦闘機。性能がMiG-15より劣るため主な任務は対地攻撃であったが、空中戦も行なっており、MiG-15の撃墜も記録している

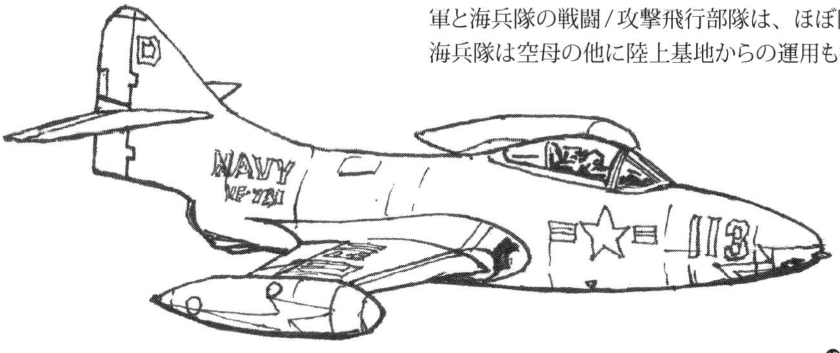

〔データ〕
最高速度：926km/h
航続距離：2176km
固定兵装：20機関砲×4
外部兵装主翼下：HVARロケット弾×6/爆弾約900kg/ナパーム弾×2
乗員：1名

《 F9-Fの内部構造と装備 》

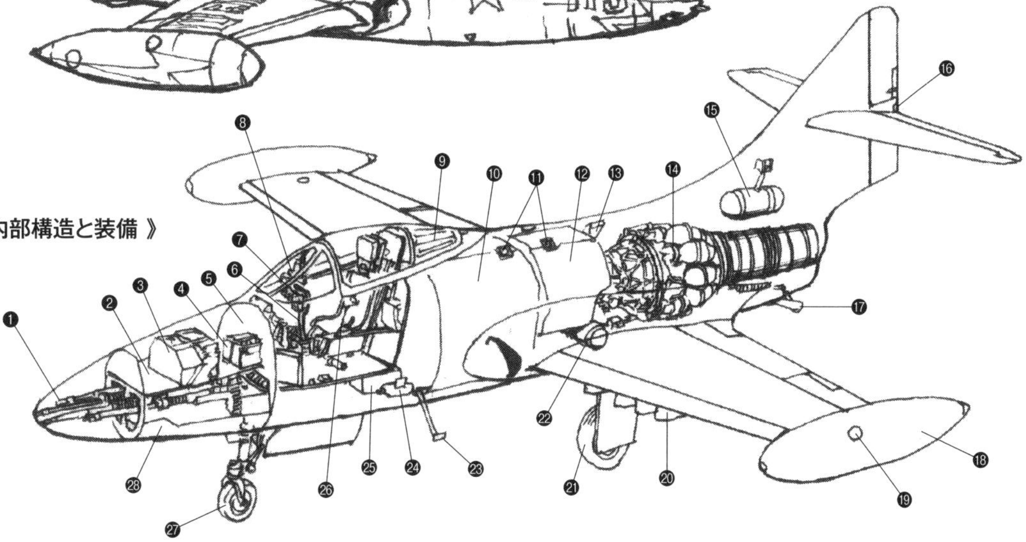

❶M3 20mm機関砲×4
❷無線機スペース
❸20mm砲弾弾倉
❹バッテリー
❺装甲板
❻操縦桿
❼主計器盤
❽ACS射撃照準器
❾AN/ARN-6センスアンテナ
❿胴体前部燃料タンク
⓫燃料注入口
⓬胴体後部燃料タンク
⓭油圧蓄圧機
⓮J48-P-6エンジン
⓯エンジン水噴射用液体タンク
⓰尾灯
⓱テイルスキッド
⓲翼端燃料タンク
⓳燃料注入口
⓴兵装パイロン
㉑主車輪
㉒油圧蓄圧機
㉓乗降用ステップ
㉔非常用脚下げエアボンベ
㉕20mm機関砲弾倉
㉖射出座席
㉗前輪
㉘ノーズコーン(機首カバー)

極初期型の機関砲用の弾倉はコクピットの下に配置されていた。機関砲への給弾は、長い弾薬シュートを通して行なうため、装弾不良が発生した。

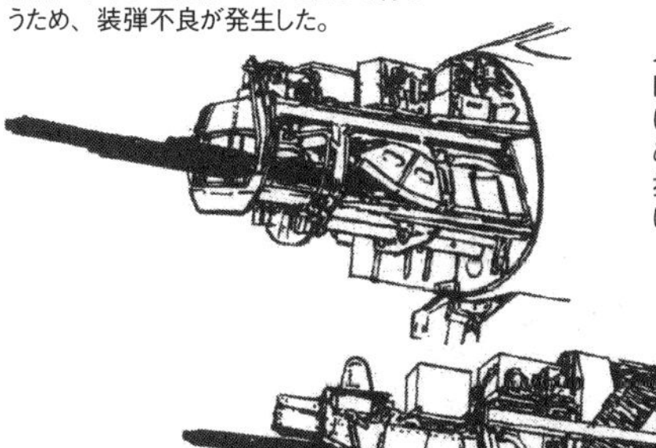

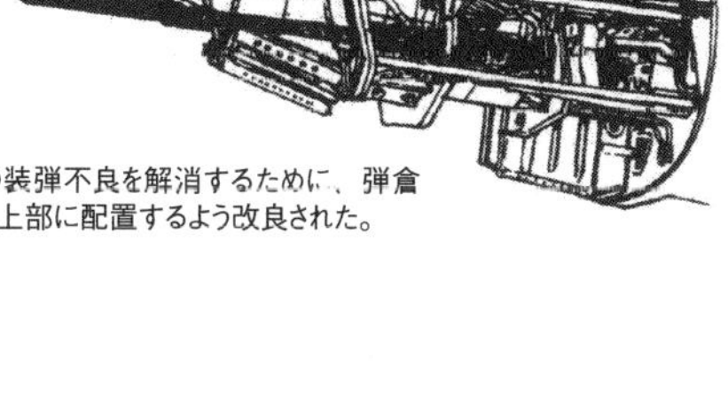

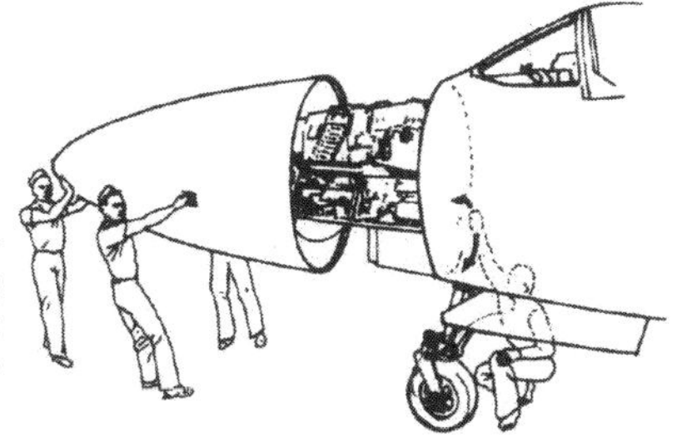

ノーズコーンは、前方にスライドして開閉する。F9Fは射撃に伴う重心移動に対応するため薬莢と給弾リンクは機外に排出せずに、ノーズコーン内に貯めるようになっていた。

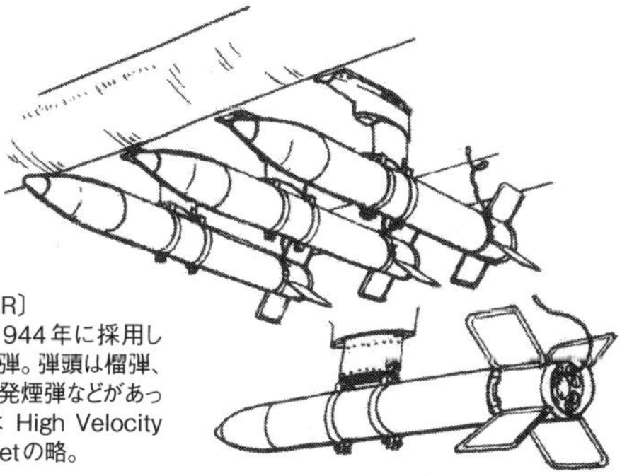

機関砲の装弾不良を解消するために、弾倉を機関砲上部に配置するよう改良された。

〔5インチHVAR〕
アメリカ軍が1944年に採用した対地ロケット弾。弾頭は榴弾、対戦車榴弾、発煙弾などがあった。HVARはHigh Velocity Aircraft Rocketの略。

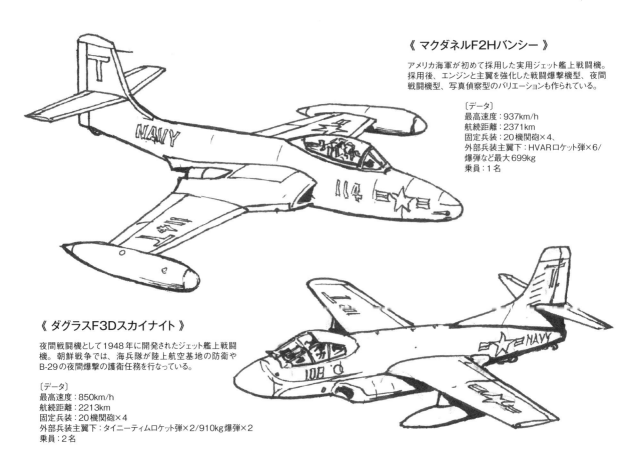

《 マクダネルF2Hバンシー 》

アメリカ海軍が初めて採用した実用ジェット艦上戦闘機。採用後、エンジンと主翼を強化した戦闘爆撃機型、夜間戦闘機型、写真偵察型のバリエーションも作られている。

〔データ〕
最高速度：937km/h
航続距離：2371km
固定兵装：20機関砲×4、
外部兵装主翼下：HVARロケット弾×6/爆弾など最大699kg
乗員：1名

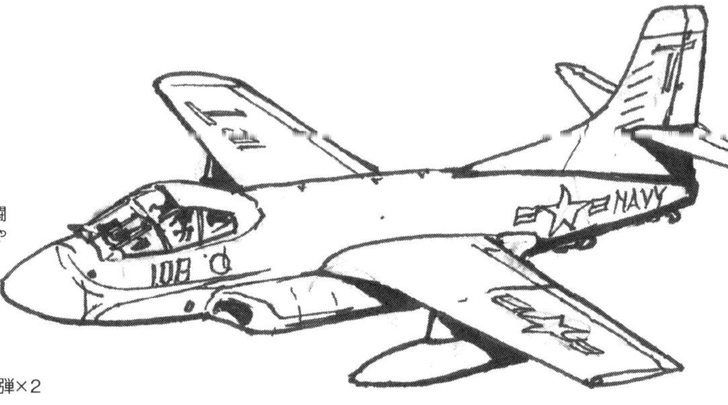

《 ダグラスF3Dスカイナイト 》

夜間戦闘機として1948年に開発されたジェット艦上戦闘機。朝鮮戦争では、海兵隊が陸上航空基地の防衛やB-29の夜間爆撃の護衛任務を行なっている。

〔データ〕
最高速度：850km/h
航続距離：2213km
固定兵装：20機関砲×4
外部兵装主翼下：タイニーティムロケット弾×2/910kg爆弾×2
乗員：2名

《 グラマンF7Fタイガーキャット 》

アメリカ海軍が1944年に採用した双発レシプロ艦上戦闘機。制空戦闘だけでなく地上攻撃も可能な戦闘機として開発された。部隊配備は第二次大戦末期だが、初の実戦は朝鮮戦争になった。

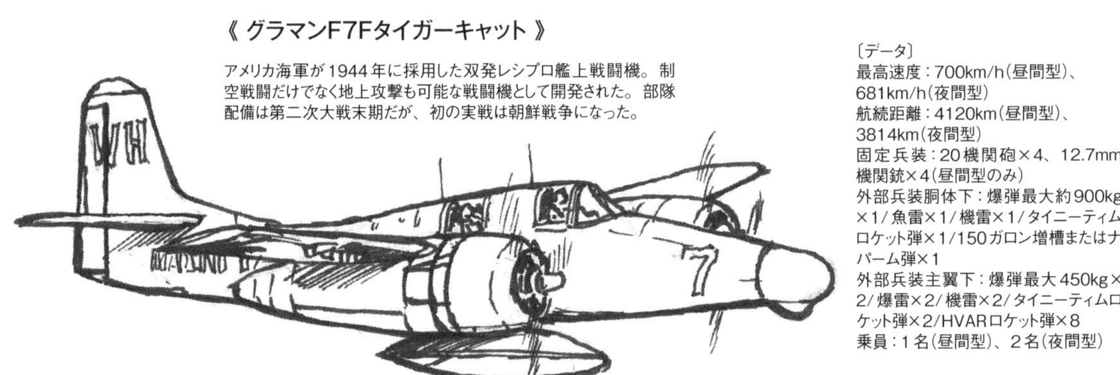

〔データ〕
最高速度：700km/h(昼間型)、681km/h(夜間型)
航続距離：4120km(昼間型)、3814km(夜間型)
固定兵装：20機関砲×4、12.7mm機関銃×4(昼間型のみ)
外部兵装胴体下：爆弾最大約900kg×1/魚雷×1/機雷×1/タイニーティムロケット弾×1/150ガロン増槽またはナパーム弾×1
外部兵装主翼下：爆弾最大450kg×2/爆雷×2/機雷×2/タイニーティムロケット弾×2/HVARロケット弾×8
乗員：1名(昼間型)、2名(夜間型)

《 チャンスヴォートF4U-5Nコルセア 》

1946年にエンジンをパワーアップするなどの改良を加えたF4U-5の夜間戦闘機型。主翼の右側にAN/APS-19迎撃レーダーを搭載。夜間防空の他に地上攻撃も行なった。

〔データ〕
最高速度：756km/h
航続距離：2917km
固定兵装：20機関砲×4
外部兵装：爆弾、ナパーム弾、最大約2300kg/HVARロケット弾×8/FFAR×8
乗員：1名

《 チャンスヴォートF4U-4コルセア 》

F4Uシリーズの第二次大戦末期に造られたバージョン。朝鮮戦争では海兵隊が地上攻撃機として運用した。

〔データ〕
最高速度：728km/h
航続距離：2408km
固定兵装:12.7mm機関銃×6、20mm機関砲×4（B型以降）
外部兵装：爆弾、ナパーム弾、最大約900kg/HVARロケット弾×8/FFARロケット弾×8/タイニーティムロケット弾×2
乗員：1名

《 ダグラスAD-1スカイレーダー 》

第二次大戦で活躍したアヴェンジャー雷撃機やヘルダイバー急降下爆撃機の用途を統合化した機体として開発された攻撃機。朝鮮戦争が初陣となり、地上攻撃に威力を発揮した。1952年6月23日には、航空機魚雷で北朝鮮領内の水豊ダムを破壊している。

〔データ〕
最高速度：590km/h
航続距離：2500km
固定兵装：20mm機関砲×1～2
外部兵装胴体下:爆弾最大約1600kg/魚雷×1/機雷×1/タイニーティムロケット弾×1/150ガロン増槽/ナパーム弾×1
外部兵装主翼下：爆弾最大1500kg/HVARロケット弾×12
乗員：1名

《 ロッキードP2V-2ネプチューン 》

1947年に就役したばかりの最新鋭対潜哨戒機。日本海などの海上で哨戒任務を行なった。

《 ビーチSNB-2H 》

民間の軽輸送機ビーチクラフト・モデル18のアメリカ海軍採用型。主に患者搬送に使用された。

《 スティンソンOY2 》

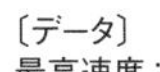

〔データ〕
最高速度：515km/h
航続距離：6410km
固定兵装：12.7機銃×2、20mm機関砲×2
胴体爆弾倉：最大約2800kgの爆弾/爆雷/魚雷
外部兵装翼下：HVARロケット弾×16
乗員：7～9名

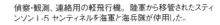

偵察・観測、連絡用の軽飛行機。陸軍から移管されたスティンソンL-5センティネルを海軍と海兵隊が使用した。

《 コンソリデーテッドPB4Y-2プライヴァティア 》

B-24爆撃機をベースに開発された哨戒爆撃機。アメリカ海軍は長距離哨戒機として1944年5月から運用を開始。1951年に機種名がP4Y-2に改称されている。

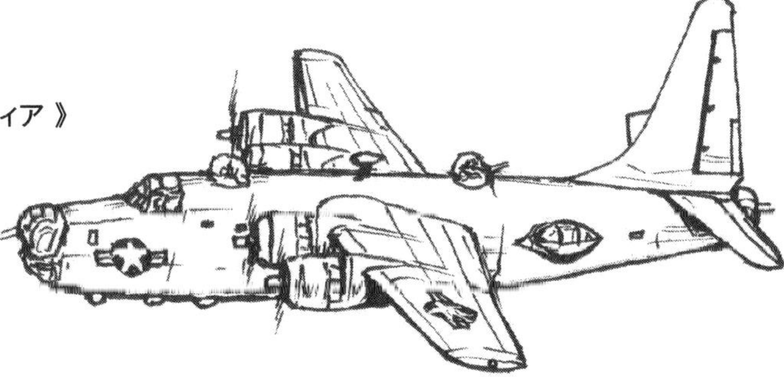

〔データ〕
最高速度：482km/h
航続距離：4540km
固定兵装：12.7機銃×12
胴体爆弾倉：最大約5800kgの爆弾/爆雷/魚雷
乗員：11名

その他の国連軍航空機

アメリカ軍以外の国連軍の航空戦力は、イギリス軍と英連邦国軍が航空部隊を派遣している。戦闘に投入された機種は戦闘機であったが、MiG-15より性能が劣るために制空任務は限定され、一部の機体を除き地上攻撃に従事した。

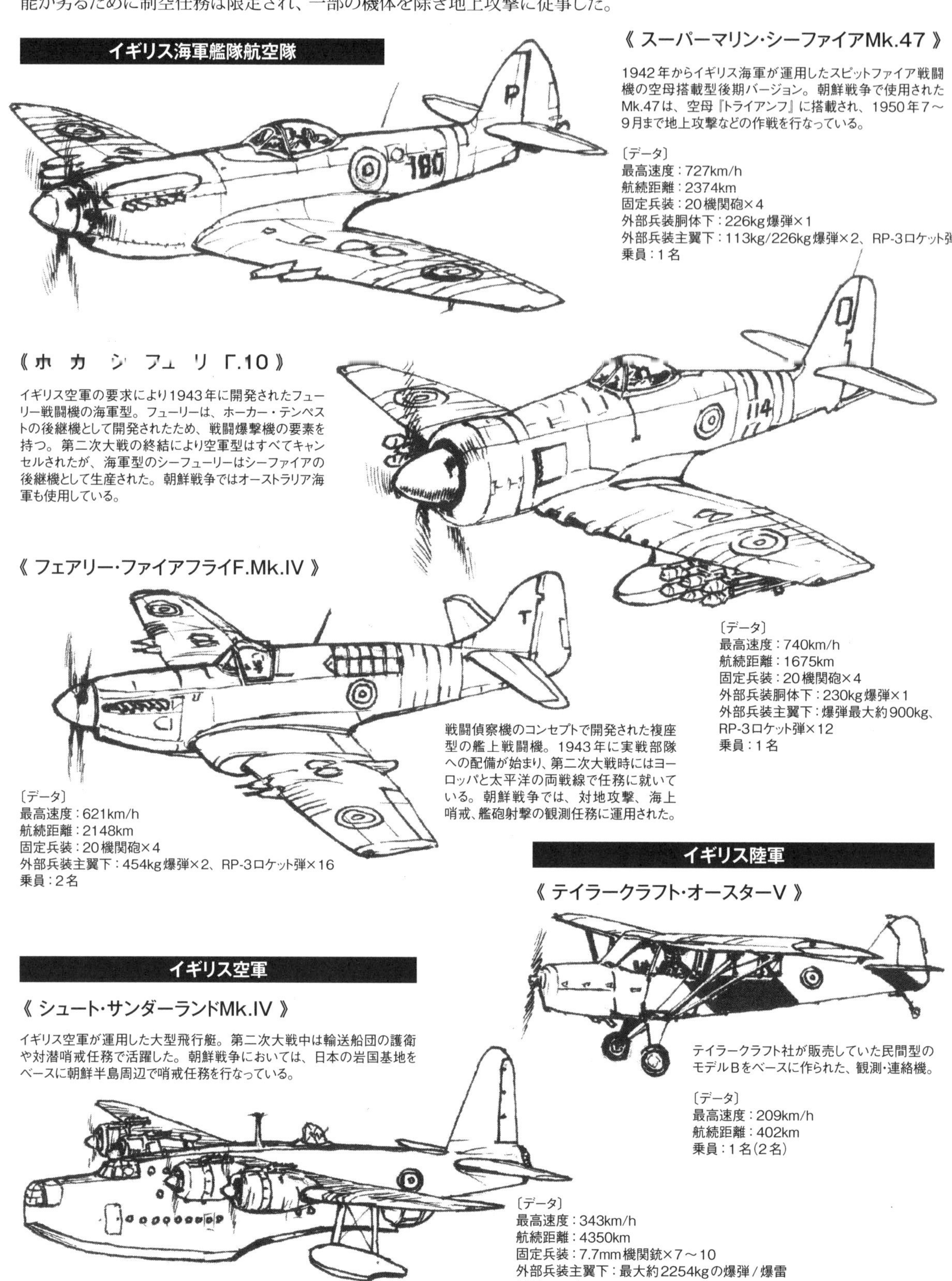

イギリス海軍艦隊航空隊

《スーパーマリン・シーファイアMk.47》

1942年からイギリス海軍が運用したスピットファイア戦闘機の空母搭載型後期バージョン。朝鮮戦争で使用されたMk.47は、空母『トライアンフ』に搭載され、1950年7～9月まで地上攻撃などの作戦を行なっている。

〔データ〕
最高速度：727km/h
航続距離：2374km
固定兵装：20機関砲×4
外部兵装胴体下：226kg爆弾×1
外部兵装主翼下：113kg/226kg爆弾×2、RP-3ロケット弾×8
乗員：1名

《ホーカー・シーフューリーF.10》

イギリス空軍の要求により1943年に開発されたフューリー戦闘機の海軍型。フューリーは、ホーカー・テンペストの後継機として開発されたため、戦闘爆撃機の要素を持つ。第二次大戦の終結により空軍型はすべてキャンセルされたが、海軍型のシーフューリーはシーファイアの後継機として生産された。朝鮮戦争ではオーストラリア海軍も使用している。

〔データ〕
最高速度：740km/h
航続距離：1675km
固定兵装：20機関砲×4
外部兵装胴体下：230kg爆弾×1
外部兵装主翼下：爆弾最大約900kg、RP-3ロケット弾×12
乗員：1名

《フェアリー・ファイアフライF.Mk.IV》

戦闘偵察機のコンセプトで開発された複座型の艦上戦闘機。1943年に実戦部隊への配備が始まり、第二次大戦時にはヨーロッパと太平洋の両戦線で任務に就いている。朝鮮戦争では、対地攻撃、海上哨戒、艦砲射撃の観測任務に運用された。

〔データ〕
最高速度：621km/h
航続距離：2148km
固定兵装：20機関砲×4
外部兵装主翼下：454kg爆弾×2、RP-3ロケット弾×16
乗員：2名

イギリス陸軍

《テイラークラフト・オースターV》

テイラークラフト社が販売していた民間型のモデルBをベースに作られた、観測・連絡機。

〔データ〕
最高速度：209km/h
航続距離：402km
乗員：1名(2名)

イギリス空軍

《シュート・サンダーランドMk.IV》

イギリス空軍が運用した大型飛行艇。第二次大戦中は輸送船団の護衛や対潜哨戒任務で活躍した。朝鮮戦争においては、日本の岩国基地をベースに朝鮮半島周辺で哨戒任務を行なっている。

〔データ〕
最高速度：343km/h
航続距離：4350km
固定兵装：7.7mm機関銃×7～10
外部兵装主翼下：最大約2254kgの爆弾/爆雷
乗員：13名

オーストラリア空軍

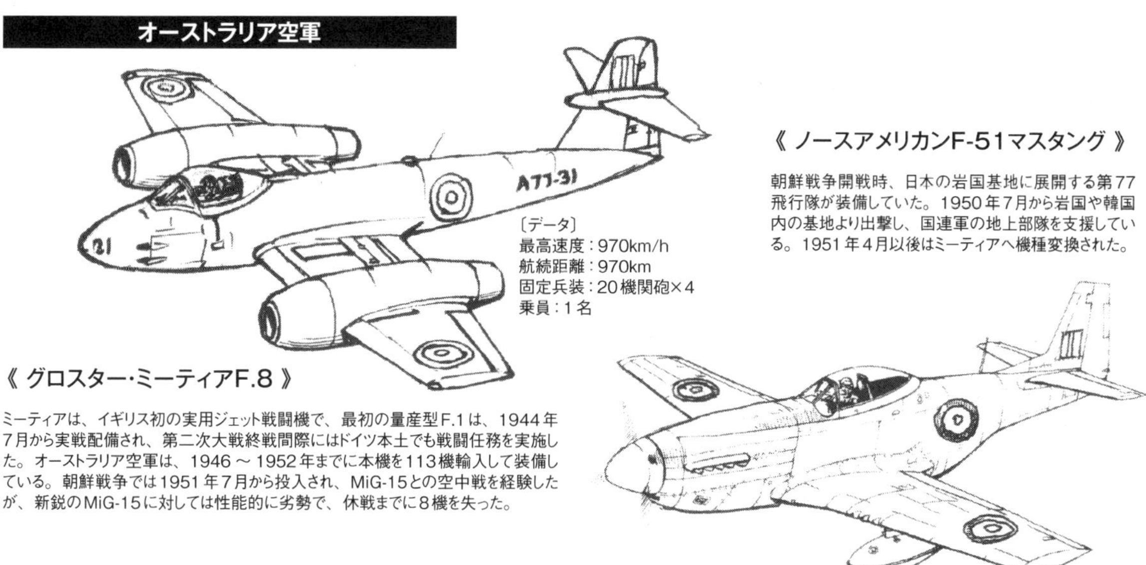
A77-31
31

《 ノースアメリカンF-51マスタング 》

朝鮮戦争開戦時、日本の岩国基地に展開する第77飛行隊が装備していた。1950年7月から岩国や韓国内の基地より出撃し、国連軍の地上部隊を支援している。1951年4月以後はミーティアへ機種変換された。

〔データ〕
最高速度：970km/h
航続距離：970km
固定兵装：20機関砲×4
乗員：1名

《 グロスター・ミーティアF.8 》

ミーティアは、イギリス初の実用ジェット戦闘機で、最初の量産型F.1は、1944年7月から実戦配備され、第二次大戦終戦間際にはドイツ本土でも戦闘任務を実施した。オーストラリア空軍は、1946～1952年までに本機を113機輸入して装備している。朝鮮戦争では1951年7月から投入され、MiG-15との空中戦を経験したが、新鋭のMiG-15に対しては性能的に劣勢で、休戦までに8機を失った。

南アフリカ空軍

《 ノースアメリカンF-51マスタング 》

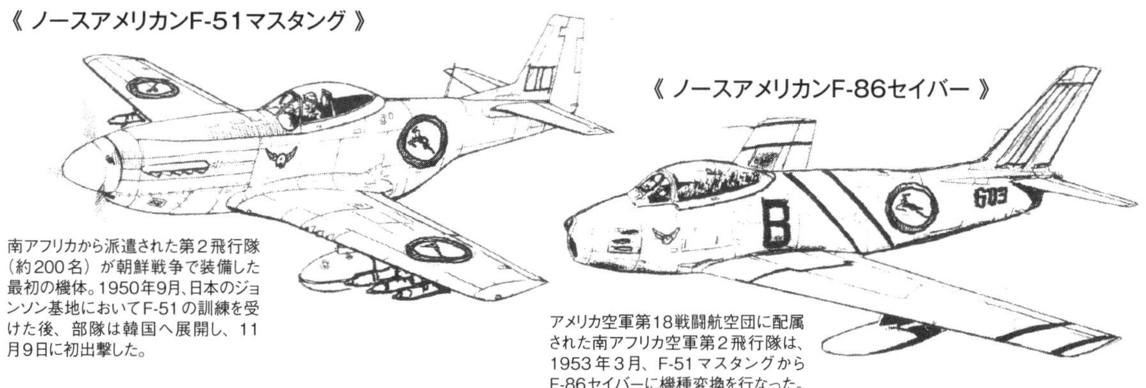
B
603

《 ノースアメリカンF-86セイバー 》

南アフリカから派遣された第2飛行隊（約200名）が朝鮮戦争で装備した最初の機体。1950年9月、日本のジョンソン基地においてF-51の訓練を受けた後、部隊は韓国へ展開し、11月9日に初出撃した。

アメリカ空軍第18戦闘航空団に配属された南アフリカ空軍第2飛行隊は、1953年3月、F-51マスタングからF-86セイバーに機種変換を行なった。

韓国空軍

《 ノースアメリカンF-51マスタング 》

K
25

《 ノースアメリカンAT-6テキサン 》

韓国空軍は、開戦時に10機を所有。訓練機であったが、一部の機体は軽攻撃機として、地上攻撃を実施している。

韓国は、空軍創設に際してF-51戦闘機の供与を要望していたが、アメリカ政府が軍備増強を認めず、開戦時には1機の戦闘機も保有していなかった。アメリカは開戦直後に10機のF-51を韓国に供与する。しかし、本格的な供与と戦闘機部隊の訓練が始まったのは1951年5月からとなった。休戦までに韓国空軍では3個飛行大隊が創設され、79機のF-51が配備された。

《 パイパーL-4 》

開戦時には10機を装備。観測・連絡機のため戦力にはならなかった。

共産軍の航空機

共産軍が使用した航空機は、すべてソ連から供与されたものだった。その機種は、1920年代に開発された複葉機から当時最新鋭のジェット戦闘機までと様々であった。

最新鋭ジェット戦闘機 MiG-15ファゴット

敵爆撃機迎撃用に開発されたソ連のジェット戦闘機。1947年12月、初飛行に成功し、1949年にソ連空軍に配備されている。ソ連は朝鮮戦争開戦後、秘密裏に同機を装備する空軍部隊を中国に派遣して共産軍の訓練を行なうとともに、戦闘にも出撃している。中国でソ連軍の教育を受けた北朝鮮空軍は、1952年9月からMiG-15部隊を実戦に投入した。

〔データ〕
最高速度：1074km/h
航続距離：2520km
固定兵装：23mm機関砲×2、37mm機関砲×1
乗員：1名

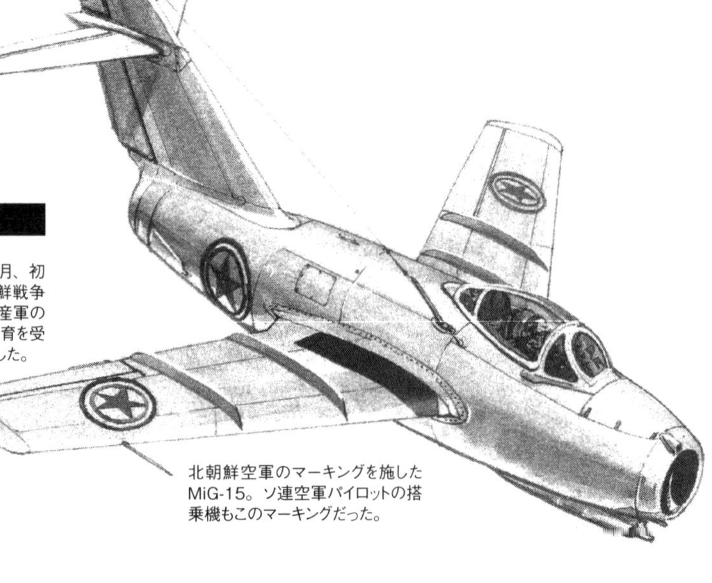

北朝鮮空軍のマーキングを施したMiG-15。ソ連空軍パイロットの搭乗機もこのマーキングだった。

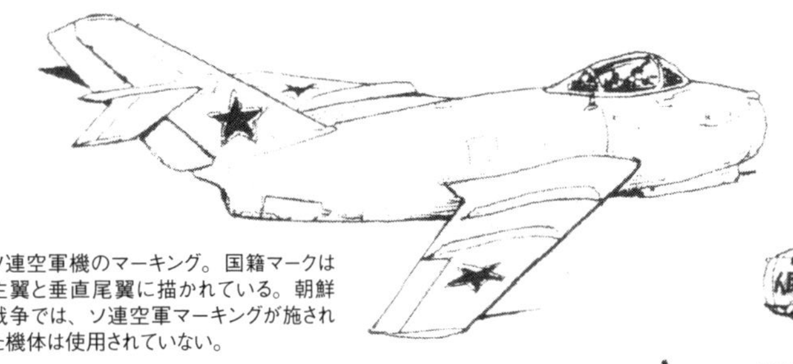

ソ連空軍機のマーキング。国籍マークは主翼と垂直尾翼に描かれている。朝鮮戦争では、ソ連空軍マーキングが施された機体は使用されていない。

中国人民志願空軍のマーキングが入ったMiG-15。中国空軍は1951年より中国領内の基地から出撃し、中朝国境の鴨緑江周辺で国連軍機を迎撃した。

中　國
人民志願空軍

機首側面のマーキング

中国軍機の国籍標識

《 MiG-15の内部構造 》

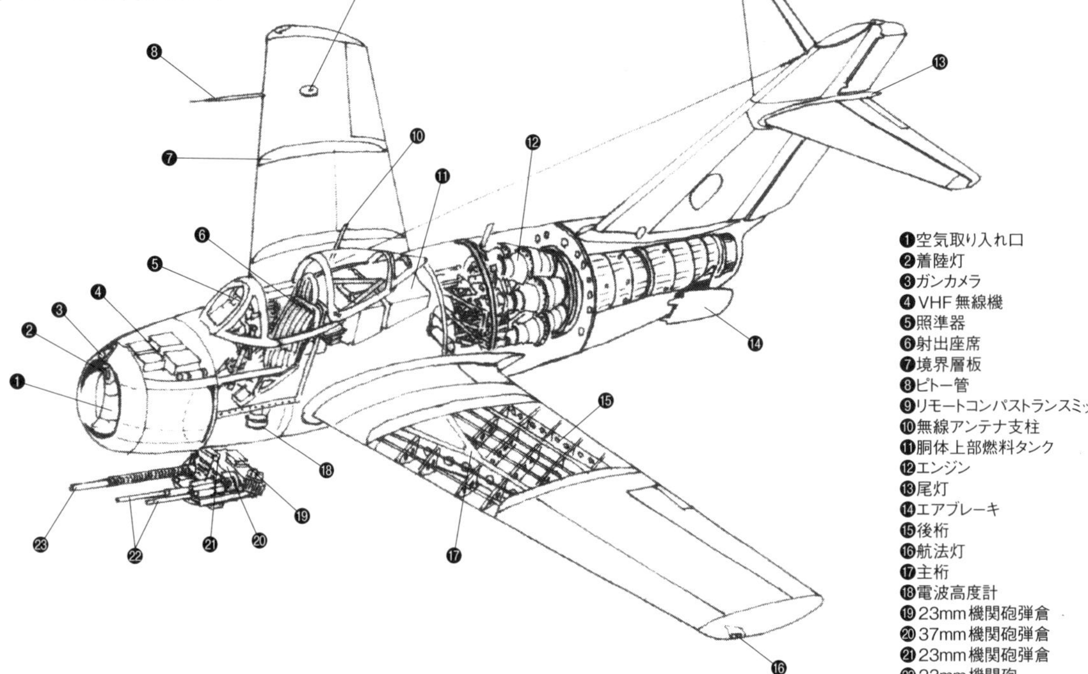
❶
❷
❸
❹
❺
❻
❼
❽
❾
❿
⓫
⓬
⓭
⓮
⓯
⓰
⓱
⓲
⓳
⓴
㉑
㉒
㉓

❶空気取り入れ口
❷着陸灯
❸ガンカメラ
❹VHF無線機
❺照準器
❻射出座席
❼境界層板
❽ピトー管
❾リモートコンパストランスミッター
❿無線アンテナ支柱
⓫胴体上部燃料タンク
⓬エンジン
⓭尾灯
⓮エアブレーキ
⓯後桁
⓰航法灯
⓱主桁
⓲電波高度計
⓳23mm機関砲弾倉
⓴37mm機関砲弾倉
㉑23mm機関砲弾倉
㉒23mm機関砲
㉓37mm機関砲

《 MiG-15との空中戦闘機動 》

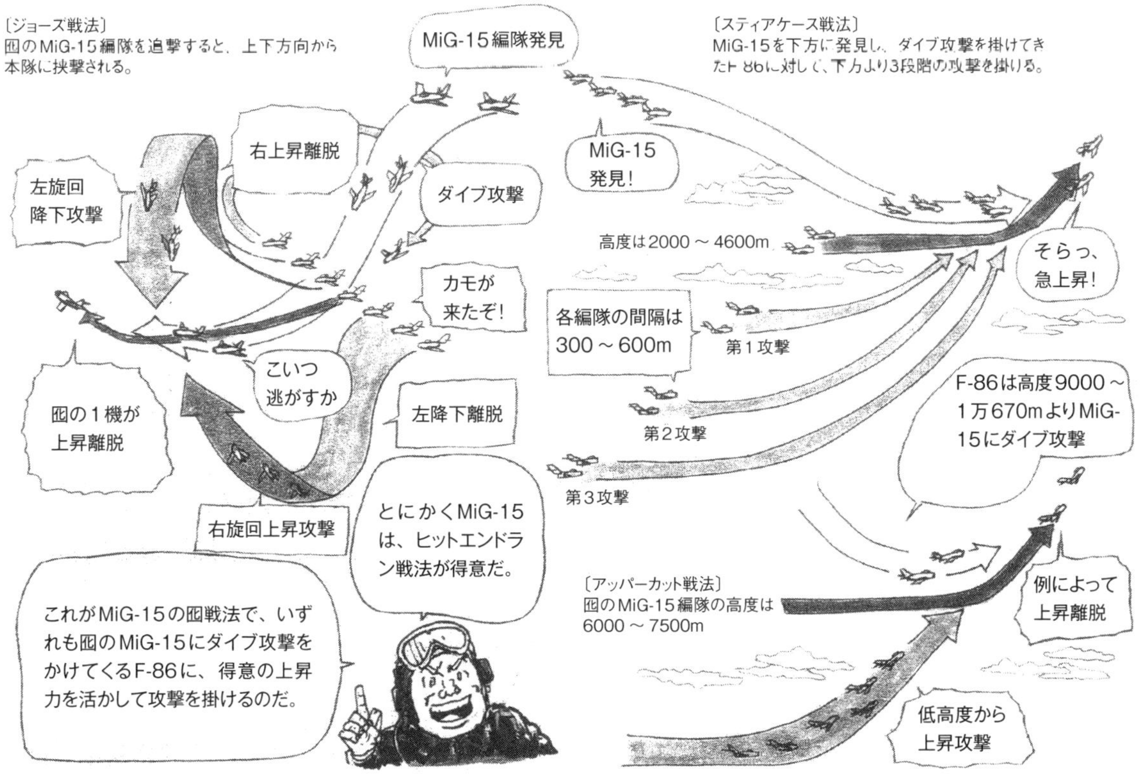

〔ジョーズ戦法〕
囮のMiG-15編隊を追撃すると、上下方向から本隊に挟撃される。

MiG-15編隊発見

右上昇離脱

左旋回
降下攻撃

ダイブ攻撃

カモが
来たぞ!

こいつ
逃がすか

囮の1機が
上昇離脱

左降下離脱

右旋回上昇攻撃

〔スティアケース戦法〕
MiG-15を下方に発見し、ダイブ攻撃を掛けてきたF-86に対して、下方より3段階の攻撃を掛ける。

MiG-15
発見!

高度は2000～4600m

各編隊の間隔は
300～600m

第1攻撃

第2攻撃

第3攻撃

そらっ、
急上昇!

F-86は高度9000～
1万670mよりMiG-
15にダイブ攻撃

とにかくMiG-15
は、ヒットエンドラ
ン戦法が得意だ。

〔アッパーカット戦法〕
囮のMiG-15編隊の高度は
6000～7500m

例によって
上昇離脱

低高度から
上昇攻撃

これがMiG-15の囮戦法で、いずれも囮のMiG-15にダイブ攻撃をかけてくるF-86に、得意の上昇力を活かして攻撃を掛けるのだ。

《 MiG-15のバリエーション 》

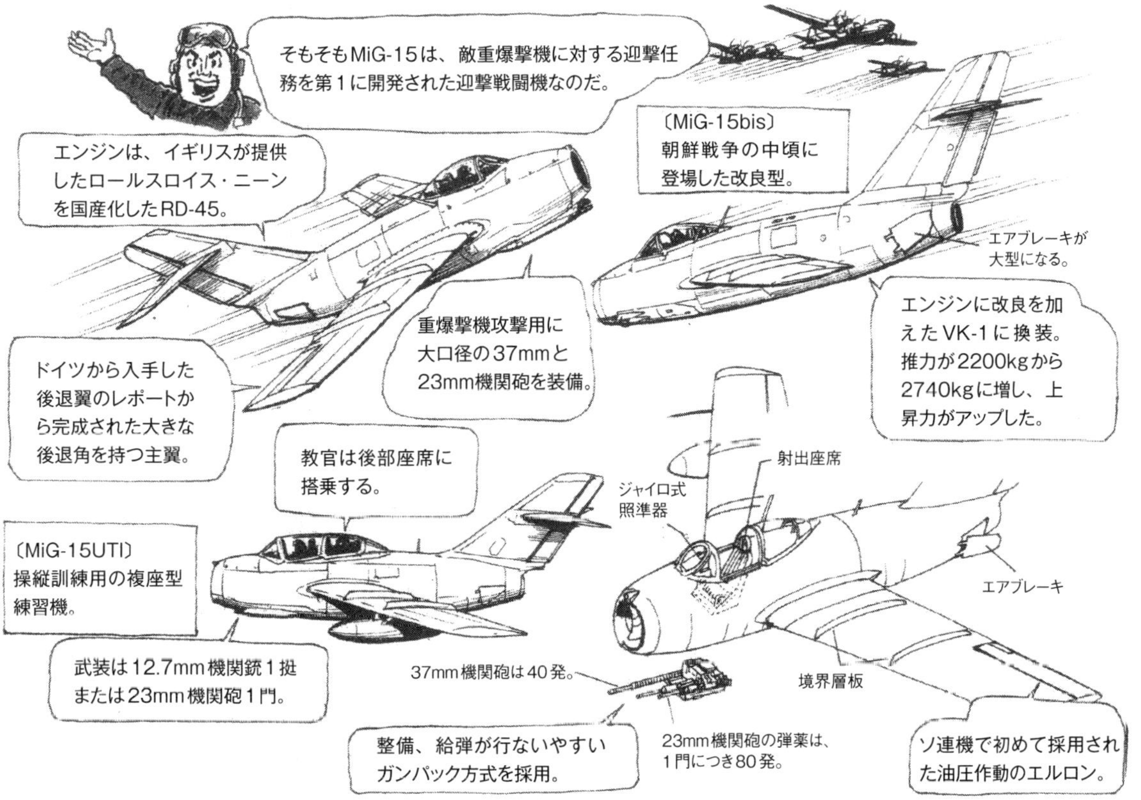

そもそもMiG-15は、敵重爆撃機に対する迎撃任務を第1に開発された迎撃戦闘機なのだ。

エンジンは、イギリスが提供したロールスロイス・ニーンを国産化したRD-45。

〔MiG-15bis〕
朝鮮戦争の中頃に
登場した改良型。

エアブレーキが
大型になる。

エンジンに改良を加えたVK-1に換装。推力が2200kgから2740kgに増し、上昇力がアップした。

重爆撃機攻撃用に
大口径の37mmと
23mm機関砲を装備。

ドイツから入手した後退翼のレポートから完成された大きな後退角を持つ主翼。

教官は後部座席に
搭乗する。

〔MiG-15UTI〕
操縦訓練用の複座型
練習機。

武装は12.7mm機関銃1挺
または23mm機関砲1門。

射出座席

ジャイロ式
照準器

エアブレーキ

境界層板

37mm機関砲は40発。

23mm機関砲の弾薬は、
1門につき80発。

整備、給弾が行ないやすい
ガンパック方式を採用。

ソ連機で初めて採用された油圧作動のエルロン。

共産軍のレシプロ機

《 ヤコブレフYak-7B 》

Yak-1戦闘機の練習機型をさらに改良して造られた戦闘機。その操縦性能の良さから、Yak-9の採用後も練習戦闘機として使われた。中国と北朝鮮には1950年までに供与されている。

〔データ〕
最高速度：600km/h
航続距離：850km
固定兵装：20mm機関砲×1、12.7mm機関銃×2
外部兵装翼下：RS-82ロケット弾×6
乗員：1名

《 ヤコブレフYak-9P 》

Yak-7の後継として開発された高高度用戦闘機。最初のモデルから改良と用途別の改造が続けられて、20種のバリエーションが存在する。北朝鮮と中国にはM型とP型が供与された。

〔データ〕
最高速度：660km/h
航続距離：1100km
固定兵装：20mm機関砲×3
乗員：1名

《 ラボーチキンLa-9 》

ソ連のラボーチキン設計局が開発。1947年に初飛行し、MiG-15の登場までソ連空軍の主力を務めた戦闘機。朝鮮戦争開戦当日の午後に北朝鮮空軍のLa-9は、韓国の金浦や京城飛行場を襲撃して、駐機していたアメリカ軍輸送機や飛行場施設などを機銃掃射により破壊している。

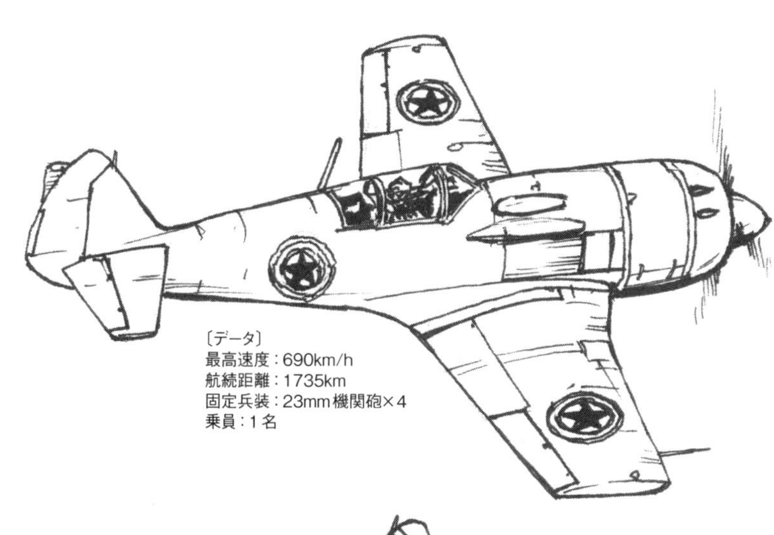

〔データ〕
最高速度：690km/h
航続距離：1735km
固定兵装：23mm機関砲×4
乗員：1名

24

〔データ〕
最高速度：674km/h
航続距離：2235km
固定兵装：23mm機関砲×3
乗員：1名

《 ラボーチキンLa-11 》

爆撃機の護衛を行なえるよう開発された長距離戦闘機。ソ連は1949年に145機、翌年は239機を北朝鮮に供与している。中国軍に対しても1950年から1953年までに163機が供与された。

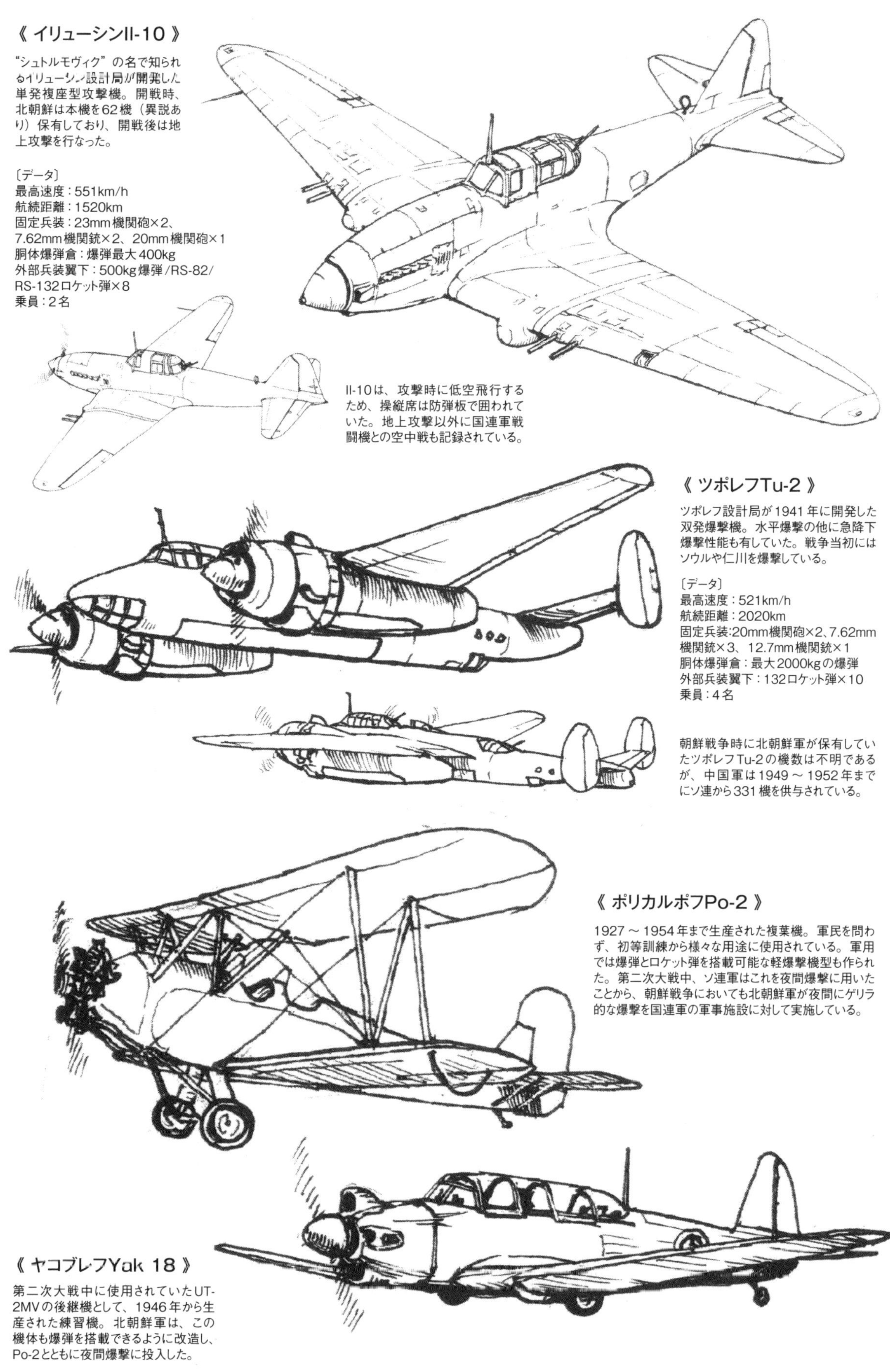

《 イリューシンIl-10 》

"シュトルモヴィク" の名で知られるイリューシン設計局が開発した単発複座型攻撃機。開戦時、北朝鮮は本機を62機（異説あり）保有しており、開戦後は地上攻撃を行なった。

〔データ〕
最高速度：551km/h
航続距離：1520km
固定兵装：23mm機関砲×2、7.62mm機関銃×2、20mm機関砲×1
胴体爆弾倉：爆弾最大400kg
外部兵装翼下：500kg爆弾/RS-82/RS-132ロケット弾×8
乗員：2名

Il-10は、攻撃時に低空飛行するため、操縦席は防弾板で囲われていた。地上攻撃以外に国連軍戦闘機との空中戦も記録されている。

《 ツポレフTu-2 》

ツポレフ設計局が1941年に開発した双発爆撃機。水平爆撃の他に急降下爆撃性能も有していた。戦争当初にはソウルや仁川を爆撃している。

〔データ〕
最高速度：521km/h
航続距離：2020km
固定兵装:20mm機関砲×2、7.62mm機関銃×3、12.7mm機関銃×1
胴体爆弾倉：最大2000kgの爆弾
外部兵装翼下：132ロケット弾×10
乗員：4名

朝鮮戦争時に北朝鮮軍が保有していたツポレフTu-2の機数は不明であるが、中国軍は1949～1952年までにソ連から331機を供与されている。

《 ポリカルポフPo-2 》

1927～1954年まで生産された複葉機。軍民を問わず、初等訓練から様々な用途に使用されている。軍用では爆弾とロケット弾を搭載可能な軽爆撃機型も作られた。第二次大戦中、ソ連軍はこれを夜間爆撃に用いたことから、朝鮮戦争においても北朝鮮軍が夜間にゲリラ的な爆撃を国連軍の軍事施設に対して実施している。

《 ヤコブレフYak 18 》

第二次大戦中に使用されていたUT-2MVの後継機として、1946年から生産された練習機。北朝鮮軍は、この機体も爆弾を搭載できるように改造し、Po-2とともに夜間爆撃に投入した。

国連軍艦艇の活動

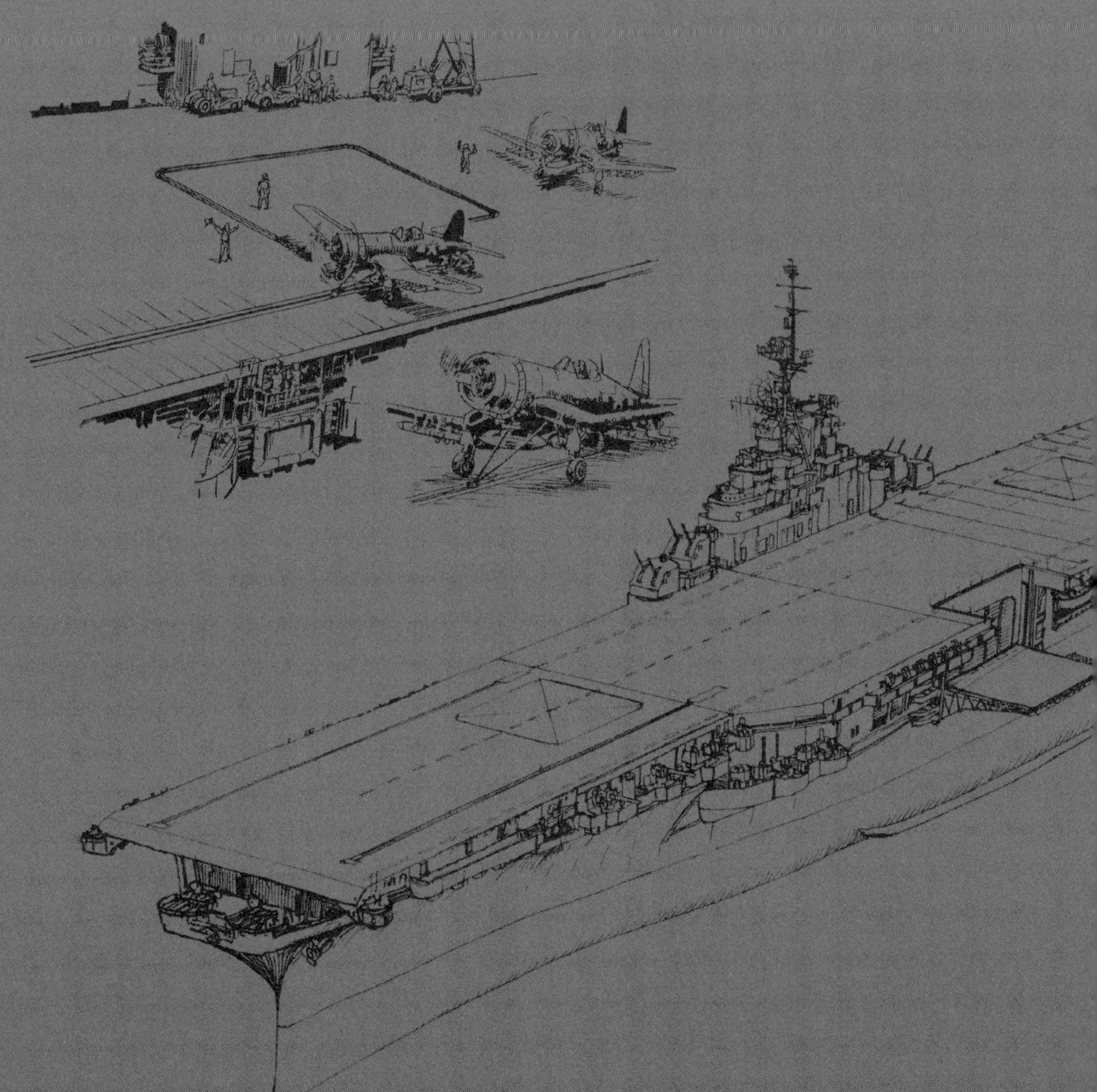

アメリカ海軍の編制

アメリカ海軍は、太平洋艦隊（第5、第7艦隊）を動員して朝鮮戦争に参加した。その主力は空母機動部隊で、朝鮮半島に延べ15隻の空母（正規・小型)を投入し、連日艦載機を発進させて国連軍地上部隊を支援した。

【編制図】

第7統合機動部隊
艦隊旗艦：巡洋艦ロチェスター

■第7統合機動部隊
水陸両用作戦を目的に編成された艦隊群。主力は第90機動部隊で、上陸部隊への支援を行なう部隊で構成されている。

第99機動部隊
第99-1偵察群
第99-11第6哨戒隊
第99-12第88偵察航空隊
第99-13第202偵察航空隊
第99-2哨戒護衛群
第99-21第42哨戒隊
第99-22第47哨戒隊

第91機動部隊
英海軍部隊
　空母×1
　軽巡洋艦×1
　駆逐艦×8
韓国海軍部隊
　補助掃海艇等×15

第92機動部隊
第10軍団司令部
第92-1上陸部隊(海兵隊)
第92-2上陸部隊(陸軍)
韓国第17歩兵連隊

第79兵站支援部隊
第79-1機動兵站支援群
第79-2目標地域兵站群
第79-3兵站支援群
第79-4救難工作群

第90機動部隊
第90-00旗艦群
　水陸両用指揮艦船
第90-01戦術空軍統制群
第90-02海軍海岸作戦群
第90-03攻撃統制群
第90-04管理群
第90-1前進攻撃群
第90-11輸送隊
第90-11-1輸送隊
第90-2輸送群
第90-3貨物輸送群
第90-4第14輸送群
第90-5航空支援部隊
第90-51護衛空母群
　空母×2
第90-52護衛空母群
　駆逐艦×4
第90-6艦砲支援部隊
第90-61巡洋艦群
　重巡洋艦×1
　軽巡洋艦×2
第90-62駆逐艦支援群
　駆逐艦×6
第90-63ロケット支援艇群
第90-7哨戒偵察部隊
　駆逐艦×2
　フリゲート艦×15
第90-8第2機動群
第90-9第3機動軍

第77高速空母部隊
第1航空戦隊
　空母×1
第3航空戦隊
　空母×1
第5航空戦隊
　空母×1
第77-1支援群
第77-2哨戒群
　駆逐艦×14

航空母艦

アメリカ海軍は、朝鮮戦争に正規空母11隻と軽空母/護衛空母4隻を派遣している。その他にイギリス海軍が4隻、オーストラリア海軍は1隻を派遣した。戦争中、常時航空支援を行なえるように、これらの空母は交代しながら運用された。

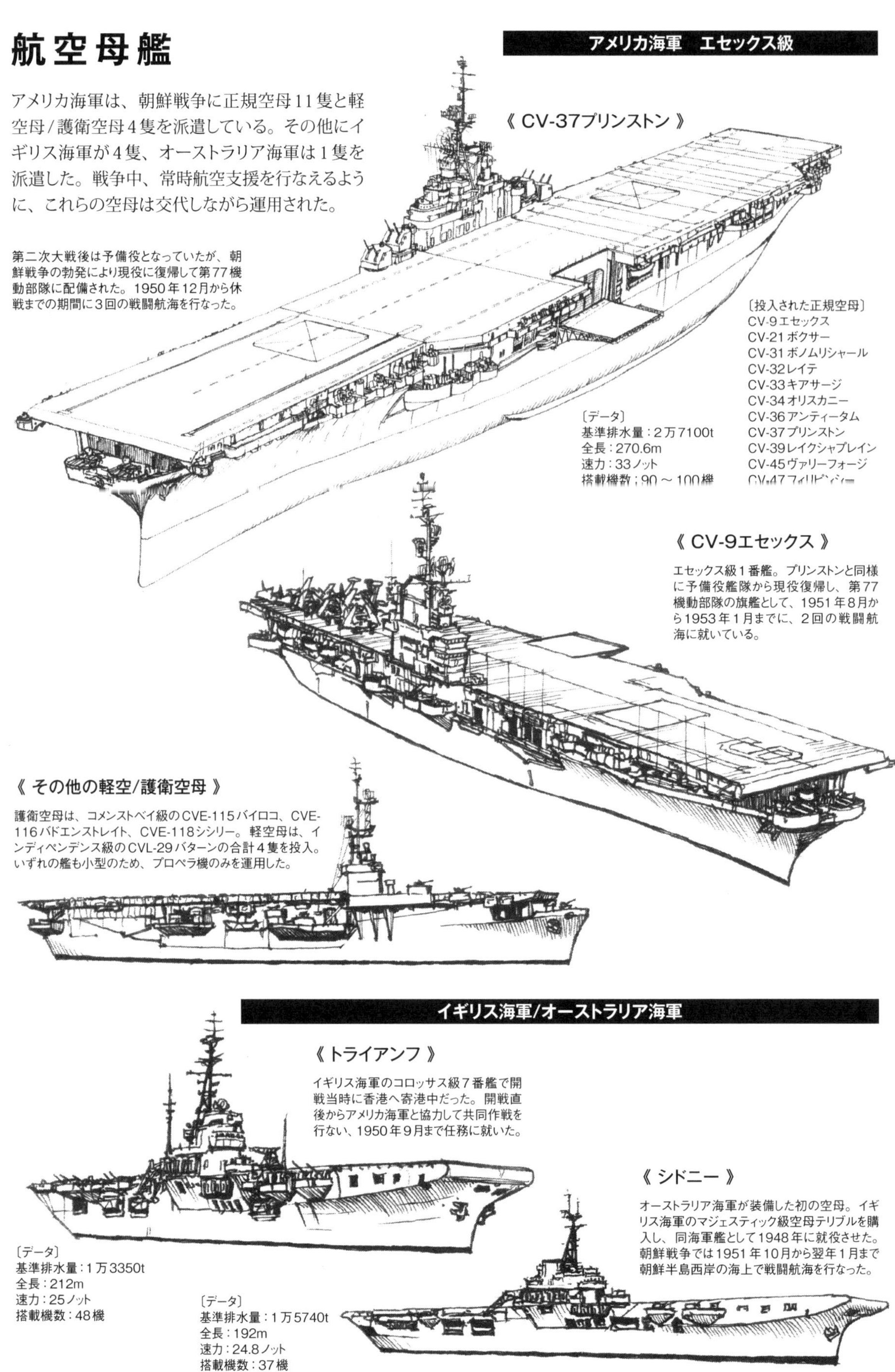

アメリカ海軍　エセックス級

《 CV-37プリンストン 》

第二次大戦後は予備役となっていたが、朝鮮戦争の勃発により現役に復帰して第77機動部隊に配備された。1950年12月から休戦までの期間に3回の戦闘航海を行なった。

〔データ〕
基準排水量：2万7100t
全長：270.6m
速力：33ノット
搭載機数：90～100機

〔投入された正規空母〕
CV-9エセックス
CV-21ボクサー
CV-31ボノムリシャール
CV-32レイテ
CV-33キアサージ
CV-34オリスカニー
CV-36アンティータム
CV-37プリンストン
CV-39レイクシャプレイン
CV-45ヴァリーフォージ
CV-47フィリピン・シー

《 CV-9エセックス 》

エセックス級1番艦。プリンストンと同様に予備役艦隊から現役復帰し、第77機動部隊の旗艦として、1951年8月から1953年1月までに、2回の戦闘航海に就いている。

《 その他の軽空/護衛空母 》

護衛空母は、コメンストベイ級のCVE-115バイロコ、CVE-116バドエンストレイト、CVE-118シシリー。軽空母は、インディペンデンス級のCVL-29バターンの合計4隻を投入。いずれの艦も小型のため、プロペラ機のみを運用した。

イギリス海軍/オーストラリア海軍

《 トライアンフ 》

イギリス海軍のコロッサス級7番艦で開戦当時に香港へ寄港中だった。開戦直後からアメリカ海軍と協力して共同作戦を行ない、1950年9月まで任務に就いた。

〔データ〕
基準排水量：1万3350t
全長：212m
速力：25ノット
搭載機数：48機

《 シドニー 》

オーストラリア海軍が装備した初の空母。イギリス海軍のマジェスティック級空母テリブルを購入し、同海軍艦として1948年に就役させた。朝鮮戦争では1951年10月から翌年1月まで朝鮮半島西岸の海上で戦闘航海を行なった。

〔データ〕
基準排水量：1万5740t
全長：192m
速力：24.8ノット
搭載機数：37機

艦載機の発艦準備から着艦まで

《 F4Uコルセア戦闘機の場合 》

①格納庫からエレベーターで飛行甲板に移動。
②エレベーターからは、牽引車で駐機位置に移動する。
〔車輪止めを持つ整備員〕
シャツの色はグリーン。甲板員は職種別に色分けされたシャツを着用。
③甲板員による発艦前の点検作業。
④給油、爆弾などを搭載。
爆弾運搬用ドーリー
コルセアは500ポンド爆弾を最大4発搭載可能。
通常、爆弾は飛行甲板で搭載される。
燃料給油員のシャツはバイオレット。
〔兵器員〕
レッドのシャツを着用。
発着艦要員はグリーンシャツ。
〔カタパルトオフィサー（発艦士官）〕
発艦の全責任を持つ。シャツはイエロー。
⑤爆弾などの搭載が済むとエンジンを始動して、カタパルトまで移動。
エセックス級空母はH-4B油圧カタパルトを２基搭載。
⑥カタパルト射出のため尾輪を固定。
飛行甲板
コントロールステーション
〔消火・救助員〕
飛行甲板上の火災事故に備えて待機。
アスベスト製の耐火服。
〔ランディングシグナルオフィサー（着艦信号士官）〕
⑦射出用ブライドル（射出索）を取り付ける。
⑧この後、発艦。
⑩着艦後、機体は整備員が機体を移動、格納庫に収納。
⑨着艦許可のサインを確認して着艦する。
着艦する航空機を誘導する。

水上戦闘艦

共産軍の海軍力は、中国海軍のフリゲート艦を除くと魚雷艇や砲艦などの小型艇であり、火力も数も国連軍と比較にならないほどの戦力差があった。海戦は1950年7月、北朝鮮海軍と国連軍の間で小規模な海戦が行なわれたのみである。そのため、国連軍の戦艦や巡洋艦などの大型艦は、半島沿岸に展開して味方の地上部隊を支援する艦砲射撃が主任務となった。

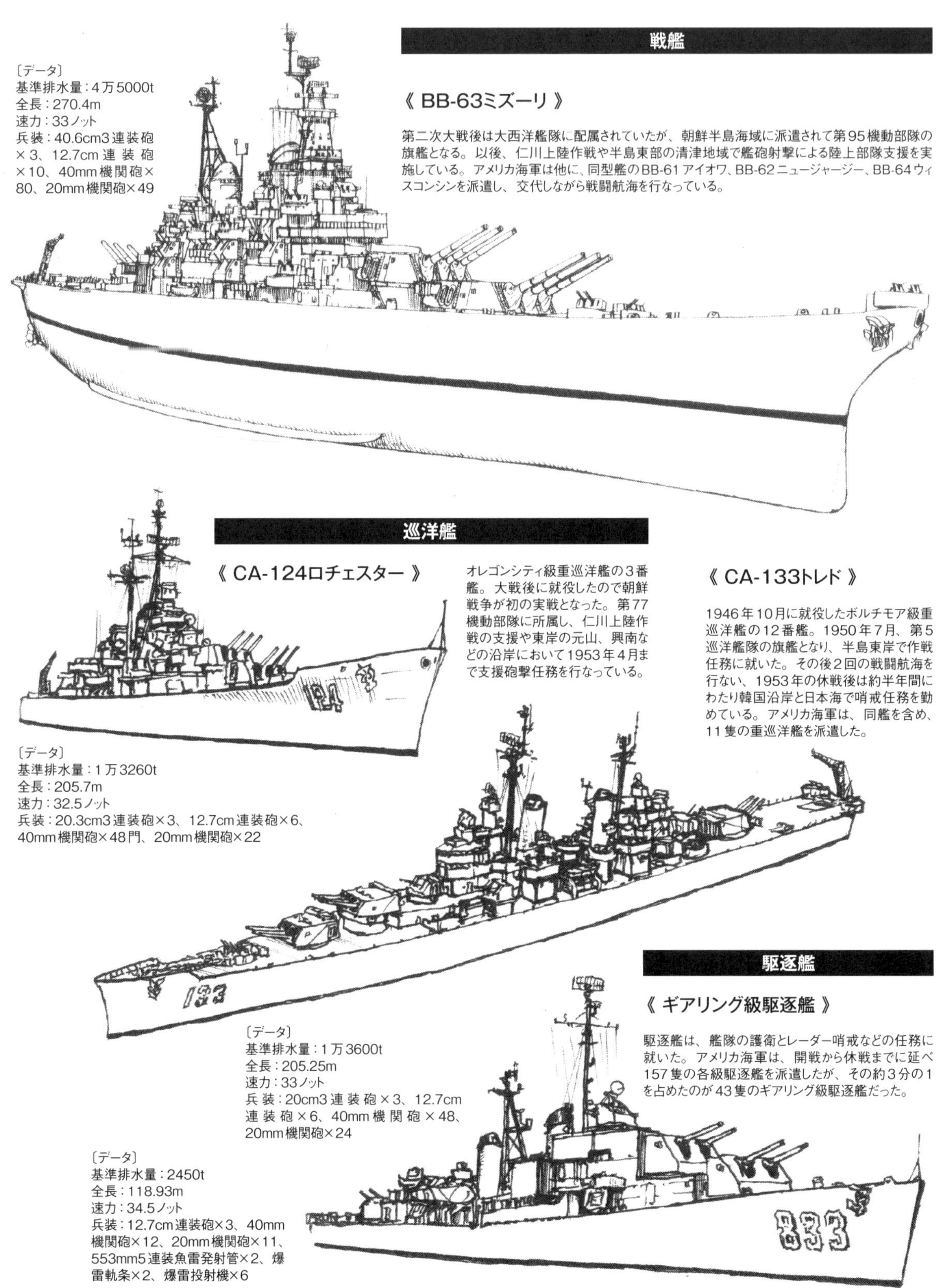

124
133
833

戦艦

《 BB-63ミズーリ 》

第二次大戦後は大西洋艦隊に配属されていたが、朝鮮半島海域に派遣されて第95機動部隊の旗艦となる。以後、仁川上陸作戦や半島東部の清津地域で艦砲射撃による陸上部隊支援を実施している。アメリカ海軍は他に、同型艦のBB-61アイオワ、BB-62ニュージャージー、BB-64ウィスコンシンを派遣し、交代しながら戦闘航海を行なっている。

〔データ〕
基準排水量：4万5000t
全長：270.4m
速力：33ノット
兵装：40.6cm3連装砲×3、12.7cm連装砲×10、40mm機関砲×80、20mm機関砲×49

巡洋艦

《 CA-124ロチェスター 》

オレゴンシティ級重巡洋艦の3番艦。大戦後に就役したので朝鮮戦争が初の実戦となった。第77機動部隊に所属し、仁川上陸作戦の支援や東岸の元山、興南などの沿岸において1953年4月まで支援砲撃任務を行なっている。

〔データ〕
基準排水量：1万3260t
全長：205.7m
速力：32.5ノット
兵装：20.3cm3連装砲×3、12.7cm連装砲×6、40mm機関砲×48門、20mm機関砲×22

《 CA-133トレド 》

1946年10月に就役したボルチモア級重巡洋艦の12番艦。1950年7月、第5巡洋艦隊の旗艦となり、半島東岸で作戦任務に就いた。その後2回の戦闘航海を行ない、1953年の休戦後は約半年間にわたり韓国沿岸と日本海で哨戒任務を勤めている。アメリカ海軍は、同艦を含め、11隻の重巡洋艦を派遣した。

〔データ〕
基準排水量：1万3600t
全長：205.25m
速力：33ノット
兵装：20cm3連装砲×3、12.7cm連装砲×6、40mm機関砲×48、20mm機関砲×24

駆逐艦

《 ギアリング級駆逐艦 》

駆逐艦は、艦隊の護衛とレーダー哨戒などの任務に就いた。アメリカ海軍は、開戦から休戦までに延べ157隻の各級駆逐艦を派遣したが、その約3分の1を占めたのが43隻のギアリング級駆逐艦だった。

〔データ〕
基準排水量：2450t
全長：118.93m
速力：34.5ノット
兵装：12.7cm連装砲×3、40mm機関砲×12、20mm機関砲×11、553mm5連装魚雷発射管×2、爆雷軌条×2、爆雷投射機×6

機雷戦

十分な海軍兵力を持たない北朝鮮軍は、仁川、元山、鎮南浦などの港湾に多数の機雷を敷設して国連軍を悩ませた。機雷に手を焼いた国連軍は、日本政府に対して掃海部隊の派遣を要求し、海上保安庁の特別掃海隊が秘密裏に編成されて国連軍掃海部隊とともに掃海作業に従事している。

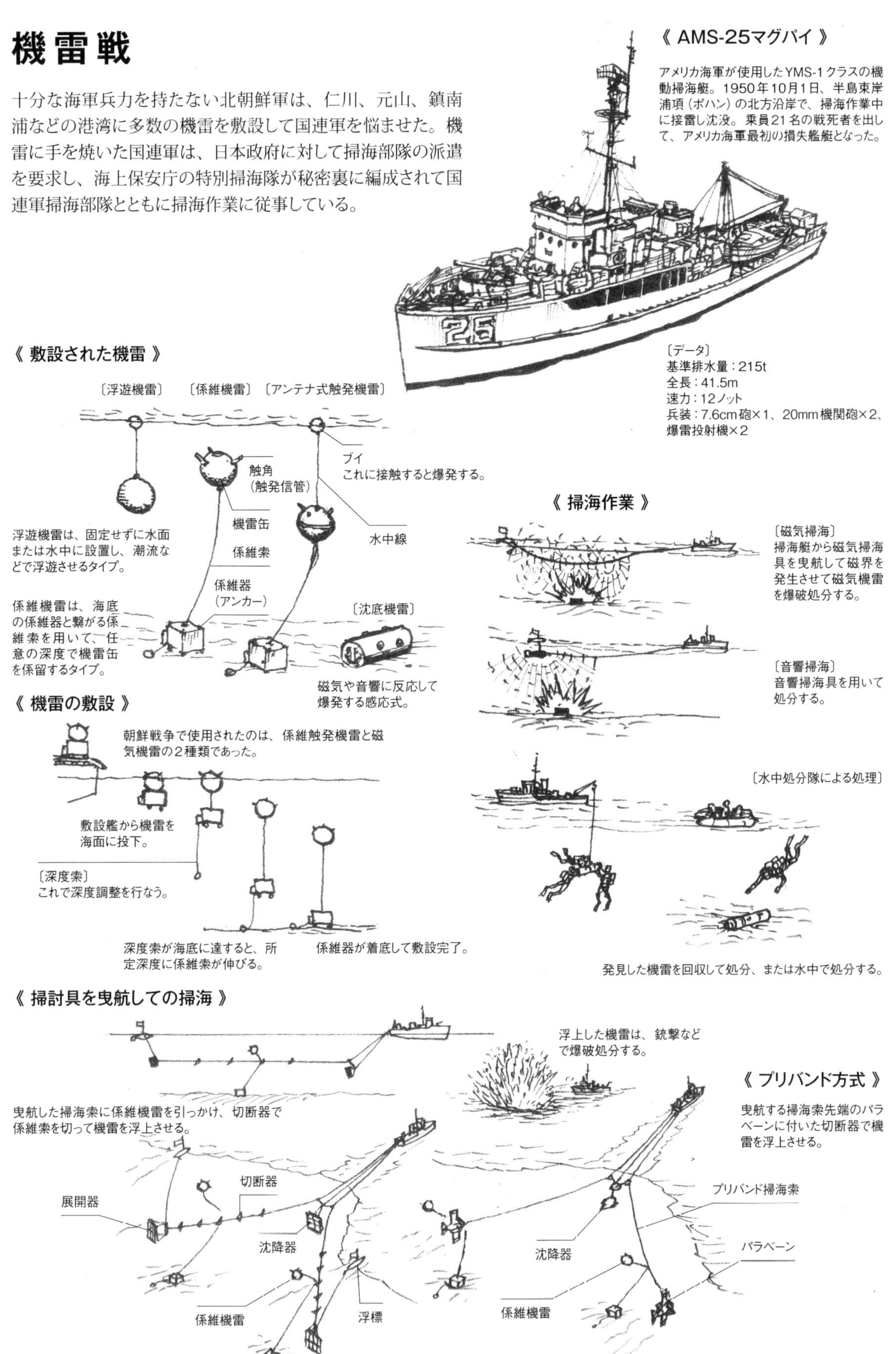

《 AMS-25マグパイ 》
アメリカ海軍が使用したYMS-1クラスの機動掃海艇。1950年10月1日、半島東岸浦項（ポハン）の北方沿岸で、掃海作業中に接雷し沈没。乗員21名の戦死者を出して、アメリカ海軍最初の損失艦艇となった。
25
〔データ〕
基準排水量：215t
全長：41.5m
速力：12ノット
兵装：7.6cm砲×1、20mm機関砲×2、爆雷投射機×2
《 敷設された機雷 》
〔浮遊機雷〕
〔係維機雷〕
〔アンテナ式触発機雷〕
ブイ
これに接触すると爆発する。
触角
（触発信管）
機雷缶
係維索
係維器
（アンカー）
水中線
浮遊機雷は、固定せずに水面または水中に設置し、潮流などで浮遊させるタイプ。
係維機雷は、海底の係維器と繋がる係維索を用いて、任意の深度で機雷缶を係留するタイプ。
〔沈底機雷〕
磁気や音響に反応して爆発する感応式。
《 機雷の敷設 》
朝鮮戦争で使用されたのは、係維触発機雷と磁気機雷の2種類であった。
敷設艦から機雷を海面に投下。
〔深度索〕
これで深度調整を行なう。
深度索が海底に達すると、所定深度に係維索が伸びる。
係維器が着底して敷設完了。
《 掃海作業 》
〔磁気掃海〕
掃海艇から磁気掃海具を曳航して磁界を発生させて磁気機雷を爆破処分する。
〔音響掃海〕
音響掃海具を用いて処分する。
〔水中処分隊による処理〕
発見した機雷を回収して処分、または水中で処分する。
《 掃討具を曳航しての掃海 》
浮上した機雷は、銃撃などで爆破処分する。
曳航した掃海索に係維機雷を引っかけ、切断器で係維索を切って機雷を浮上させる。
切断器
展開器
沈降器
係維機雷
浮標
《 プリバンド方式 》
曳航する掃海索先端のパラベーンに付いた切断器で機雷を浮上させる。
プリバンド掃海索
パラベーン
沈降器
係維機雷

揚陸艦艇

朝鮮戦争においても、第二次大戦の上陸作戦に活躍した各種アメリカ軍揚陸艦艇が使用された。揚陸艦艇は上陸作戦だけでなく、設備の整わない港湾や海岸へ直接、物資を輸送することも可能とした。

LST(戦車揚陸艦)

戦車などの車両を中心に、上陸用舟艇から物資、兵員を輸送できる大型揚陸艦。

〔データ〕
基準排水量:1625t
全長:100m
速力:11ノット
積載量:2万1000t

《 LSTの構造 》

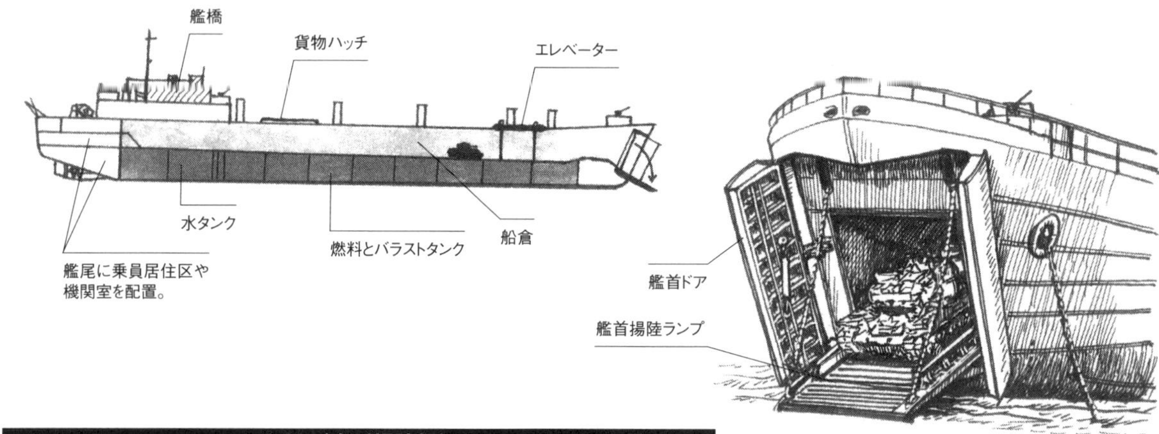
艦橋
貨物ハッチ
エレベーター
水タンク
燃料とバラストタンク
船倉
艦尾に乗員居住区や
機関室を配置。
艦首ドア
艦首揚陸ランプ

LSM(中型揚陸艦)

戦車揚陸艦の小型版。大型のLSTでは入港や接岸できない狭小な上陸地点などでも使用される。本艦をベースにロケットランチャーを搭載した火力支援艦も建造されている。

〔データ〕
基準排水量:530t
全長:62m
速力:13.3ノット
積載量:中戦車×5、重戦車×3/LVT×6/兵員54名

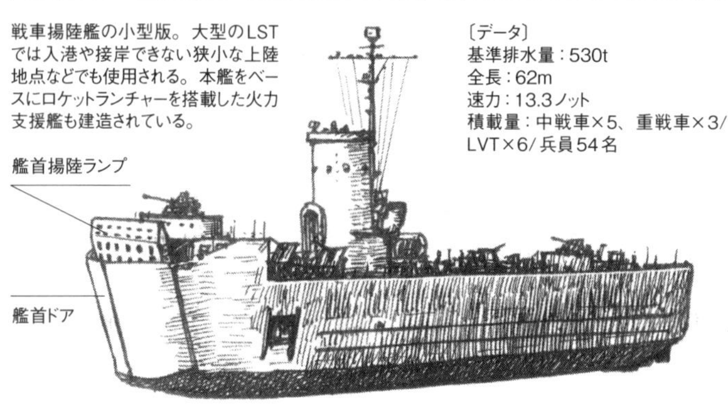
艦首揚陸ランプ
艦首ドア

船倉は露天の全通式で、艦橋は船体の右舷側に配置されている。

《 LSMの構造 》

船体の左右両舷に1～6門の20mm機関砲または、40mm機関砲4門を装備。

LCT(戦車揚陸艇)

LSTやLSMより先に戦車を上陸させるため、上陸の第1陣で使用する舟艇。目的地の沖合まではLSTに搭載して輸送した。

〔データ〕
基準排水量:530t
全長:36.3m
速力:7ノット
積載量:136t

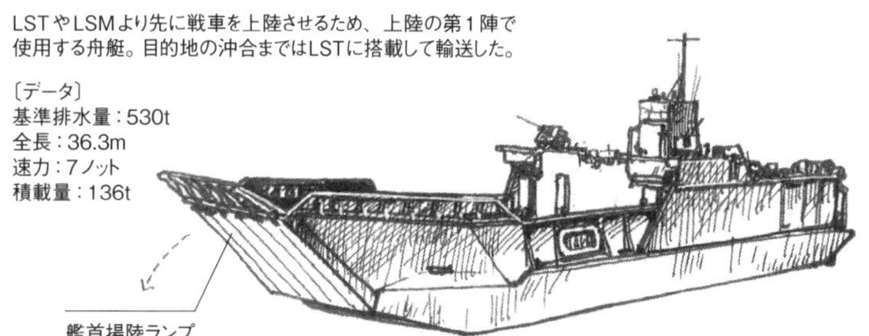
艦首揚陸ランプ

《 LCTの構造 》

艦橋は右舷後方に配置され、武装は20mm機関砲2門を規準に、12.7mm機関銃を最大4挺装備する。

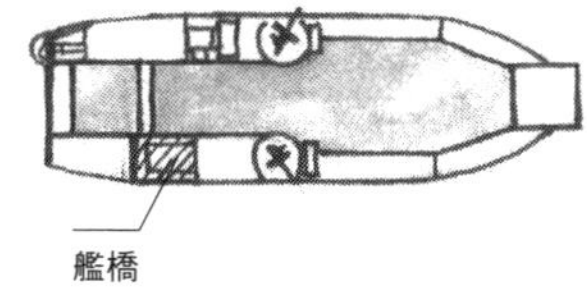
艦橋

LCI(L)(大型歩兵揚陸艇)

兵員輸送専用の中距離外洋航行型揚陸艇。海岸に乗り上げると、艇内の兵員室から外に出た兵士は両舷のタラップを渡って上陸する。

〔データ〕
基準排水量:216t
全長:48.3m
速力:15.5ノット
積載量:兵員182名/貨物75t

速力を重視したため、艦首部分はシップ型で設計された。武装は20mm機関砲4門。

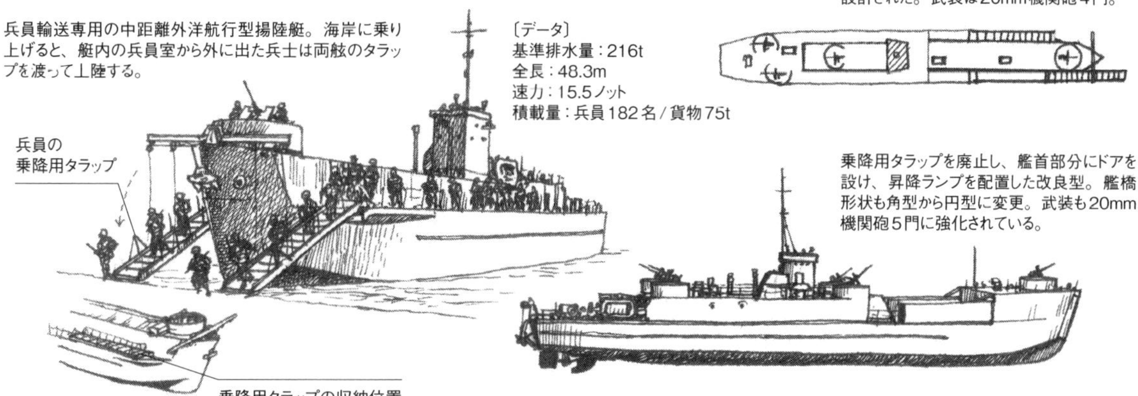

兵員の
乗降用タラップ
乗降用タラップの収納位置

乗降用タラップを廃止し、艦首部分にドアを設け、昇降ランプを配置した改良型。艦橋形状も角型から円型に変更。武装も20mm機関砲5門に強化されている。

LCM(3)(機動揚陸艇)

重量30tまでの中型戦車が搭載可能の揚陸艇。上陸第一陣部隊の車両輸送などに使用する。

〔データ〕
基準排水量:23t
全長:15m
速力:11ノット
積載量:戦車その他の車両(30t)×1/兵員60名/貨物27t

《 LCM(3)の構造 》

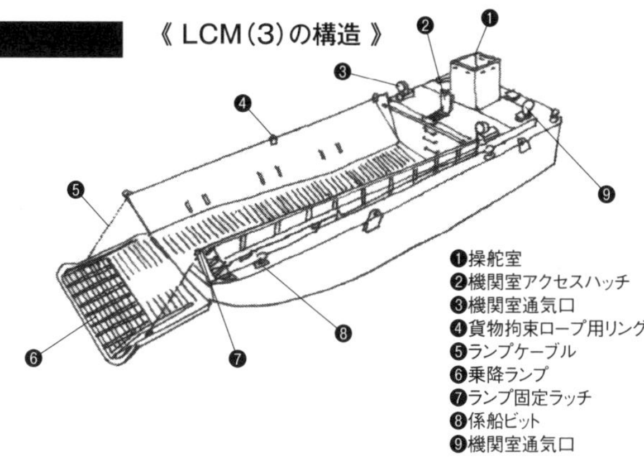

❶操舵室
❷機関室アクセスハッチ
❸機関室通気口
❹貨物拘束ロープ用リング
❺ランプケーブル
❻乗降ランプ
❼ランプ固定ラッチ
❽係船ビット
❾機関室通気口

LCVP(車両人員揚陸艇)

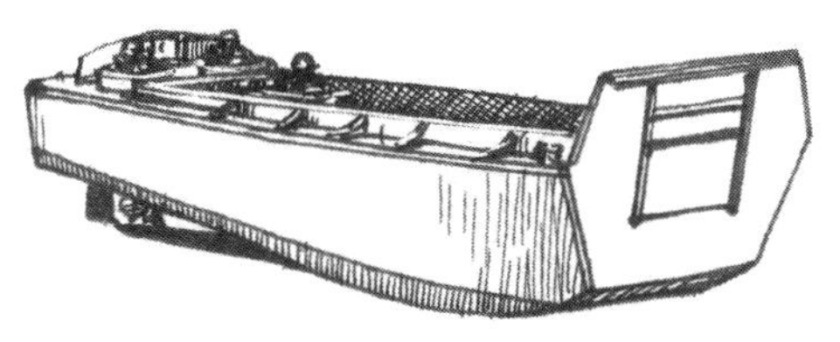

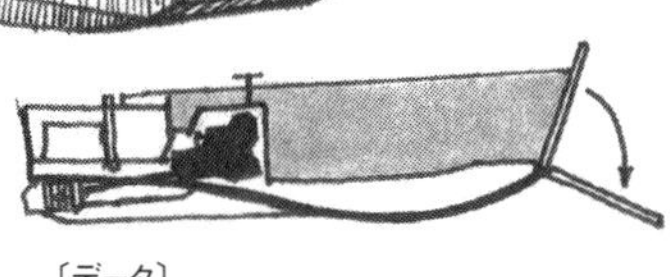

上陸作戦時、主に兵員輸送で使用された木製の小型上陸用舟艇。開発者の名前からヒギンズ・ボートの愛称でも呼ばれた。

〔データ〕
基準排水量:8.2t
全長:11m
速力:12ノット
積載量:車両(2.7t)×1/兵員36名/貨物3.7t

《 LCVPの構造 》

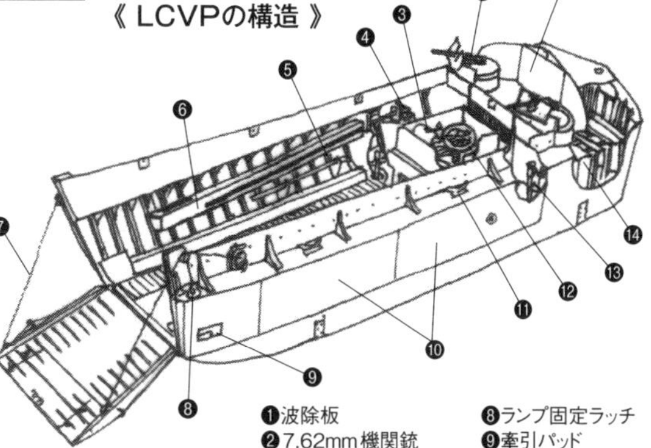

❶波除板
❷7.62mm機関銃
❸エンジン
❹ランプ開閉ウインチ
❺非常用舵レバー
❻ケーブルガード
❼ランプケーブル
❽ランプ固定ラッチ
❾牽引パッド
❿装甲板
⓫係船ビット
⓬操舵席
⓭ランプ開閉ハンドル
⓮燃料タンク

《 上陸用舟艇の発進 》

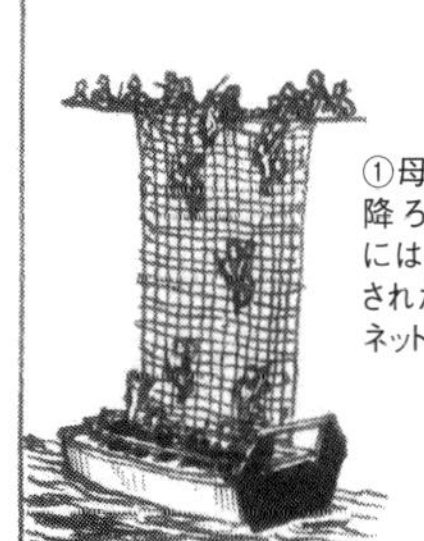

①母船より海上に降ろされたLCVPには、舷側に垂らされたバケーションネットから乗り移る。

②上陸用舟艇は輸送船の両舷に横付けされ、歩兵を移乗させた。

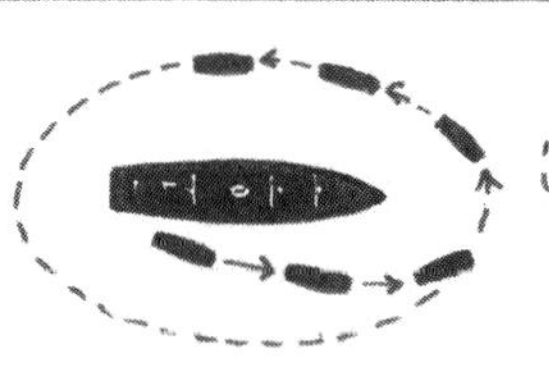

③歩兵の搭乗が完了すると、1隻ずつ離れて輸送船の周りを航行しながら円陣を組む。

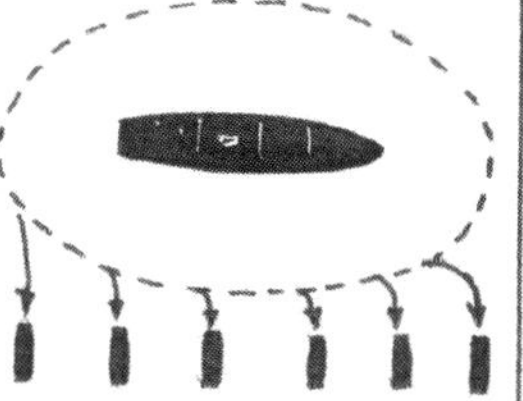

④指揮官の合図により、横隊となって一斉に海岸へ向かう。

【図解】朝鮮戦争

■作画 上田 信
■解説 沼田和人

編集　塩飽昌嗣
デザイン　今西スグル
矢内大樹
〔株式会社リパブリック〕

2021年9月10日　初版発行
発行者　福本皇祐
発行所　株式会社 新紀元社
〒101-0054 東京都千代田区神田錦町 1-7 錦町一丁目ビル 2F
Tel 03-3219-0921　FAX 03-3219-0922
smf@shinkigensha.co.jp
http://www.shinkigensha.co.jp/
郵便振替　00110-4-27618
印刷・製本　中央精版印刷株式会社

ISBN978-4-7753-1951-2
定価はカバーに表記してあります。